高等职业教育新形态一体化教材

GAILVLUN
YU SHULI TONGJI

U0272619

概率论与数理统计

（第二版）

主　编　刘浩瀚

参　编　陈少云　黄非难

　　　　李　伟　黄　磊

　　　　昌春艳

高等教育出版社·北京

内容简介

　　本书是根据作者的教学实践编著而成的,内容包括随机事件及其概率、随机变量及其分布、多维随机变量及其分布、随机变量的数字特征、大数定律与中心极限定理、数理统计的基础知识、参数估计、假设检验、方差分析与回归分析。书中各章附有相当数量的习题及相应的 Excel 处理程序,书末附有泊松分布表、标准正态分布数值表、χ^2 分布分位数表、t 分布分位数表、F 分布分位数表,供读者查阅。

　　本书以提高读者解题能力与解决实际问题能力为出发点,从实例引入抽象的基本概念,又从抽象的数学定理回到具体的应用问题,借助 Excel 处理技术,方便快捷地计算概率统计问题,有助于读者较快地掌握概率统计的相关知识。

　　本书可作为高职高专各专业通用教材,也可作为概率统计应用人员的工具性参考书。

图书在版编目(CIP)数据

　　概率论与数理统计／刘浩瀚主编 . --2 版 . --北京:
高等教育出版社,2020.9(2023.12 重印)
　　ISBN 978-7-04-053441-2

　　Ⅰ . ①概… Ⅱ . ①刘… Ⅲ . ①概率论-高等职业教育
-教材②数理统计-高等职业教育-教材 Ⅳ . ①O21

　　中国版本图书馆 CIP 数据核字(2020)第 017864 号

策划编辑	崔梅萍	责任编辑	崔梅萍	封面设计	姜　磊	版式设计　王艳红
插图绘制	于　博	责任校对	窦丽娜	责任印制	刘思涵	

出版发行	高等教育出版社	网　　址	http://www.hep.edu.cn
社　址	北京市西城区德外大街 4 号		http://www.hep.com.cn
邮政编码	100120	网上订购	http://www.hepmall.com.cn
印　刷	佳兴达印刷(天津)有限公司		http://www.hepmall.com
开　本	787mm×1092mm　1/16		http://www.hepmall.cn
印　张	14.25	版　次	2015 年 5 月第 1 版
字　数	340 千字		2020 年 9 月第 2 版
购书热线	010-58581118	印　次	2023 年 12 月第 5 次印刷
咨询电话	400-810-0598	定　价	30.00 元

本书如有缺页、倒页、脱页等质量问题,请到所购图书销售部门联系调换
版权所有　侵权必究
物　料　号　53441-00

第二版前言

概率论与数理统计作为一门应用数学学科,在高等教育中越来越受到重视,它不仅具有数学所共有的特点——高度的抽象性、严密的逻辑性和广泛的应用性,而且具有更独特的思维方法。在我国高等学校的绝大多数专业的教学计划中,"概率论与数理统计"均列为必修课程或限定选修课程。为使初学者尽快熟悉这种独特的思维方法,更好掌握概率论与数理统计的基本概念、基本理论、基本运算以及处理随机数据的基本思想和方法,培养学生运用概率统计方法分析解决实际问题的能力和创造性思维能力,我们编写了本书。

本书在第一版基础上对重点章节进行了全面修订,强化了重要知识点的推导解释与实践应用,以"加强应用"为目的,以"必需、够用"为原则,注重与专业课程接轨。精选了部分经典习题,与相关概念、方法配套,题量充足且配备了习题详细解答;改用 Excel2010 以上版本对概率计算、置信区间、假设检验、回归分析进行处理,增加了 z. test 函数单个总体均值假设检验判别;完成了配套教学专用课件制作;对重要知识点录制了讲解视频。本书由刘浩瀚统稿、定稿,在修订完善过程中,得到了四川建筑职业技术学院数学教研室教师陈少云、黄非难、黄磊、昌春艳,西华大学教师李伟及高等教育出版社编辑崔梅萍的大力支持和帮助,编者在此谨致谢意。

限于编者的水平和精力,本书难免存在不足之处,衷心欢迎读者批评指正。

编　者
2019 年 8 月

第一版前言

概率统计的理论和方法及其应用几乎遍及科学技术领域、工农业生产和国民经济的各个部门。由于它的应用广泛,大多数高职高专院校都把它作为一门公共基础课。根据高职"培育具备足够的基础知识、较强的技术应用能力的实用性人才"这一培养目标的基本要求,遵循"以应用为目的,以必需、够用为度"的教学原则,同时为了适应市场经济对人才的需求,培养学生运用概率统计方法分析解决实际问题的能力和创造性思维能力,我们结合自己及相关专家、学者多年的数学实践经验,以高中基本的概率统计知识为基础,结合传统概率统计理论、方法内容,选择合理的实际应用背景知识,重点强化 Excel 在概率统计求解中的应用,我们编写了本教材。

本书有以下特色:

1. 注重与高中内容和已学知识的衔接。学生在高中阶段学过简单的概率统计的知识和概念,本书对学过的内容进行归纳总结,在已学知识的基础上,适当加深对基本概念、定理的阐述,同时拓广大学所必需的概率统计知识。

2. 注重与软件的结合,切实加强应用。专业的统计软件很多,如 SPSS,SAS 等,我们选择了常用的 Excel 来处理统计中的计算问题,使学生从繁杂的计算中解放出来,更多精力放在问题的处理、方法的选择上,提高学生的学习兴趣和解决实际问题的能力。

3. 切实加强应用。本书在内容讲述上不过分强调理论的推导,而是突出所学知识在实际中的应用。为此,我们精选统计例题和习题,文中例题涉及工业、农业、医学、经济等各个方面,使学生能切实感受到学习这门课的必要性,使学生学有所获。

本书共分八章,内容包括:随机事件的概率、随机变量及其概率分布、随机变量的数字特征、大数定律与中心极限定理、数理统计的基本概念、参数估计、假设检验、方差分析与回归分析等。本书由陈少云(第一—四章)、刘浩瀚(第五—八章)编写初稿,各章节的 Excel 软件求解程序由刘浩瀚编写,并由刘浩瀚统稿、定稿。在编写过程中,得到了四川建筑职业技术学院数学教研室教师黄非难、余家树、张松林、李伟的支持和帮助,编者谨致谢意。

限于编者的水平和精力,本书难免存在不足之处,衷心欢迎读者批评指正。

编 者

2015 年 1 月

目　录

第一章 随机事件及其概率

概率论与数理统计是研究随机现象统计规律性的一门学科,随机事件与随机事件的概率是本学科的两个基本概念,所有与事件及其概率有关的内容都是本学科的立论之本.

本章主要阐述随机事件的关系与运算,概率的定义、性质及计算,概率的运算法则,事件的独立性及相应的概率计算,全概率公式和贝叶斯公式.

第一节 随机事件

本节介绍随机事件及随机事件的关系与运算.

一、随机现象及其统计规律性

在自然界和人类的社会活动中常常会出现各种各样的现象,从它们发生的必然性的角度区分,可以分为两类:一类是确定性现象,一类是随机现象.若在保持条件不变的情况下,重复试验或观察,它的结果总是确定的,这一类现象称为**确定性现象**.例如,在标准大气压下,温度达到100℃的纯水必然沸腾;带同种电荷的两个小球互相排斥,带异种电荷的两个小球必然互相吸引;一个袋子里装了10个完全相同的红球,从中任取一个必然是红球等.

若在保持条件不变的情况下,重复试验或观察,或出现这种结果,或出现那种结果,事先无法断言,这一类现象称为**随机现象**.例如,掷一枚均匀的骰子所出现的点数;某市110报警平台每小时接到的呼叫次数;某地的年降水量;相同条件下生产的电子元件的寿命;用同一门炮向同一目标射击每次弹着点的位置;从装有红色和白色两种外形相同的球的袋子里任取一球,取出球的颜色等.

实践表明,随机现象虽然对于较少次数的试验或观察来说,无法预言其结果,但在大量的重复试验或观察时却又呈现出某种规律性.例如,掷一枚均匀的硬币,当抛掷的次数相当多时,就会发现正面向上的次数和反面向上的次数比约为1:1;查看各国人口统计资料,就会发现在新生婴儿中男孩和女孩各约占一半;同一门炮多次向同一目标射击的弹着点按照一定的规律分布等.又如,在某公交车站等候某一路公交车的具体人数,对于某一固定时刻,往往是不确定的,但一天之中候车人数的峰或谷,却有明显的规律性,公交公司据此制定行程时刻,确定班次密度,以保证居民出行的方便.这种在大量重复试验或观察中所呈现出的固有规律性称为随机现象的**统计规律性**.

概率论与数理统计便是揭示和研究随机现象统计规律性的一门数学学科,在国民经济各个领域具有广泛应用.

二、随机试验与随机事件

在一定条件下,对自然现象或社会现象进行的试验或观察,可以看作给定条件下的试验.如果试验具有以下 3 个特点:

(1)试验可以在相同的条件下重复进行,即可重复性;

(2)每次试验的可能结果不止一个,但事先可以明确试验的所有可能结果,即全部试验结果的可知性;

(3)每次试验之前不能确定哪一个结果会出现,即一次试验结果的随机性.

那么,这类具有特定含义的试验称为**随机试验**,简称为**试验**.

例如,掷一枚均匀的硬币,观察正面向上或反面向上;掷一枚质量均匀的骰子,观察出现的点数;记录某市 110 报警平台 1 小时内接到的呼叫次数;某射手进行射击,直到击中目标为止,观察其射击情况;从某厂生产的相同型号的灯泡中任取 1 只,测试它的寿命,等等,都是随机试验.

我们把随机试验的每个可能结果称为**随机事件**,简称**事件**,通常用字母 $A,B,C,\cdots$ 或 A_1,$A_2,A_3,\cdots$ 表示.

例如,从装有 3 个红球 7 个白球共 10 个球的袋子中,进行一次取出 3 个球的试验,则 $A_i=$ "取出的 3 个球中恰有 i 个红球",$i=0,1,2,3$;$B=$ "取出的 3 个球中至少有 1 个红球";$C=$ "取出的 3 球中至多有 2 个红球"等都是随机事件,它们在一次试验中可能发生也可能不发生.

我们是通过研究随机事件来研究随机现象的.

三、基本事件与样本空间

随机试验的每一个可能的基本结果称为这个试验的一个**基本事件**(或**样本点**),记作 ω.全体基本事件的集合称为这个试验的**样本空间**,记作 Ω.

例如,掷一枚硬币一次的试验中,基本结果只有两个:正(正面向上),反(反面向上),即有两个基本事件:正、反,其样本空间为 $\Omega=\{正,反\}$.

掷一枚骰子一次的试验中,基本结果有 6 个:"出现 1 点""出现 2 点"……"出现 6 点",分别用 1,2,3,4,5,6 表示,其样本空间为 $\Omega=\{1,2,3,4,5,6\}$.

记录某市 110 报警平台每小时内接到的呼叫次数的样本空间为 $\Omega=\{0,1,2,\cdots\}$;而从某厂生产的相同型号的灯泡中任取 1 只,测试它的寿命的样本空间为 $\Omega=\{t \mid t\geqslant 0\}$,也可以表示为 $\Omega=[0,+\infty)$.

从上面的例子可以看出,样本空间可以是数集,也可以不是数集;样本空间可以是有限集,也可以是无限集;样本空间的构成可以比较简单,也可以相当复杂.

显而易见,随机事件或为基本事件,或由基本事件所组成,因此随机事件是样本空间 Ω 的子集.例如,在掷一枚骰子一次的试验中,事件 $A=\{6\}$,即"出现 6 点";事件 $B=\{1,3,5\}$,即"出现奇数点";事件 $C=\{4,5,6\}$,即"出现的点数不低于 4"等,都是样本空间 $\Omega=\{1,2,3,4,5,6\}$ 的子集.又如,从某厂生产的相同型号的灯泡中任取 1 只,测试其寿命的试验中,集合 $D=\{t \mid 1\,000\leqslant t\leqslant 1\,500\}$ 是样本空间 $\Omega=\{t \mid t\geqslant 0\}$ 的一个子集,它表示事件"灯泡的寿命在 1 000 h 与 1 500 h 之间".

特别地,样本空间 Ω 包含所有的样本点,是 Ω 自身的子集,在每次试验中总是发生,称为**必然事件**,必然事件仍然记作 Ω.空集 $\varnothing$ 不包含任何样本点,它也作为样本空间 Ω 的子集,在每次试验中都不发生,称为**不可能事件**,不可能事件仍然记作 $\varnothing$.必然事件和不可能事件在不同的试验中有不同的表达方式.例如,在掷一枚骰子一次的试验中,事件"点数不大于 6"是必然事件,"点数大于 6"是不可能事件.必然事件和不可能事件所反映的现象是确定性现象,并不具有随机性,但为了方便,将它们作为随机事件的特例进行统一处理.

从前面的叙述可以看到,随机事件可以有不同的表述方式:可以直接用语言描述,也可以用样本空间的子集即集合的形式描述.

四、随机事件的关系与运算

同一试验下可能会有多个事件发生,而这些事件之间又有联系.分析事件之间的关系,可以帮助我们更深刻地认识事件;探究事件的运算及运算规律,有助于我们讨论更复杂事件.

既然事件可用集合来表示,那么事件的关系和运算自然应该按照集合论中集合之间的关系和集合的运算来处理.

给定一个随机试验, Ω 是它的样本空间,设事件 $A,B,C,D,A_k(k=1,2,\cdots)$ 都是 Ω 的子集.

1. 事件的包含与相等

如果事件 A 发生必然导致事件 B 发生,则称事件 B 包含事件 A,或称事件 A 包含于事件 B,记作 $B\supset A$ 或 $A\subset B$.

例如,掷一枚骰子一次的试验中,若 $A=$ "出现奇数点", $B=$ "出现的点数不高于 5",则 $A\subset B$.从某厂生产的相同型号的灯泡中任取一只测试其寿命的试验中,若 $C=$ "灯泡寿命不超过 1 000 h", $D=$ "灯泡寿命不超过 1 500 h",则 $C\subset D$.

事件 A 包含于事件 B,意味着属于 A 的基本事件一定也属于 B,反之则不一定.其直观含义如图 1-1 所示.

若 $B\subset A$ 且 $A\subset B$,则称事件 A 与事件 B 相等,记作 $A=B$.它表示在本质上 A 与 B 是同一个事件.

2. 事件的和(并)

事件 A 与 B 至少有一个发生的事件,称为事件 A 与 B 的和事件,也称为事件 A 与 B 的并,记作 $A+B$ 或 $A\cup B$.

和事件 $A+B$ 是由 A 与 B 中的所有基本事件构成,其直观含义是图 1-2 中阴影部分.

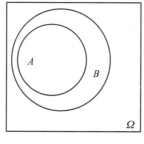
图 1-1

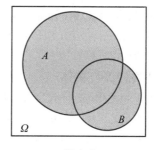
图 1-2

例 1　袋中装有外形相同的 3 个红球和 7 个白球,从中任取 3 球,若 $A=$ "取出的全是红球",B="取出的全是白球",C="取出的球颜色相同",则 $C=A+B$.

例 2　甲乙两人向同一目标射击,设 A="甲击中目标",B="乙击中目标",C="目标被击中",则 $C=A+B$.

例 3　掷一枚骰子一次,设 $A=\{1,3,5\}$,即"出现奇数点";$B=\{1,2,3,4\}$,即"出现的点数不超过 4",则 $A+B=\{1,2,3,4,5\}$,即"出现的点数不超过 5".

显然,若 $A\subset B$,则 $A+B=B$.

和事件的概念可以推广到 3 个或更多个的情形.n 个事件 $A_1,A_2,\cdots,A_n$ 的和事件,记作 $\bigcup\limits_{i=1}^{n}A_i=A_1\cup A_2\cup\cdots\cup A_n$ 或 $\sum\limits_{i=1}^{n}A_i=A_1+A_2+\cdots+A_n$,表示 $A_1,A_2,\cdots,A_n$ 中至少有一个事件发生;可列个事件 $A_1,A_2,\cdots,A_n,\cdots$ 的和事件记作 $\bigcup\limits_{i=1}^{\infty}A_i=A_1\cup A_2\cup\cdots\cup A_n\cup\cdots$ 或 $\sum\limits_{i=1}^{\infty}A_i=A_1+A_2+\cdots+A_n+\cdots$,表示 $A_1,A_2,\cdots,A_n,\cdots$ 中至少有一个事件发生.

在例 1 中,设 A_i="取出的 3 个球中恰有 i 个红球",$i=1,2,3$,D="取出的 3 个球中至少有一个红球",则 $D=A_1+A_2+A_3$.

3. 事件的积(交)

事件 A 与 B 同时发生的事件,称为事件 A 与 B 的积事件,也称为事件 A 与 B 的交,记作 AB 或 $A\cap B$.

积事件 AB 发生意味着事件 A 发生且事件 B 也发生,即 A 与 B 都发生.积事件 AB 由 A 与 B 中公共的基本事件构成,其直观含义是图 1-3 中阴影部分.

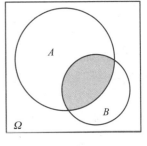

图 1-3

例 4　设 A="100 以内能被 3 整除的正整数",B="100 以内能被 5 整除的正整数",C="100 以内能被 15 整除的正整数",则 $C=AB$.

在例 3 中,$AB=\{1,3\}$,即"出现 1 点或 3 点".

显然,若 $A\subset B$,则 $AB=A$.

积事件的概念同样可以推广到 3 个或更多个的情形.n 个事件 $A_1,A_2,\cdots,A_n$ 的积事件,记作 $\bigcap\limits_{i=1}^{n}A_i=A_1\cap A_2\cap\cdots\cap A_n$ 或 $\prod\limits_{i=1}^{n}A_i=A_1A_2\cdots A_n$,表示 $A_1,A_2,\cdots,A_n$ 都发生;类似地,可列个事件 $A_1,A_2,\cdots,A_n,\cdots$ 的积事件记作 $\bigcap\limits_{i=1}^{\infty}A_i$ 或 $\prod\limits_{i=1}^{\infty}A_i$,表示 $A_1,A_2,\cdots,A_n,\cdots$ 都发生.

例 5　袋中装有外形相同的 3 个红球和 7 个白球,一次一个,连续地取球 3 次,设 A_i="第 i 次取到红球",$i=1,2,3$,B="3 次都取到红球",则 $B=A_1A_2A_3$.

4. 互不相容(互斥)事件

如果事件 A 与 B 不能同时发生,即满足 $AB=\varnothing$,则称事件 A 与 B 是互不相容(或互斥)的事件.其直观含义如图 1-4 所示.

若 n 个事件 $A_1,A_2,\cdots,A_n$ 中任意两个事件不能同时发生,即满足 $A_iA_j=\varnothing(i\neq j;i,j=1,2,\cdots,n)$,则称 $A_1,A_2,\cdots,A_n$ 两两互不相容.

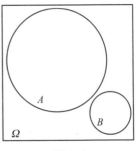

图 1-4

例 1 中的事件 A 与 B 是互不相容的,但是例 2、例 3 和例 4 中的 A 与 B 是相容的.在例 1 中,设 $A_i=$"取出的 3 个球中恰有 i 个红球",$i=1,2,3$,则 A_1,A_2,A_3 两两互不相容,但是例 5 中的 A_1,A_2,A_3 并不是两两互不相容事件.

5. 对立(互逆)事件

如果事件 A 与 B 中必有一个发生,但又不能同时发生,即满足 $AB=\varnothing$,$A+B=\Omega$,则称事件 A 与 B 是对立(或互逆)事件,或称 B 是 A 的逆事件,A 是 B 的逆事件.

事件 A 的逆事件记作 $\bar{A}$,因为 A 与 B 是互逆事件,则 $\bar{A}=B,A=\bar{B}$.

例如,掷一枚骰子一次,设 $A=$"出现偶数点",$B=$"出现奇数点",则 A 与 B 是互逆事件.又如,在例 1 中,设 $D=$"取出的 3 个球中至少有一个红球",则 $\bar{D}=$"取出的 3 个球全是白球".

若事件 A 不发生,则 $\bar{A}$ 一定发生,故 $A\bar{A}=\varnothing$,$A+\bar{A}=\Omega$,也就意味着 A 与 $\bar{A}$ 没有公共基本事件,它们的所有基本事件又恰好充满样本空间 Ω,其直观含义如图 1-5 所示.

显然,$\bar{\bar{A}}=A$.

注意:若 A 与 B 是对立事件,则 A 与 B 互不相容.但反过来不一定成立.

6. 事件的差

事件 A 发生而 B 不发生的事件,称为事件 A 与 B 的差事件,记作 $A-B$.

差事件 $A-B$ 由属于 A 而不属于 B 的那些基本事件构成,其直观含义是图 1-6 中阴影部分.

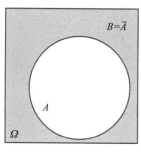

图 1-5

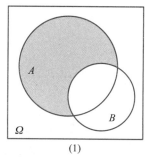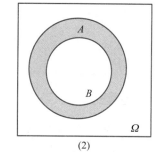

(1)　　　　　　　　(2)

图 1-6

在例 3 中,$A-B=\{5\}$,$B-A=\{2,4\}$.

显然,$A-B=A-AB=A\bar{B}$.

与集合论中集合的运算一样,事件之间的运算有如下的运算律:

(1)交换律 $A+B=B+A$,$AB=BA$.

(2)结合律 $(A+B)+C=A+(B+C)$,$(AB)C=A(BC)$.

(3)分配律 $(A+B)C=AC+BC$,$(AB)+C=(A+C)(B+C)$.

(4)对偶律 $\overline{A+B}=\bar{A}\,\bar{B}$,$\overline{AB}=\bar{A}+\bar{B}$.

分配律和对偶律可以推广到任意多个事件.

例 6 设 A,B,C 表示同一试验的三个事件,试以 A,B,C 的运算表示下列事件.

（1）A,B,C 都发生；

（2）仅 A 发生；

（3）A,B,C 恰有一个发生；

（4）A,B,C 都不发生；

（5）A,B,C 不都发生；

（6）A,B,C 至少一个发生；

（7）A,B,C 至多一个发生.

解　（1）ABC；

（2）$A\,\bar{B}\,\bar{C}$；

（3）$A\,\bar{B}\,\bar{C}+\bar{A}\,B\,\bar{C}+\bar{A}\,\bar{B}\,C$；

（4）$\bar{A}\,\bar{B}\,\bar{C}$ 或 $\overline{A+B+C}$；

（5）$\overline{ABC}$ 或 $\bar{A}+\bar{B}+\bar{C}$；

（6）$A+B+C$；

（7）$\bar{A}\,\bar{B}\,\bar{C}+A\,\bar{B}\,\bar{C}+\bar{A}\,B\,\bar{C}+\bar{A}\,\bar{B}\,C$.

例 7　某射手向一目标射击三次，设 $A_i=$ "第 i 次射击命中目标" $(i=1,2,3)$，$B_j=$ "三次射击中恰命中目标 j 次" $(j=0,1,2,3)$，试用 A_1,A_2,A_3 的运算表示 $B_j(j=0,1,2,3)$.

解　$B_0=\bar{A}_1\,\bar{A}_2\,\bar{A}_3$；

$B_1=A_1\,\bar{A}_2\,\bar{A}_3+\bar{A}_1A_2\,\bar{A}_3+\bar{A}_1\,\bar{A}_2A_3$；

$B_2=A_1A_2\,\bar{A}_3+A_1\,\bar{A}_2A_3+\bar{A}_1A_2A_3$；

$B_3=A_1A_2A_3$.

课堂练习

1. 用集合的形式写出下列试验的样本空间 Ω 与随机事件 A.

（1）掷一枚硬币连续两次，观察正反面情况；设 $A=$ "仅一次正面向上".

（2）掷一枚硬币连续三次，观察正反面情况；设 $A=$ "恰好两次正面向上".

（3）同时掷两枚骰子，观察两枚骰子出现的点数之和；设 $A=$ "点数之和为 5".

（4）袋中装有编号为 1,2 的两个红球和编号为 3,4,5 的三个白球，从中任取两个球，观察取出球的情况；设 $A=$ "取出的球中至少有一个红球".

2. 请用语言描述下列事件的逆事件.

（1）$A=$ "掷一枚硬币连续两次，两次都正面向上"；

（2）$B=$ "向某一目标射击四次，至少一次命中目标".

3. 设 A,B 是同一试验的两个事件，试用 A,B 的运算表示下列事件.

（1）至少一个发生；（2）只有一个发生；（3）两个都发生；（4）没有一个发生.

4. 已知 A,B 是样本空间 Ω 中的两个事件，且 $\Omega=\{1,2,3,4,5,6,7,8\}$，$A=\{2,4,6,8\}$，$B=\{1,2,3,4,5\}$，试求：（1）$\overline{AB}$；（2）$\bar{A}+B$；（3）$A-B$；（4）$\overline{\bar{A}\,\bar{B}}$.

习题 1-1

1. 设 A,B,C 表示同一试验的三个事件,试用 A,B,C 的运算表示下列事件.

(1) A,B 发生而 C 不发生;

(2) A,B,C 恰有两个发生;

(3) A,B,C 至少有两个发生;

(4) A,B,C 至多两个发生;

(5) A,B 至少一个发生而 C 不发生.

2. 袋中装有 3 个红球和 7 个白球,从中任取 3 球,设 A_i = "取出的 3 球中恰有 i 个红球", $i = 0,1,2,3$,试用 A_0,A_1,A_2,A_3 的运算表示下列事件.

(1) 取出的 3 个球中恰有 3 个红球;

(2) 取出的 3 个球中至少有 1 个红球;

(3) 取出的 3 个球中至多有 2 个红球.

3. 袋中装有 3 个红球和 7 个白球,一次一个,不放回地取球 3 次,设 A_i = "第 i 次取到红球", $i = 1,2,3$,试用 A_1,A_2,A_3 的运算表示下列事件.

(1) 第 3 次取到红球;

(2) 第 3 次才取到红球;

(3) 3 次都取到红球.

第二节　事件的概率

视频

本节介绍概率的统计定义及如何计算古典概型和几何概型中事件的概率.

一、概率的统计定义

随机事件在一次试验中可能发生也可能不发生,发生与否事先无法预知.但是,在大量重复试验中,其发生可能性的大小是客观存在的,是事件本身的固有属性.因此,把度量事件 A 在试验中发生可能性大小的数称为事件 A 的概率,记作 $P(A)$.那么,在一个随机试验中,怎样确定事件 A 的概率 $P(A)$ 呢? 为此,先介绍事件 A 的频率的概念.

> **定义 1.1(事件的频率)**　若事件 A 在 N 次重复试验中出现 M 次,则称 M 为事件 A 在这 N 次试验中出现的频数,称 M/N 为事件 A 在这 N 次试验中出现的频率,记作 $f_N(A)$.于是,
> $$f_N(A) = \frac{M}{N}.$$

实践表明,当试验次数 N 逐渐增大时,频率虽然不尽相同,但却稳定在某常数 p 附近.例如,掷一枚均匀的硬币,随着抛掷次数的不断增加,正面朝上(设为事件 A)的频率 $f_N(A)$ 就在 0.5 附近摆动,抛掷次数越多,摆动范围越小,越接近 0.5.这一点已由表 1-1 中诸试验者的试验所验证.

表 1-1　抛掷硬币试验中正面朝上的频率

试验者	抛掷硬币的次数	正面朝上的频数	正面朝上的频率
德·摩根	2 048	1 061	0.518 1
蒲丰	4 040	2 048	0.506 9
皮尔逊	12 000	6 019	0.501 6
皮尔逊	24 000	12 012	0.500 5

这就充分揭示了随机事件的一个极其重要的特性:频率稳定性,即在大量重复试验中事件发生的频率会稳定在某个常数附近.它表明常数 p 是事件本身客观存在的一种固有属性,反映了事件本身所蕴含的规律性.因此,常数 p 可以对事件 A 发生的可能性大小进行度量.

定义 1.2(概率的统计定义)　事件 A 出现的频率 $f_N(A)$ 随着试验的次数 N 的增大而在某个常数 p 附近摆动,则称 p 为事件 A 的概率,记作 $P(A)$,即

$$P(A) = p.$$

概率的统计定义指出,任一事件 A 发生的概率是客观存在的.在实际问题中,往往不知 $P(A)$ 为何值,这时可取一定数量试验中事件 A 的频率 $f_N(A)$ 作为 $P(A)$ 的近似值.这正是统计定义的优点所在.

概率的统计定义最初是人们在实践中积累起来的感性认识,它为探索事件发生的概率提供了可行方法.在这里应该注意到,运用统计定义即使是相同条件下的不同试验,其结果往往有较大差异,所以由概率的统计定义只能大致估计事件 A 的概率 $P(A)$.但是在某些特殊的随机试验中,我们可以先行计算事件的概率,这种试验就是下述的古典概型和几何概型.

二、概率的古典定义

如果随机试验只有有限个基本事件(有限性),且每个基本事件发生的可能性相同(等可能性),则称这种随机试验为**古典概型**.

定义 1.3(概率的古典定义)　对于给定的古典概型,若样本空间中的基本事件总数为 n,事件 A 包含了 m 个基本事件,则事件 A 的概率为

$$P(A) = \frac{m}{n}.$$

由古典定义求得的概率简称为古典概率,求古典概率涉及计数运算,需要用到初等数学中有关"计数法"(例如排列组合)的知识.

例 1(求古典概率)　有 10 件产品,其中 2 件次品,从中任取 3 件,求:

(1) 3 件产品全是正品的概率;

(2) 3 件产品中恰有 1 件次品的概率;

（3）3 件产品中至少有 1 件次品的概率.

解 设 A ＝"全是正品"，B ＝"恰有 1 件次品"，C ＝"至少有 1 件次品".从 10 件中取出 3 件，不讲究次序，是组合问题，共有 C_{10}^3 种取法，即基本事件总数 $n = C_{10}^3$.

（1）取出 3 件全是正品有 C_8^3 种取法，故所求概率为

$$P(A) = \frac{C_8^3}{C_{10}^3} = \frac{7}{15} \approx 0.466\ 7;$$

（2）取出 3 件恰有 1 件次品有 $C_2^1 C_8^2$ 种取法，故所求概率为

$$P(B) = \frac{C_2^1 C_8^2}{C_{10}^3} = \frac{7}{15} \approx 0.466\ 7;$$

（3）取出 3 件至少有 1 件次品有 $C_{10}^3 - C_8^3$ 种取法，故所求概率为

$$P(C) = \frac{C_{10}^3 - C_8^3}{C_{10}^3} = \frac{8}{15} \approx 0.533\ 3.$$

更一般地，设某产品共有 N 件，内含 M 件次品，设 A ＝"从中任取的 n 件中恰有 m 件次品"，则事件 A 的概率为

$$P(A) = C_M^m C_{N-M}^{n-m} / C_N^n,$$

其中 $m = 0, 1, 2, \cdots, \min\{M, n\}$.该式称为概率计算的超几何公式.

例 2（求古典概率） 有 10 件产品，其中 2 件次品，一次一件，不放回地抽取 3 次，求下列事件的概率：

（1）第 3 次取到次品；

（2）第 3 次才取到次品；

（3）只有 1 次取到次品.

解 设 A ＝"第 3 次取到次品"，B ＝"第 3 次才取到次品"，C ＝"只有 1 次取到次品".不放回取样，基本事件总数与排列有关，即 $n = A_{10}^3$.

（1）第 3 次取到次品有 $A_2^1 A_9^2$ 种取法，故所求概率为

$$P(A) = \frac{A_2^1 A_9^2}{A_{10}^3} = \frac{1}{5} = 0.2;$$

（2）第 3 次才取到次品有 $A_8^2 A_2^1$ 种取法，故所求概率为

$$P(B) = \frac{A_8^2 A_2^1}{A_{10}^3} = \frac{7}{45} \approx 0.155\ 6;$$

（3）只有 1 次取到次品有 $C_3^1 A_8^2 A_2^1$ 种取法，故所求概率为

$$P(C) = \frac{C_3^1 A_8^2 A_2^1}{A_{10}^3} = \frac{7}{15} \approx 0.466\ 7.$$

更一般地，设某产品共有 N 件，内含 M 件次品，不放回地抽取 n 次（$n \leq N$），设 A ＝"第 k 次取到次品"（$1 \leq k \leq n$），则事件 A 的概率为

$$P(A) = M/N,$$

即与抽取的先后次序没有关系.

例 3（求古典概率） 有 10 件产品，其中 2 件次品，一次一件，取后放回，连续抽取 3 次，求

下列事件的概率：

（1）第 3 次取到次品；

（2）第 3 次才取到次品；

（3）只有 1 次取到次品.

解　设 A = "第 3 次取到次品"，B = "第 3 次才取到次品"，C = "只有 1 次取到次品". 放回取样，基本事件总数与重复排列有关，即 $n = 10^3$.

（1）第 3 次取到次品有 2×10^2 种取法，故所求概率为

$$P(A) = \frac{2 \times 10^2}{10^3} = \frac{1}{5} = 0.2;$$

（2）第 3 次才取到次品有 2×8^2 种取法，故所求概率为

$$P(B) = \frac{2 \times 8^2}{10^3} = 0.128;$$

（3）只有 1 次取到次品有 $C_3^1 \times 2 \times 8^2$ 种取法，故所求概率为

$$P(C) = \frac{C_3^1 \times 2 \times 8^2}{10^3} = 0.384.$$

从上面 3 个例子可以看到，题设条件虽然相同，但抽取方式不同，因而计算中所用工具迥然不同，其结果也不尽相同.

例 4（求古典概率）　把甲、乙、丙 3 名男生依次随机地分配到 5 间宿舍中去，假定每间宿舍最多可住 8 人，试求这 3 名男生住在不同宿舍的概率.

解　设 A = "3 名男生住在不同宿舍". 每名学生都可能分配到 5 间宿舍中的任意一间，所以基本事件总数 $n = 5^3$，又事件 A 所包含的基本事件个数为 A_5^3，故所求概率为

$$P(A) = \frac{A_5^3}{5^3} = 0.48.$$

例 5（求古典概率）　掷甲、乙两枚骰子各一次，求两骰子的点数之和为 3 的概率.

解　设 A = "两骰子的点数和为 3". 基本事件总数 $n = 6^2$，而事件 A 只包含（1，2）和（2，1）两个基本事件，故所求概率为

$$P(A) = \frac{2}{6^2} \approx 0.055\ 6.$$

*三、几何概率

如果每个事件发生的概率只与构成事件区域的长度（面积或体积）成比例，则称这种随机试验为**几何概型**.

例如，将一根 3 dm 长的绳子拉直后在任意位置剪断，得到两段长度不小于 1 dm 的绳子的概率. 从直观上看，这个概率应该是 1/3.

边长为 1 m 的正方形有一内切圆，向该正方形区域内随机地撒一粒小黄豆，假定黄豆不会掉出正方形之外，试求黄豆落在圆以内的概率. 从直观上看，这个概率应该是内切圆面积与正方形面积之比，即 $\pi/4$.

已知在 10 mL 自来水中有 1 个大肠杆菌，今从中随机地取出 3 mL 自来水放在显微镜下观

察,试求发现大肠杆菌的概率.从直观上看,这个概率应该是 $3/10 = 0.3$.

在上述问题中,样本空间 Ω 分别是一维区间、二维区域、三维区域,它们通常用长度、面积、体积来度量大小.另一方面,这 3 个例子中的样本点仍然是等可能出现的,即当 A 是样本空间 Ω 的一个子集时,$P(A)$ 只与 A 的长度(面积或体积)成正比,而与 A 的形状和位置无关.

> **定义 1.4(概率的几何定义)** 对于给定的几何概型,样本空间 Ω 的测度为 $m(\Omega)$,事件 A 的测度为 $m(A)$,则事件 A 的概率为
>
> $$P(A) = \frac{m(A)}{m(\Omega)}.$$
>
> 当 A 和 Ω 是一维区间、二维区域、三维区域时,测度 $m(A)$ 和 $m(\Omega)$ 相应地表示 A 和 Ω 的长度、面积、体积.

几何概型下事件的概率称为**几何概率**.

例 6(求几何概率) 在单位圆 O 的一条直径 MN 上随机地取一点 Q,试求过点 Q 且与 MN 垂直的弦的长度超过 1 的概率.

解 设 $A =$ "过点 Q 且与 MN 垂直的弦的长度超过 1".样本空间 Ω 即直径 MN,所以 $m(\Omega) = 2$.事件 A 也即"弦心距 $|OQ| < \sqrt{1^2 - \left(\frac{1}{2}\right)^2} = \frac{\sqrt{3}}{2}$",因此 $m(A) = 2 \times \frac{\sqrt{3}}{2} = \sqrt{3}$.故所求事件的概率为

$$P(A) = \frac{m(A)}{m(\Omega)} = \frac{\sqrt{3}}{2} \approx 0.866.$$

例 7(求几何概率) 甲、乙二人约定于 0 到 T 时内在某地见面,先到者等待 $t(t \leq T)$ 时后离去,试求二人能见面的概率.

解 设 $A =$ "二人能见面".令 x, y 分别表示二人到达的时刻,于是 (x, y) 表示一个样本点,样本空间 $\Omega = \{(x, y) \mid 0 \leq x \leq T, 0 \leq y \leq T\}$ 为一正方形区域,$m(\Omega) = T^2$.二人能见面的充要条件是 $|x - y| \leq t$,这一条件在正方形 Ω 中决定一个区域 A(图 1-7 中阴影部分),即 $A = \{(x, y) \mid |x - y| \leq t\}$,$m(A) = T^2 - (T - t)^2$.故所求概率为

$$P(A) = \frac{m(A)}{m(\Omega)} = \frac{T^2 - (T - t)^2}{T^2} = 1 - \left(1 - \frac{t}{T}\right)^2.$$

在上例中,如果事件 $B =$ "甲、乙二人同时到达见面地点",即 $B = \{(x, y) \mid x = y\}$,则 $m(B) = 0$,从而 $P(B) = 0$.生活常识告诉我们,事件 B 是可能发生的,即 $B \neq \varnothing$.这表明,概率为 0 的事件不一定是不可能事件.类似地,概率为 1 的事件未必是必然事件.

例 8(求几何概率) 在平面上布满等距离为 $2a(a > 0)$ 的一族平行线,现在向平面随机地投掷一长度为 $2l(l < a)$ 的针,试求针与某直线相交的概率.

解 设 $A =$ "针与某直线相交".以 M 表示针的中心,x 表示针落下后与最近一条平行线的距离,φ 表示针对该直线的倾角(如图 1-8 所示).

样本空间 $\Omega = \{(x, \varphi) \mid 0 \leq x \leq a, 0 \leq \varphi \leq \pi\}$,于是 $m(\Omega) = a\pi$,事件 A 用集合表示为 $A = \{(x, \varphi) \mid 0 \leq x \leq l\sin\varphi, 0 \leq \varphi \leq \pi\}$,则 $m(A) = \int_0^\pi l\sin\varphi \,\mathrm{d}\varphi = 2l$.故所求概率为

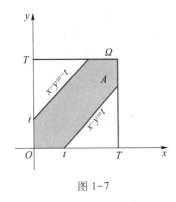

图 1-7

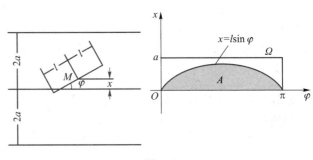

图 1-8

$$P(A)=\frac{m(A)}{m(\Omega)}=\frac{2l}{\pi a}.$$

例 8 是几何概率早期的著名实例——蒲丰投针问题.近代,随着电子计算机的发展,人们按照蒲丰投针问题的思路,建立了有首创意义的数值计算方法——蒙特卡罗法,从而使古老的几何概率在现代科技领域重放异彩.

课堂练习

1. 100 件产品中有 98 件正品,2 件次品.

（1）从中任取 3 件,求取出 3 件中恰有 1 件次品的概率;

（2）一次一件,有放回地抽取 3 次,求取出的 3 件中恰有 1 件次品的概率.

2. 将 10 本书任意放在书架的一排上,求其中指定的 3 本书放在一起的概率.

3. 抛掷一枚硬币连续 3 次,求只有 1 次正面朝上的概率.

4. 将 3 个球随机地放入 4 个盒子,求 3 个球在同一个盒子中的概率.

5. 口袋中有 10 个球,分别标有号码 1 到 10,现从中任取 3 只,记下取出的号码.

（1）求最小号码为 5 的概率;

（2）求最大号码为 5 的概率.

6. 同时抛掷甲、乙两枚骰子各一次,求下列事件的概率:

（1）两骰子的点数和为 7;

（2）两骰子的点数相同;

（3）甲骰子出现的点数小于乙骰子的点数.

7. 某路公共汽车每隔 5 分钟来一辆,求每一个搭乘该路公交车乘客来到站台候车时间不超过 1 分钟的概率.

8. 边长为 4 m 的正方形内有一面积未知的三角形区域,在正方形内随机地投掷 1 000 粒黄豆,数得落入三角形区域的黄豆数为 300 粒,试估计三角形区域的面积.

9. 设 A 是周长为 3 的圆周上一定点,若在圆周上随机地取一点 B,求弧 AB 的长度小于 1 的概率.

10. 从区间（0,1）内任取两个数,求两数之和小于 0.5 的概率.

习题 1-2

1. 罐中有 12 粒围棋子,其中 8 粒白子 4 粒黑子,从中任取 3 粒,求:

(1) 取到的都是白子的概率;

(2) 取到 2 粒白子 1 粒黑子的概率;

(3) 至少取到 1 粒黑子的概率;

(4) 取到的 3 粒棋子颜色相同的概率.

2. 袋中有 7 个球,其中 5 个白球 2 个红球,不放回地取球 2 次,求:

(1) 两次都取到红球的概率;

(2) 第一次取得白球,第二次取得红球的概率;

(3) 两次取得的球为一个白球一个红球的概率;

(4) 取得的两个球颜色相同的概率.

3. 从数字 1,2,3,4,5,6 中任取 4 个,数字允许重复,试求下列事件的概率:

(1) 4 个数字全不同;

(2) 4 个数字中不含 1 和 5;

(3) 4 个数字中 5 恰好出现 2 次;

(4) 4 个数字中 5 至少出现 1 次.

4. 向边长为 2 的正六边形内随机地投掷一点,求该点到六边形所有顶点的距离都不小于 1 的概率.

5. 若 a 是从区间 $[0,3]$ 上任取的一个数,b 是从区间 $[0,2]$ 上任取的一个数,求关于 x 的一元二次方程 $x^2+2ax+b^2=0$ 有实根的概率.

6. 将长为 2 的细棒折成三段,求三段的长度都不超过 1 的概率.

7. 从区间 $[0,3]$ 上任取两个数,求两数之积不低于 1 的概率.

第三节　概率的性质

本节介绍概率的主要性质.

根据概率的统计定义并结合频率的概念,不加证明地给出概率的下列性质:

性质 1(非负性)　对任意事件 A,有

$$0 \leqslant P(A) \leqslant 1.$$

性质 2(规范性)　必然事件 Ω 的概率为 1,不可能事件 $\varnothing$ 的概率为 0,即

$$P(\Omega)=1, \quad P(\varnothing)=0.$$

性质 3(两个任意事件概率加法公式)　对任意事件 A 与 B,有

$$P(A+B)=P(A)+P(B)-P(AB).$$

例 1　从 1 到 100 的 100 个整数中任取一数,设 $A=$ "取到的数能被 7 整除",$B=$ "取到的数能被 5 整除",试求 $P(A),P(B)$ 和 $P(A+B)$.

解　因为 7 和 5 的最小公倍数 35 < 100,所以 A,B 为相容事件,且 $AB=$ "取到的数能被 35 整除".又

$$14 < \frac{100}{7} < 15, \frac{100}{5} = 20, 2 < \frac{100}{35} < 3.$$

所以, $P(A) = \frac{14}{100} = 0.14, P(B) = \frac{20}{100} = 0.2, P(AB) = \frac{2}{100} = 0.02.$ 因此

$$P(A+B) = P(A) + P(B) - P(AB) = 0.14 + 0.2 - 0.02 = 0.32.$$

推论 1(三个任意事件概率加法公式) 若 A, B, C 为任意事件,有
$$P(A+B+C) = P(A) + P(B) + P(C) - P(AB) - P(AC) - P(BC) + P(ABC).$$

性质 4(两个互不相容事件概率加法公式) 若 A 与 B 为互不相容事件,则有
$$P(A+B) = P(A) + P(B).$$
即两个互不相容事件和的概率等于概率之和.

例 2 从 1 到 100 的 100 个整数中任取一数,设 $A=$"取到的数能被 7 整除", $B=$"取到的数能被 15 整除",试求 $P(A), P(B)$ 和 $P(A+B)$.

解 因为 $7 \times 15 = 105 > 100$,且 7 和 15 没有公因数,所以 A, B 为互不相容事件.又 $P(A) = \frac{14}{100} = 0.14, P(B) = \frac{6}{100} = 0.06,$ 因此

$$P(A+B) = P(A) + P(B) = 0.14 + 0.06 = 0.2.$$

推论 2(多个互不相容事件概率加法公式) 若事件 $A_1, A_2, \cdots, A_n$ 两两互不相容,则有
$$P(A_1 + A_2 + \cdots + A_n) = P(A_1) + P(A_2) + \cdots + P(A_n).$$

例 3 某班有学生 35 名,其中女生 10 名,拟组建一个由 5 名学生参加的班委会.试求该班委会中至少有 1 名女生的概率.

解 设 $A_i =$"班委会中恰有 i 名女生", $i = 0, 1, 2, 3, 4, 5$, $A =$"班委会中至少有 1 名女生", $P(A_i) = C_{10}^i C_{25}^{5-i} / C_{35}^5, i = 0, 1, 2, 3, 4, 5.$ 由事件的意义,有 $A = A_1 + A_2 + \cdots + A_5$,且 $A_1, A_2, \cdots, A_5$ 两两互不相容,所以

$$P(A) = P(A_1) + P(A_2) + \cdots + P(A_5)$$
$$\approx 0.389\ 7 + 0.318\ 8 + 0.110\ 9 + 0.016\ 2 + 0.000\ 8 = 0.836\ 4.$$

性质 5(逆事件概率公式) 对于任意事件 A,有
$$P(A) + P(\overline{A}) = 1.$$

在例 3 中,概率 $P(A)$ 也可以用逆事件概率公式计算.

注意到 $\overline{A} = A_0 =$"班委会中没有女生",而 $P(A_0) \approx 0.163\ 6$,故

$$P(A) = 1 - P(\overline{A}) = 1 - P(A_0) = 1 - 0.163\ 6 = 0.836\ 4.$$

例 3 的解法从互不相容事件出发,通常称为直接解法,思路直观,但计算烦琐.而上述解法从逆事件入手,通常称为间接解法,计算较为简便.

例 4 从数字 1, 2, 3, 4, 5, 6 中任取 4 个,数字允许重复,求下列事件的概率:

(1) 4 个数字中 5 至少出现一次;

(2) 4 个数字中至少有两个数字相同.

解 （1）设 $A=$"4个数字中5至少出现一次"，则 $\overline{A}=$"4个数字中不含5".故有

$$P(A)=1-P(\overline{A})=1-\frac{5^4}{6^4}\approx 0.517\ 8;$$

（2）设 $B=$"4个数字中至少有两个数字相同"，则 $\overline{B}=$"4个数字各不同".故有

$$P(B)=1-P(\overline{B})=1-\frac{A_6^4}{6^4}\approx 0.722\ 2.$$

性质6(差事件概率公式) 对于任意事件 A 与 B，有
$$P(A-B)=P(A)-P(AB).$$
特别地，当 $B\subset A$ 时，$P(A-B)=P(A)-P(B)$，且 $P(A)\geqslant P(B)$.

例5 某地区气象资料表明，邻近的甲、乙两城市中，甲市全年雨天的概率为12%，乙市全年雨天的概率为9%，两市中至少有一市雨天的概率为16.8%.试求下列事件的概率：

（1）只有甲市为雨天；

（2）只有乙市为雨天；

（3）两市都不为雨天.

解 设 $A=$"甲市为雨天"，$B=$"乙市为雨天"，则 $A+B=$"至少有一市为雨天".

由题设知，$P(A)=0.12$，$P(B)=0.09$，$P(A+B)=0.168$，且 A,B 为相容事件，所以

$$P(AB)=P(A)+P(B)-P(A+B)=0.12+0.09-0.168=0.042.$$

（1）$A\overline{B}=$"只有甲市为雨天"，故有

$$P(A\overline{B})=P(A-B)=P(A)-P(AB)=0.12-0.042=0.078;$$

（2）$\overline{A}B=$"只有乙市为雨天"，故有

$$P(\overline{A}B)=P(B-A)=P(B)-P(AB)=0.09-0.042=0.048;$$

（3）$\overline{A}\ \overline{B}=$"两市都不为雨天"，故有

$$P(\overline{A}\ \overline{B})=P(\overline{A+B})=1-P(A+B)=1-0.168=0.832.$$

例6 设 A,B 为两个随机事件，且 $P(A)=0.7$，$P(B)=0.6$，$P(A-B)=0.3$，试求 $P(\overline{AB})$，$P(A+B)$ 和 $P(\overline{A}\ \overline{B})$.

解 由题设知，$P(AB)=P(A)-P(A-B)=0.7-0.3=0.4$，所以

$P(\overline{AB})=1-P(AB)=1-0.4=0.6;$

$P(A+B)=P(A)+P(B)-P(AB)=0.7+0.6-0.4=0.9;$

$P(\overline{A}\ \overline{B})=P(\overline{A+B})=1-P(A+B)=1-0.9=0.1.$

*例7** 设 A,B,C 为随机事件，且 $P(A)=P(B)=P(C)=\dfrac{1}{4}$，$P(AB)=P(BC)=\dfrac{1}{16}$，$P(AC)=0$，求：

（1）A,B,C 至少一个发生的概率；

（2）A,B,C 全不发生的概率.

解 因为 $ABC\subset AC$，$P(AC)=0$，所以 $P(ABC)=0$.

（1）由已知，得 $A+B+C=$ "A,B,C 至少一个发生"，故有

$$P(A+B+C)=P(A)+P(B)+P(C)-P(AB)-P(AC)-P(BC)+P(ABC)$$

$$=\frac{1}{4}+\frac{1}{4}+\frac{1}{4}-\frac{1}{16}-0-\frac{1}{16}+0=\frac{5}{8}=0.612\ 5;$$

（2）由 $\overline{A}\ \overline{B}\ \overline{C}=$ "A,B,C 全不发生"，得

$$P(\overline{A}\ \overline{B}\ \overline{C})=P(\overline{A+B+C})=1-P(A+B+C)=1-0.612\ 5=0.387\ 5.$$

课堂练习

1. 12 件产品中有 9 件正品 3 件次品，从中任取 5 件，求下列事件的概率：

（1）取到的 5 件产品中至少有 1 件次品；

（2）取到的 5 件产品中至少有 2 件次品.

2. 40 个人的班级中，至少有两个人的生日在同一天的概率为多少？（1 年按 365 天计算）

3. 从 5 双不同型号鞋子中任取 4 只，求 4 只鞋子中至少有 2 只配成一双的概率.

4. 设事件 A 与 B 的概率分别为 0.3 和 0.5.

（1）若 A 与 B 互不相容，则 $P(B\overline{A})=$ _____；

（2）若 $A\subset B$，则 $P(B\overline{A})=$ _____；

（3）若 $P(AB)=0.2$，则 $P(B\overline{A})=$ _____.

习题 1-3

1. 将 3 名学生的学生证混放在一起，现将其随意地发给这 3 名学生，求至少有一名学生拿到自己学生证的概率.

2. 某专业研究生复试时，有 3 张考签，3 个考生应试，一个人抽一张考签看后立刻放回，再让另一个人抽，如此 3 个人各抽一次，求抽签结束后，至少有一张考签没有被抽到的概率.

3. 已知 $P(A)=0.4,P(B)=0.3$.

（1）若 $P(AB)=0.18$，求 $P(A+B)$，$P(\overline{A}B)$，$P(\overline{A}\ \overline{B})$，$P(\overline{A}+B)$；

（2）若 A 与 B 互不相容，求 $P(A+B)$，$P(\overline{A}B)$，$P(\overline{A}\ \overline{B})$，$P(\overline{A}+B)$.

4. 若 $A\subset B$，且 $P(A)=0.2,P(B)=0.3$，求：（1）$P(\overline{A})$，$P(\overline{B})$；（2）$P(A+B)$；（3）$P(AB)$；（4）$P(B\overline{A})$；
（5）$P(A-B)$.

5. 设 A,B,C 为随机事件，且 $P(A)=P(B)=P(C)=0.3,P(AB)=0.2,P(BC)=P(CA)=0$.试求：

（1）A,B,C 中至少有一个发生的概率；

（2）A,B,C 全不发生的概率.

第四节   条件概率与事件的独立性

在现实生活中，许多事物是相互联系、相互影响的，这对随机事件来说也不例外.在同一试

验中,一个事件发生与否对其他事件发生的可能性大小有何影响? 这就是本节要讨论的内容.

*一、条件概率

在实际问题中,常常需要考虑在已知事件 A 发生的条件下,事件 B 发生的概率,称为在事件 A 发生的条件下事件 B 的条件概率,记作 $P(B|A)$.例如,在一批产品中任取一件,已知是合格品,问它是一等品的概率;在一群人中任选一人,被选中的人为男性,问他是色盲的概率,等等,这些问题都是求条件概率.

例 1　袋中装有 3 个红球和 2 个白球,一次一个,不放回地取球两次.

(1)求第二次取到红球的概率;

(2)已经知道第一次取到的是红球,求第二次取到红球的概率.

解　设 A="第一次取到红球",B="第二次取到红球".由古典概率计算公式,得

(1) $P(B) = \dfrac{A_3^1 A_4^1}{A_5^2} = 0.6$;

(2) $P(B|A) = \dfrac{2}{4} = 0.5$.

在本例中很显然,$P(B) \neq P(B|A)$,一般情况下,$P(B)$ 与 $P(B|A)$ 是不同的.另外,$P(AB)$ 与 $P(B|A)$ 也不相同,$P(AB)$ 是 A 与 B 同时发生的概率,在本例中 AB="两次都取到红球",则

$$P(AB) = \frac{A_3^2}{A_5^2} = 0.3.$$

但 $P(AB)$ 与 $P(B|A)$ 又有着紧密联系,进一步计算可得

$$P(B|A) = 0.5 = \frac{A_3^2 / A_5^2}{A_3^1 A_4^1 / A_5^2} = \frac{P(AB)}{P(A)}.$$

这一关系式是从上例得出的,但它具有普遍意义.由此,我们给出条件概率的一般定义.

定义 1.5(条件概率)　设 A 与 B 为两个随机事件,且 $P(A) > 0$,称

$$P(B|A) = \frac{P(AB)}{P(A)}$$

为在已知事件 A 发生的条件下事件 B 的**条件概率**.

显然,当 $P(B) > 0$ 时,有

$$P(A|B) = \frac{P(AB)}{P(B)}.$$

计算条件概率,可以像例 1 那样利用古典概率公式计算,也可以利用条件概率定义来计算.

例 2　某工厂有职工 400 名,其中男女职工各占一半,男女职工中技术优秀的分别为 20 人与 40 人.从中任选一名职工,若已知选出的是男职工,问他技术优秀的概率是多少?

解　设 A="选出的是男职工",B="选出的职工技术优秀".由古典概率公式,得

$$P(B|A) = \frac{20}{200} = 0.1.$$

例 3　某地区气象资料表明,邻近的甲、乙两城市中,甲市全年雨天的概率为 12%,乙市全

年雨天的概率为 9%,两市中至少有一市雨天的概率为 16.8%.试求已知甲市雨天的条件下,乙市雨天的概率.

解　设 A = "甲市为雨天", B = "乙市为雨天",则 $A+B$ = "至少有一市为雨天".

由题设知, $P(A)=0.12$, $P(B)=0.09$, $P(A+B)=0.168$,且 A,B 为相容事件,所以
$$P(AB)=P(A)+P(B)-P(A+B)=0.12+0.09-0.168=0.042.$$
于是
$$P(B|A)=\frac{P(AB)}{P(A)}=\frac{0.042}{0.12}=0.35.$$

例 4　某建筑物按设计要求,使用寿命超过 50 年的概率为 0.8,超过 60 年的概率为 0.6.该建筑物经历了 50 年之后,它将在 10 年之内倒塌的概率有多大?

解　设 A = "该建筑物使用寿命超过 50 年", B = "该建筑物使用寿命超过 60 年".由题设知, $P(A)=0.8$, $P(B)=0.6$.由于 $B \subset A$,所以 $P(AB)=P(B)=0.6$,故有
$$P(\overline{B}|A)=1-P(B|A)=1-\frac{P(AB)}{P(A)}=1-\frac{0.6}{0.8}=0.25.$$

*二、乘法公式

由条件概率的定义,容易得到概率的**乘法公式**.

若 $P(A)>0$,则
$$P(AB)=P(A)P(B|A).$$

若 $P(B)>0$,则
$$P(AB)=P(B)P(A|B).$$

乘法公式可以推广到更多个事件的情形:

若 $P(AB)>0$,则
$$P(ABC)=P(A)P(B|A)P(C|AB).$$

若 $P(A_1A_2\cdots A_{n-1})>0(n>1)$,则
$$P(A_1A_2\cdots A_n)=P(A_1)P(A_2|A_1)\cdots P(A_n|A_1A_2\cdots A_{n-1}).$$

例 5　一盒子中有 4 只次品晶体管和 6 只正品晶体管,逐个抽取进行测试,测试后不放回,直到 4 只次品晶体管全都找到,求第 4 只次品晶体管在第 5 次测试时被发现的概率.

解　设 A = "前 4 次取得 3 只次品晶体管", B = "第 5 次取得次品晶体管",则 AB = "第 4 只次品晶体管在第 5 次测试时被发现".由古典概率公式,得 $P(A)=\dfrac{C_4^3 C_6^1}{C_{10}^4}$, $P(B|A)=\dfrac{1}{C_6^1}$,所以
$$P(AB)=P(A)P(B|A)=\frac{C_4^3 C_6^1}{C_{10}^4}\cdot\frac{1}{C_6^1}=\frac{2}{105}\approx0.019.$$

例 6　设袋中装有 a 个红球和 b 个白球,每次从袋中随机地取 1 个球,取后放回,并加进与取出球同色的球 c 个,共取球 3 次.试求 3 次都取到红球的概率.

解　设 A_i = "第 i 次取到红球", $i=1,2,3$.由古典概率公式,有
$$P(A_1)=\frac{a}{a+b},\quad P(A_2|A_1)=\frac{a+c}{a+b+c},\quad P(A_3|A_1A_2)=\frac{a+2c}{a+b+2c}.$$

因此,所求概率为

$$P(A_1A_2A_3) = P(A_1)P(A_2|A_1)P(A_3|A_1A_2) = \frac{a(a+c)(a+2c)}{(a+b)(a+b+c)(a+b+2c)}.$$

在本例中,当 $c=-1$ 时,模型为不放回抽样;当 $c=0$ 时,模型为有放回抽样;当 c 较大时,它给出了描述传染病的数学模型,即一旦有人得传染病,周围人群发病的概率将不断增大.

三、事件的独立性

在现实中,通常有某些事件的发生不相互影响,例如,抛掷两枚硬币,观察出现正反面的情况,令 A 表示"第一枚硬币出现正面",B 表示"第二枚硬币出现正面",很明显事件 A 与 B 之间没有必然的联系,其中任一个事件发生与否,都不影响另一个事件发生的概率,我们称事件 A 与 B 相互独立,简称 A 与 B 独立.

下面给出事件相互独立的严格定义.

定义 1.6(两事件独立) 若对于事件 A 与 B,有 $P(AB)=P(A)P(B)$,则称事件 A 与 B 相互独立,简称 A 与 B 独立.

不难证明,下面的定理是成立的.

定理 1.1 若 $P(A)>0$,则事件 A 与 B 相互独立的充要条件是 $P(B|A)=P(B)$;若 $P(B)>0$,则事件 A 与 B 相互独立的充要条件是 $P(A|B)=P(A)$.

证明留给读者.

定理 1.2 下面 4 个命题是等价的:
(1) 事件 A 与 B 相互独立;
(2) 事件 A 与 $\bar{B}$ 相互独立;
(3) 事件 $\bar{A}$ 与 B 相互独立;
(4) 事件 $\bar{A}$ 与 $\bar{B}$ 相互独立.
即 A 与 B,A 与 $\bar{B}$,$\bar{A}$ 与 B,$\bar{A}$ 与 $\bar{B}$ 只要有一组相互独立,另外三组也各自相互独立.

证 这里只证明(1)与(4)等价,其余留给读者.

当(1)成立时,即 A 与 B 相互独立时,得 $P(AB)=P(A)P(B)$,所以有

$$\begin{aligned} P(\bar{A}\,\bar{B}) &= P(\overline{A+B}) = 1-P(A+B) \\ &= 1-[P(A)+P(B)-P(AB)] \\ &= 1-[P(A)+P(B)-P(A)P(B)] \\ &= [1-P(A)][1-P(B)] = P(\bar{A})P(\bar{B}). \end{aligned}$$

根据两事件相互独立的定义,知 $\bar{A}$ 与 $\bar{B}$ 相互独立,从而(4)成立.

利用 $\bar{\bar{A}}=A$,$\bar{\bar{B}}=B$,可以由(4)成立推得(1)成立.

定义 1.7(多个事件独立) 设有 n 个事件 $A_1,A_2,\cdots,A_n(n\geq3)$,如果对于其中任意 k 个事件 $A_{i_1},A_{i_2},\cdots,A_{i_k}(2\leq k\leq n)$ 有

$$P(A_{i_1}A_{i_2}\cdots A_{i_k}) = P(A_{i_1})P(A_{i_2})\cdots P(A_{i_k}),$$

则称这 n 个事件 $A_1, A_2, \cdots, A_n$ 是相互独立的.

由该定义可知,若事件 $A_1, A_2, \cdots, A_n$ 是相互独立的,则从中任选 $k(2 \leq k \leq n)$ 个事件仍相互独立.还可以证明,任选 k 个事件,并把其中一些事件换成其对立事件,这样得到的新事件组仍相互独立.

n 个事件 $A_1, A_2, \cdots, A_n$ 相互独立要求从 n 个事件任取 2 个,3 个,$\cdots$,n 个组成的积事件的概率等于每个事件的概率之积,所以,$n(n \geq 3)$ 个事件 $A_1, A_2, \cdots, A_n$ 相互独立与两两独立不是一个含义.如,当 $n = 3$ 时,设 A, B, C 为三个事件,若满足

$$P(AB) = P(A)P(B), P(AC) = P(A)P(C), P(BC) = P(B)P(C),$$

则称 A, B, C 两两独立.而事件 A, B, C 相互独立,需要满足

$$P(AB) = P(A)P(B), P(AC) = P(A)P(C),$$
$$P(BC) = P(B)P(C), P(ABC) = P(A)P(B)P(C).$$

可以看出,由事件 A, B, C 相互独立能推出 A, B, C 两两独立,反之不然.

例如,袋中装有 4 个球,其中 1 个红球,1 个白球,1 个黑球,另一个球在球面的 3 个不同部分分别涂上红色、白色与黑色.现从袋中随机地取 1 个球,设 $A = $"取到的球涂有红色",$B = $"取到的球涂有白色",$C = $"取到的球涂有黑色".由于

$$P(A) = P(B) = P(C) = \frac{2}{4}, P(AB) = P(BC) = P(CA) = \frac{1}{4}, P(ABC) = \frac{1}{4},$$

所以,这三个事件 A, B, C 两两独立,但 A, B, C 不相互独立.

需要特别指出的是,在实际应用中,事件的独立性往往不是根据定义来判断,而是根据实际意义来判断,即通常把不存在明显影响的若干事件看作是相互独立的.例如,电路中的各元件正常工作、放回抽样的各次抽取结果都是常见的独立性模型.

四、独立事件概率的乘法公式

由事件独立性的定义,易得下面定理.

定理 1.3 若事件 $A_1, A_2, \cdots, A_n$ 相互独立,则它们的积的概率等于它们概率的积,即
$$P(A_1A_2\cdots A_n) = P(A_1)P(A_2)\cdots P(A_n).$$

例 7 甲、乙两人独立射击同一目标,已知甲击中目标的概率为 0.7,乙击中目标的概率为 0.8.求下列事件的概率:

(1) 两人都击中目标;

(2) 只有甲击中目标;

(3) 目标被击中.

解 设 $A = $"甲击中目标",$B = $"乙击中目标".由题设知,$P(A) = 0.7, P(B) = 0.8$,又事件 A 与 B 相互独立,于是

(1) 两人都击中目标的概率为

$$P(AB) = P(A)P(B) = 0.7 \times 0.8 = 0.56;$$

（2）只有甲击中目标的概率为

$$P(A\overline{B}) = P(A)P(\overline{B}) = 0.7 \times 0.2 = 0.14;$$

（3）目标被击中的概率为

$$P(A+B) = P(A) + P(B) - P(AB) = 0.7 + 0.8 - 0.56 = 0.94.$$

也可以运用逆事件概率公式来计算，即

$$P(A+B) = 1 - P(\overline{A+B}) = 1 - P(\overline{A}\,\overline{B})$$
$$= 1 - P(\overline{A})P(\overline{B}) = 1 - 0.3 \times 0.2 = 0.94.$$

从而得出：若事件 A 与 B 相互独立，则 $P(A+B) = 1 - P(\overline{A})P(\overline{B})$.

更一般地，对于 n 个独立事件 $A_1, A_2, \cdots, A_n$，其和事件的概率可以通过下式来计算：

$$P(A_1 + A_2 + \cdots + A_n) = 1 - P(\overline{A_1}\,\overline{A_2}\,\cdots\overline{A_n}) = 1 - P(\overline{A_1})P(\overline{A_2})\cdots P(\overline{A_n}).$$

例 8 向指定目标进行三次独立射击，第一、二、三次射中的概率分别为 0.4,0.5.0.7.在这三次射击中，求：

（1）恰有一次射中的概率；

（2）至少有一次射中的概率.

解 设 A_i ="第 i 次射中"，$i = 1,2,3$，A ="恰有一次射中"，B ="至少一次射中".显然，$A = A_1\overline{A_2}\,\overline{A_3} + \overline{A_1}A_2\overline{A_3} + \overline{A_1}\,\overline{A_2}A_3$，$\overline{B} = \overline{A_1}\,\overline{A_2}\,\overline{A_3}$.由于 A_1, A_2, A_3 相互独立，于是

（1）恰有一次射中的概率为

$$P(A) = P(A_1\overline{A_2}\,\overline{A_3} + \overline{A_1}A_2\overline{A_3} + \overline{A_1}\,\overline{A_2}A_3)$$
$$= P(A_1)P(\overline{A_2})P(\overline{A_3}) + P(\overline{A_1})P(A_2)P(\overline{A_3}) + P(\overline{A_1})P(\overline{A_2})P(A_3)$$
$$= 0.4 \times 0.5 \times 0.3 + 0.6 \times 0.5 \times 0.3 + 0.6 \times 0.5 \times 0.7 = 0.36;$$

（2）因为 $P(\overline{B}) = P(\overline{A_1}\,\overline{A_2}\,\overline{A_3}) = P(\overline{A_1})P(\overline{A_2})P(\overline{A_3}) = 0.6 \times 0.5 \times 0.3 = 0.09$，所以，至少有一次射中的概率为

$$P(B) = 1 - P(\overline{B}) = 1 - 0.09 = 0.91.$$

例 9 若每个人血清中含有肝炎病毒的概率为 0.004,混合 100 个人的血清，求此血清中含有肝炎病毒的概率.

解 设 A_i ="第 i 个人的血清含有肝炎病毒"，$i = 1,2,\cdots,100$，显然，它们相互独立，所求概率为

$$P(A_1 + A_2 + \cdots + A_{100}) = 1 - P(\overline{A_1})P(\overline{A_2})\cdots P(\overline{A_{100}}) = 1 - 0.996^{100} \approx 0.33.$$

虽然每个人的血清中含有肝炎病毒的概率都很小，但是把许多人的血清混合后其中含有肝炎病毒的概率较大，换句话说，小概率事件有时会产生大效应.在实际工作中，这类效应值得充分重视.

例 10 元件能正常工作的概率称为该元件的可靠度，由元件组成的系统能正常工作的概率称为该系统的可靠度.系统由 n 个元件组成，各个元件能否正常工作是相互独立的，设第 i 个元件的可靠度为 p_i，$i = 1,2,\cdots,n$，试求：

（1）由 n 个元件组成的串联系统（图 1-9）的可靠度；

（2）由 n 个元件组成的并联系统（图 1-10）的可靠度.

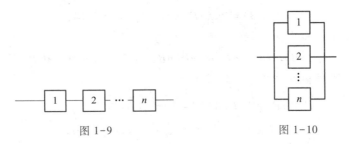

图 1-9　　　　　　　　　　图 1-10

解　设 A_i＝"第 i 个元件能正常工作"，$i=1,2,\cdots,n$.由于 $A_1,A_2,\cdots,A_n$ 相互独立,于是

（1）由 n 个元件组成的串联系统的可靠度为

$$P(A_1A_2\cdots A_n)=P(A_1)P(A_2)\cdots P(A_n)=p_1p_2\cdots p_n;$$

（2）由 n 个元件组成的并联系统的可靠度为

$$P(A_1+A_2+\cdots+A_n)=1-P(\overline{A_1})P(\overline{A_2})\cdots P(\overline{A_n})$$
$$=1-(1-p_1)(1-p_2)\cdots(1-p_n).$$

五、伯努利概型与二项概率

对于许多随机试验,我们关心的是某事件 A 是否发生.例如,掷硬币时关注正面是否朝上;产品抽样检查时,关注抽出的产品是否是次品;射手向目标射击时,关注目标是否被射中,等等.这类试验具有这样的特征:试验只有两个可能结果 A 和 $\overline{A}$,每次试验事件 A 发生的概率保持不变,$P(A)=p(0<p<1)$.若将这样的试验重复进行 n 次,则称其为 n **重伯努利试验**,这类试验的概率模型称为**伯努利概型**.

对于 n 重伯努利试验,我们最关心的是在 n 次独立重复试验中,事件 A 恰好发生 $k(0\le k\le n)$ 次的概率 $P_n(k)$.

定理 1.4　在 n 重伯努利试验中,设每次试验中事件 A 发生的概率始终为 $P(A)=p(0<p<1)$,则事件 A 恰好发生 k 次的概率为
$$P_n(k)=C_n^k p^k(1-p)^{n-k},k=0,1,2,\cdots,n.$$

事实上,由独立事件概率的乘法公式可知,事件 A 在 n 次试验中指定的 k 次发生,而其余的 $n-k$ 次不发生的概率为 $p^k(1-p)^{n-k}$;而 A 发生的 k 次在 n 次试验中出现的可能情况有 C_n^k 种指定方式,它们又是两两互不相容的,于是 $P_n(k)=C_n^k p^k(1-p)^{n-k}$.

通常称 $P_n(k)=C_n^k p^k(1-p)^{n-k}$ 为二项概率,因为它恰是 $[(1-p)+p]^n$ 的二项式展开中第 $k+1$ 项,其中 $k=0,1,2,\cdots,n$.

例 11　某大楼装有 5 个同类型的供水设备,调查表明在任一时刻,每个设备被使用的概率为 0.1.试求在同一时刻:

（1）恰有 3 个设备被使用的概率;

（2）至多有 1 个设备被使用的概率;

（3）至少有 1 个设备被使用的概率.

解　在同一时刻观察 5 个设备,它们是否被使用是相互独立的,故可看作 5 重伯努利试验.由题设知,$p=0.1,1-p=0.9$.

（1）恰有 3 个设备被使用的概率为

$$P_5(3) = C_5^3 \times 0.1^3 \times 0.9^2 = 0.008\ 1;$$

（2）至多有 1 个设备被使用的概率为

$$P_5(0)+P_5(1) = C_5^0 \times 0.1^0 \times 0.9^5 + C_5^1 \times 0.1^1 \times 0.9^4 = 0.918\ 54;$$

（3）至少有 1 个设备被使用的概率为

$$1-P_5(0) = 1-0.9^5 = 0.409\ 51.$$

例 12　甲、乙两人进行网球比赛,已知每一盘甲胜的概率为 0.6,乙胜的概率为 0.4,每盘的胜负是相互独立的.若采用三盘二胜制进行比赛,求甲最终获胜的概率.

解　由于每盘比赛只有"甲胜"和"甲负"两种结果,每盘的胜负是相互独立的,故可看作 3 重伯努利试验,且 $p=0.6,1-p=0.4$.

甲最终获胜即甲至少胜二盘,故所求概率为

$$P_3(2) +P_3(3) = C_3^2 \times 0.6^2 \times 0.4^1 + C_3^3 \times 0.6^3 \times 0.4^0 = 0.648.$$

对于本题,也可以按下述方式来做:

设 $A=$"甲 $2:0$ 获胜",即甲净胜两盘;$B=$"甲 $2:1$ 获胜",即前两盘各胜一盘,第三盘甲胜.显然,A 与 B 互不相容,题目即求 $P(A+B)$.而

$$P(A) = P_2(2) = 0.6^2 = 0.36,$$

$$P(B) = P_2(1) \times 0.6 = C_2^1 \times 0.6 \times 0.4 \times 0.6 = 0.288,$$

所求概率为

$$P(A+B) = P(A)+P(B) = 0.36+0.288 = 0.648.$$

这种做法稍显烦琐.有兴趣的读者可以思考如果进行五盘三胜制,甲最终获胜的概率.

课堂练习

1. 盒子中装有黄白两种颜色的乒乓球,黄色球 8 个,其中 3 个新球,白色球 5 个,其中 4 个新球.现从中任取一球是新球,求它是白球的概率.

2. 设 A,B 为两随机事件,且 $P(A)=0.8,P(B)=0.4,P(B|A)=0.25$,求 $P(A|B)$.

3. 设某种动物活到 20 岁的概率为 0.8,活到 25 岁的概率为 0.4,问年龄为 20 岁的这种动物活到 25 岁的概率.

4. 一盒子中有 4 只次品晶体管 6 只正品晶体管,逐个抽取进行测试,测试后不放回,直到 4 只次品晶体管全都找到为止,求第 4 只次品晶体管在第 6 次测试时被发现的概率.

5. 设事件 A,B 相互独立,且 $P(A)=0.2,P(B)=0.6$,求 $P(A|B)$ 和 $P(B|\overline{A})$.

6. 设事件 A,B 相互独立,A 发生 B 不发生的概率与 B 发生 A 不发生的概率相等,且 $P(A)=0.4$,求 $P(B)$.

7. 设事件 A,B 相互独立,且 $P(A)=0.2,P(B)=0.4$,则 $P(A+B) = $ _____.

8. 三人独立地破译一个密码,他们能单独译出的概率分别为 $\frac{1}{5},\frac{1}{3},\frac{1}{4}$,求该密码被破译的概率.

9. 已知每枚地对空导弹击中来犯敌机的概率为 0.96,问需要多少枚导弹才能保证敌机被击中的概率大于 0.999.

习题 1-4

1. 在全部产品中有 4% 是废品,有 72% 为一等品.现从中任取一件是合格品,求它是一等品的概率.

2. 设 $P(A) = 0.5, P(B) = 0.6, P(B \mid \overline{A}) = 0.4$,求 $P(AB)$.

3. 设袋中装有 2 个红球和 3 个白球,每次从袋中随机地取 1 个球,取后放回,并加进与取出球同色的球 1 个,共取球 3 次.试求第 3 次才取到红球的概率.

4. 设某光学仪器厂制造的棱镜,第一次落下时被打破的概率为 0.5,若第一次落下未被打破,第二次落下被打破的概率为 0.7,若两次落下未被打破,第三次落下被打破的概率为 0.9,试求棱镜落下三次而未被打破的概率.

5. 一批零件共 100 个,其中次品 10 个,一次一个,不放回地抽取 3 次,求下列事件的概率:

(1) 第三次才取到合格品;

(2) 如果取得一个合格品后,就不再取零件,在三次内取得合格品.

6. 设事件 A,B 相互独立,且两个事件仅 A 发生和仅 B 发生的概率都是 0.25,求 $P(A)$ 和 $P(B)$.

7. 有甲、乙两批种子,发芽率分别为 0.8 和 0.7,在两批种子中各取一粒,求:

(1) 两粒种子都发芽的概率;

(2) 至少有一粒种子发芽的概率;

(3) 只有甲种子发芽的概率;

(4) 只有一粒种子发芽的概率.

8. 某人连续向同一目标射击,每次命中目标的概率都是 0.8,他连续射击直到命中目标,求射击次数为 3 次的概率.

9. 在一小时内甲、乙、丙三台机床需维修的概率分别是 0.1,0.2,0.15,三台机床需要维修与否是相互独立的,求一小时内:

(1) 没有一台机床需要维修的概率;

(2) 至少有一台机床需要维修的概率;

(3) 至多有一台机床需要维修的概率.

10. 一批产品中有 30% 的一级品,进行重复抽样调查,共取 5 个样品,求:

(1) 取出的 5 个样品中恰有 2 个一级品的概率;

(2) 取出的 5 个样品中至少有 4 个一级品的概率;

(3) 取出的 5 个样品中至少有 1 个一级品的概率;

(4) 取出的 5 个样品中至多有 1 个一级品的概率.

11. 面对试卷上的 5 道四选一的选择题,某考生心存侥幸,试图用抽签的方法给出答案,试求下列事件的概率:

(1) 恰有 2 题回答正确;

(2) 至少有 3 题回答正确;

(3) 无一回答正确;

(4) 全部回答正确;

(5) 至少 1 题回答正确.

12. 设情报员能破译一份密码的概率为 0.6.试问:至少要使用多少名情报员才能使破译一份密码的概率大于 95%? 假定各情报员能否破译密码是相互独立的.

第五节　全概率公式与贝叶斯公式

本节介绍全概率公式与贝叶斯公式.

*一、全概率公式

> **定义 1.8(完备事件组)**　如果事件 $A_1, A_2, \cdots, A_n$ 满足如下两个条件:
> (1) $A_1, A_2, \cdots, A_n$ 两两互不相容,且 $P(A_i) > 0$, $i = 1, 2, \cdots, n$;
> (2) $A_1 + A_2 + \cdots + A_n = \Omega$,
> 那么,称事件 $A_1, A_2, \cdots, A_n$ 为样本空间 Ω 的一个**划分**(或**完备事件组**).

例如,事件 A 与 $\bar{A}$ 便构成样本空间 Ω 的一个划分.

当 $A_1, A_2, \cdots, A_n$ 是 Ω 的一个划分时,每次试验有且只有一个事件发生.

> **定理 1.5(全概率公式)**　设 $A_1, A_2, \cdots, A_n$ 是样本空间 Ω 的一个划分,B 为任一事件,则
> $$P(B) = P(A_1)P(B|A_1) + P(A_2)P(B|A_2) + \cdots + P(A_n)P(B|A_n)$$
> $$= \sum_{i=1}^{n} P(A_i)P(B|A_i).$$

证　显然,$B = \Omega B = (A_1 + A_2 + \cdots + A_n)B = A_1 B + A_2 B + \cdots + A_n B$.

由于 $A_1, A_2, \cdots, A_n$ 两两互不相容,故 $A_1 B, A_2 B, \cdots, A_n B$ 两两互不相容.由互不相容事件概率加法公式、概率乘法公式,得

$$P(B) = P(A_1 B + A_2 B + \cdots + A_n B) = P(A_1 B) + P(A_2 B) + \cdots + P(A_n B)$$
$$= P(A_1)P(B|A_1) + P(A_2)P(B|A_2) + \cdots + P(A_n)P(B|A_n)$$
$$= \sum_{i=1}^{n} P(A_i)P(B|A_i).$$

特别地,当 $n = 2$ 时,得全概率公式的最简单形式

$$P(B) = P(A)P(B|A) + P(\bar{A})P(B|\bar{A}).$$

全概率公式的实质是把一个事件的概率化为若干事件的概率之和,因此它是概率计算中的一个有力工具.

例 1　设某工厂有甲、乙、丙三台机器生产同一型号的产品,它们的产量各占 $30\%, 35\%, 35\%$,并且在各自的产品中废品率分别为 $5\%, 4\%, 3\%$,求从该厂的这种产品中任取一件是废品的概率.

解　设 $A_1 =$"所取产品为甲机器生产",$A_2 =$"所取产品为乙机器生产",$A_3 =$"所取产品为丙机器生产",$B =$"所取产品是废品".A_1, A_2, A_3 构成样本空间的一个划分,且

$$P(A_1) = 0.3, P(A_2) = 0.35, P(A_3) = 0.35,$$
$$P(B|A_1) = 0.05, P(B|A_2) = 0.04, P(B|A_3) = 0.03.$$

故所求概率为

$$P(B) = P(A_1)P(B|A_1) + P(A_2)P(B|A_2) + P(A_3)P(B|A_3)$$
$$= 0.3 \times 0.05 + 0.35 \times 0.04 + 0.35 \times 0.03 = 0.0395.$$

例 2 盒中放有 12 个乒乓球,其中有 9 个是新的,3 个是旧的.第一次比赛时从中任取 3 个来用(新的用一次后就成为旧的),比赛后仍放回盒子中.第二次比赛时再从盒子中任取 3 个球,求第二次取出的 3 个球都是新球的概率.

解 由于第二次取出的球都是新球的概率与第一次比赛后盒子中新球的个数有关,即与第一次取出的新球个数有关,因此先设 $A_i =$ "第一次取了 i 个新球",$i = 0, 1, 2, 3$,$B =$ "第二次取出的都是新球".显然,A_0, A_1, A_2, A_3 构成样本空间的一个划分.由题意,有

$$P(A_0) = \frac{C_3^3}{C_{12}^3} = \frac{1}{220}, P(B \mid A_0) = \frac{C_9^3}{C_{12}^3} = \frac{84}{220},$$

$$P(A_1) = \frac{C_9^1 C_3^2}{C_{12}^3} = \frac{27}{220}, P(B \mid A_1) = \frac{C_8^3}{C_{12}^3} = \frac{56}{220},$$

$$P(A_2) = \frac{C_9^2 C_3^1}{C_{12}^3} = \frac{108}{220}, P(B \mid A_2) = \frac{C_7^3}{C_{12}^3} = \frac{35}{220},$$

$$P(A_3) = \frac{C_9^3}{C_{12}^3} = \frac{84}{220}, P(B \mid A_3) = \frac{C_6^3}{C_{12}^3} = \frac{20}{220}.$$

所求概率为

$$P(B) = P(A_0)P(B \mid A_0) + P(A_1)P(B \mid A_1) + P(A_2)P(B \mid A_2) + P(A_3)P(B \mid A_3)$$

$$= \frac{1}{220} \cdot \frac{84}{220} + \frac{27}{220} \cdot \frac{56}{220} + \frac{108}{220} \cdot \frac{35}{220} + \frac{84}{220} \cdot \frac{20}{220}$$

$$\approx 0.145\ 8.$$

二、贝叶斯公式

定理 1.6(贝叶斯公式) 设 $A_1, A_2, \cdots, A_n$ 是样本空间 Ω 的一个划分,B 为任一事件,且 $P(B) > 0$,则

$$P(A_i \mid B) = \frac{P(A_i)P(B \mid A_i)}{\sum\limits_{i=1}^{n} P(A_i)P(B \mid A_i)}, i = 1, 2, \cdots, n.$$

证 由条件概率定义,有

$$P(A_i \mid B) = \frac{P(A_i B)}{P(B)} = \frac{P(A_i)P(B \mid A_i)}{P(B)},$$

将全概率公式 $P(B) = \sum\limits_{i=1}^{n} P(A_i)P(B \mid A_i)$ 代入上式,得

$$P(A_i \mid B) = \frac{P(A_i)P(B \mid A_i)}{\sum\limits_{i=1}^{n} P(A_i)P(B \mid A_i)}, i = 1, 2, \cdots, n.$$

例 3 在例 1 中,如果已知取到的产品是废品,求它分别是由机器甲、乙、丙生产的概率.

解 仍然采用例 1 中的记号.由贝叶斯公式,得

$$P(A_1 \mid B) = \frac{P(A_1)P(B \mid A_1)}{P(B)} = \frac{0.3 \times 0.05}{0.039\ 5} \approx 0.379\ 8,$$

$$P(A_2 \mid B) = \frac{P(A_2)P(B \mid A_2)}{P(B)} = \frac{0.35 \times 0.04}{0.039\ 5} \approx 0.354\ 4,$$

$$P(A_3 \mid B) = \frac{P(A_3)P(B \mid A_3)}{P(B)} = \frac{0.35 \times 0.03}{0.039\ 5} \approx 0.265\ 8.$$

例 4　已知男人中有 5% 是色盲患者，女人中有 0.25% 是色盲患者，今从男女人数相等的人群中随机地挑选一人，恰好是色盲患者，求此人是男性的概率.

解　设 A = "挑选的人是男性"，则 $\overline{A}$ = "挑选的人是女性"；设 B = "挑选的人是色盲患者". 由题设知

$$P(A) = 0.5, P(\overline{A}) = 0.5, P(B \mid A) = 0.05, P(B \mid \overline{A}) = 0.002\ 5.$$

根据全概率公式，得

$$P(B) = P(A)P(B \mid A) + P(\overline{A})P(B \mid \overline{A}) = 0.5 \times 0.05 + 0.5 \times 0.002\ 5 = 0.026\ 25,$$

由贝叶斯公式，所求概率为

$$P(A \mid B) = \frac{P(A)P(B \mid A)}{P(B)} = \frac{0.5 \times 0.05}{0.026\ 25} \approx 0.952\ 4.$$

即，如果说某人是色盲的话，相当大的概率此人是男性.

如果我们把事件 B 看成 "结果"，把诸事件 $A_1, A_2, \cdots, A_n$ 看成导致这一结果的 "原因"，则 $P(B \mid A_i)$ 为原因 A_i 导致结果 B 发生的概率，而 $P(A_i)$ 为原因 A_i 发生的概率. 这样可形象地把全概率公式看成为 "由原因推结果"，而贝叶斯公式则恰恰相反，其作用在于 "由结果推原因"，有了结果 B，重新计算导致 B 发生的各个原因的可能性. 通常称 $P(A_i)$ 为事件 A_i 的先验概率，称 $P(A_i \mid B)$ 为 A_i 的后验概率.

例 5　有一种疾病的发病率为 0.1%，医院有一种化验技术可以对这种疾病进行诊断. 如果是患者的话，误诊率为 2%，即有 98% 的可能被诊断为有病，2% 的可能被诊断为没病；但如果没有患病的话，误诊率为 5%，即有 5% 的可能被诊断为有病，95% 的可能被诊断为没病. 现在假设一个人的化验结果显示为有病，仅根据这一化验结果推测，那么这个人确实患病的概率有多大？

解　设 A = "这个人确实患病"，则 $\overline{A}$ = "这个人没有患病"；设 B = "这个人被诊断为有病". 由题设知

$$P(A) = 0.001, P(\overline{A}) = 0.999, P(B \mid A) = 0.98, P(B \mid \overline{A}) = 0.05.$$

根据全概率公式，得

$$P(B) = P(A)P(B \mid A) + P(\overline{A})P(B \mid \overline{A}) = 0.001 \times 0.98 + 0.999 \times 0.05 = 0.050\ 93,$$

由贝叶斯公式，这个人被诊断为有病而确实患病的概率为

$$P(A \mid B) = \frac{P(A)P(B \mid A)}{P(B)} = \frac{0.001 \times 0.98}{0.050\ 93} = 0.019\ 2 \approx 0.02.$$

这就表明，尽管化验技术的可靠度很高，在没有其他症状增加患病概率的情况下，单凭化

验结果显示为阳性来推测的话,其真实患病概率还不到 2%.所以对于年度常规体检出现的问题,应该进行复查.复查时,先验概率改为 $P(A)=0.02$,$P(\overline{A})=0.98$,两个条件概率不变,再次利用贝叶斯公式计算,得后验概率为 $P(A|B)\approx0.29$,概率提高不少.如果再进行复查,后验概率可以达到 89%.

贝叶斯公式是概率论中较为重要的公式,是一种建立在概率和统计理论基础上的数据分析和辅助决策工具,以其坚实的理论基础、自然的表示方式、灵活的推理能力和方便的决策机制受到越来越多研究者的重视.目前,贝叶斯网络已经广泛应用在医学、信息传递、案件侦破及人工智能等诸多方面.

课堂练习

1. 某工厂中,三台机器分别生产某种产品总数的 25%,35%,40%,它们生产的产品分别有 5%,4%,2% 的次品,将这些产品混在一起,今随机地取一件产品,问它是次品的概率是多少? 又问这个次品由三台机器中的哪台机器生产的概率大.

2. 在甲、乙、丙三个袋子中,甲袋装有 2 个白球、1 个黑球,乙袋装有 1 个白球、2 个黑球,丙袋装有 2 个白球、2 个黑球.今随机地选出一个袋子再从袋中取一球,求取出的球是白球的概率;又若已知取出的球是白球,问它来自甲袋的概率.

3. 盒中放有 6 个乒乓球,其中有 4 个新的 2 个旧的.第一次比赛时从中任取 2 个来用(新的用一次后就成为旧的),比赛后放回盒子中,第二次比赛时再从盒子中任取 2 个球.

(1) 求第二次取出的 2 个球都是新球的概率;

(2) 已知第二次取出的全是新球,求第一次比赛时取的两球中只有一个新球的概率.

4. 某人口袋里装有 10 颗圆环形小螺帽,其中 2 颗螺帽两面都有划痕,其余的螺帽仅有一面有划痕.从口袋中随机地取出 1 颗螺帽,并把它独立地抛掷 3 次,结果发现 3 次都是划痕面朝上,求这颗螺帽两面都有划痕的概率.

 习题 1-5

1. 两台车床加工同样的零件,第一台出现废品的概率为 0.03,第二台出现废品的概率为 0.02,加工出来的零件放在一起,并且已知第一台加工的零件比第二台加工的零件多一倍,求任取一件零件是合格品的概率.

2. 已知甲袋中有 3 个红球、7 个白球,乙袋中有 4 个红球、6 个白球,试求下列事件的概率:

(1) 合并两只袋子,从中随机地取 1 个球,该球是红球;

(2) 随机地取 1 只袋子,再从该袋中随机地取 1 个球,该球是红球;

(3) 从甲袋中随机地取 1 个球放入乙袋,再从乙袋中随机地取 1 个球,该球是红球.

3. 某年级有甲、乙、丙三个班级,各班人数分别占年级总人数的 $\dfrac{1}{4}$,$\dfrac{1}{3}$,$\dfrac{5}{12}$,已知甲、乙、丙三个班级中集邮人数分别占该班人数的 $\dfrac{1}{2}$,$\dfrac{1}{4}$,$\dfrac{1}{5}$,试求:

(1) 从该年级中随机地选取 1 人,此人为集邮者的概率;

(2) 从该年级中随机地选取 1 人,发现此人为集邮者,该同学属于乙班的概率.

4. 无线电通信中,由于随机干扰,当发送信号"■"时,收到信号为"■"、"不清"和"—"的概率分别是 0.7,

0.2 和 0.1;当发送信号"—"时,收到信号为"—""不清"和"■"的概率分别是 0.9,0.1 和 0.如果整个发报过程中,"■"与"—"分别占 60% 与 40%,那么,当收到信号为"不清"时,原发信号为"■"和"—"的概率分别是多大?

5. 甲、乙、丙三门高炮同时独立地向敌机各发射 1 枚炮弹,它们命中敌机的概率都是 0.4.飞机被击中 1 弹而坠毁的概率为 0.2,被击中 2 弹而坠毁的概率为 0.6,被击中 3 弹必定坠毁.

（1）试求飞机坠毁的概率;

（2）已知飞机坠毁,试求它在坠毁前只被击中 1 弹的概率.

第二章

随机变量及其分布

本章在引入随机变量后,把对随机事件及其概率的研究转化为对随机变量及其取值的概率规律性(即分布)的研究,并重点讨论几个有代表性的常见分布和随机变量函数的分布.由于随机变量以数量形式来描述随机现象,因此它给理论研究和数学运算都带来极大方便.

第一节 离散型随机变量及其分布列

视频

本节将介绍随机变量的定义和类型,并给出离散型随机变量的定义和性质,讨论几种有代表性的离散型随机变量及其分布.随机变量的引入,能让我们充分认识随机现象的统计规律性,使我们能运用高等数学的方法来研究随机试验,实现了把随机事件及其概率的研究转化为对随机变量及其取值的概率规律性(即分布)的讨论.

一、随机变量

在现实中,许多随机试验的结果本身就是用数量表示的.如:抛掷一枚骰子,出现的点数用 X 表示,当一次试验中出现的点数为 1 时 $X=1$,当出现的点数为 2 时 $X=2$,$\cdots$,当出现的点数为 6 时 $X=6$,X 就是一个随机变量.又如 110 报警台 24 小时内接到的报警次数 Y,商店某只灯泡的寿命 Z,飞机着陆点 $W(x,y)$ 等都是随机变量.

有些随机试验的结果本身不是数量,但可以人为地数量化.如抛掷一枚硬币一次,有两种结果:正面朝上或反面朝上,结果不是数量.设 X 表示抛掷一枚硬币一次正面朝上的次数,则 $X=1$ 表示正面朝上,$X=0$ 表示反面朝上.X 随着试验的不同结果而取不同的值,X 为随机变量.又如某足球队参加比赛,这一随机试验的结果有三种:胜、平、负.记 Y 为一场足球比赛的积分数,则 Y 为随机变量,当结果为胜时 $Y=3$,结果为平时 $Y=1$,结果为负时 $Y=0$.

从上面的例子看到,在随机试验中,存在一个变量,依据试验的结果不同而取不同的值,但在试验前该变量的取值不能事先预知,具有随机性,因此称这个变量为随机变量.下面给出随机变量的严格定义.

定义 2.1(随机变量) 设随机试验的样本空间为 Ω,如果对于每一个基本事件(样本点) $\omega \in \Omega$,有一个实数 X 与之对应,则称实值函数 $X=X(\omega)$ 为 Ω 上的**随机变量**.随机变量通常用 $X,Y,Z,\cdots$ 或 $X_1,X_2,\cdots$ 表示.

这种变量之所以称为随机变量,是因为它的取值随试验的结果而定,而试验结果的出现具有随机性,因而它的取值是随机的.在一次试验之前,我们不能预先确定随机变量取什么值,但由于试验的所有可能结果是预先知道的,故对于每一个随机变量,我们可知道它的取值范围,且可知它取各个值的可能性大小.这一性质显示了随机变量与普通函数有本质的区别.

需要说明的是,对于同一个随机试验,可以有多个与之关联的随机变量,而不是仅有一个,随着不同的研究需要定义不同的随机变量.

引入随机变量后,就可以用随机变量描述事件及事件的概率.如从 8 件正品 2 件次品的 10 件产品中任取 3 件,设 X 为取出 3 件产品中的次品数,则其取值范围是 $X=0,1$ 或 2,$\{X=0\}$ 表示事件"3 件全为正品",$P\{X=0\}=\dfrac{7}{15}$;$\{X=1\}$ 表示事件"3 件中恰有 1 件次品",$P\{X=1\}=\dfrac{7}{15}$;$\{X\geqslant 1\}$ 表示事件"3 件中至少有 1 件次品".并且 $\{X\geqslant 1\}=\{X=1\}+\{X=2\}$,$\{X=1\}$ 与 $\{X=2\}$ 互斥,$\{X\geqslant 1\}$ 与 $\{X=0\}$ 互为逆事件,即

$$P\{X\geqslant 1\}=P\{X=1\}+P\{X=2\}=\frac{7}{15}+\frac{1}{15}=\frac{8}{15},$$

或

$$P\{X\geqslant 1\}=1-P\{X=0\}=1-\frac{7}{15}=\frac{8}{15}.$$

用随机变量描述事件是通过随机变量把各个随机事件联系起来,进而去研究随机试验的全貌.

若随机变量可能取值的全体是有限个或无穷可列个实数,则称其为**离散型随机变量**.如抛掷骰子出现的点数,110 报警台一段时间内接到的报警次数都是离散型随机变量.若随机变量可能取某一实数区间上的所有值,则称其为**连续型随机变量**.如电子元件的使用寿命,顾客在收银台前排队时间都是连续型随机变量.

二、离散型随机变量的分布列及其性质

定义 2.2(分布列)　设 X 为离散型随机变量,可能取值为 $x_1,x_2,\cdots,x_k,\cdots$,且

$$P\{X=x_k\}=p_k,k=1,2,\cdots,$$

则称上式为离散型随机变量 X 的**分布列**.

分布列也可以用表格的形式表示:

X	x_1	x_2	$\cdots$	x_k	$\cdots$
P	p_1	p_2	$\cdots$	p_k	$\cdots$

离散型随机变量的分布列实质上是用表达"可能取值"及其"对应概率"两要素的方式,全面描述离散型随机变量取值的概率规律.对于 X 可能取值的正、负并无限制,但通常约定:$x_1<x_2<\cdots<x_k<\cdots$.

分布列具有下列性质:

(1) **非负性**:$p_k\geqslant 0,k=1,2,\cdots$,即每一概率非负;

(2) **规范性**:$\sum\limits_k p_k=1$,即所有概率之和为 1.

上式中,当 X 取有限个可能值时, $\sum\limits_{k} p_k$ 表示有限项的和;当 X 取无穷可列个可能值时, $\sum\limits_{k} p_k$ 表示无穷收敛级数的和.

应当指出的是,只有满足了非负性和规范性的数列 $p_1, p_2, \cdots, p_k, \cdots$ 才能成为随机变量的分布列.

例 1(确定分布列中的参数) 设离散型随机变量的分布列为

X	0	1	2
P	0.2	a	0.5

求常数 a.

解 由分布列的规范性知

$$1 = 0.2 + a + 0.5,$$

所以

$$a = 0.3.$$

例 2(确定分布列中的参数) 设离散型随机变量的分布列为

$$P\{X = k\} = a\left(\frac{1}{3}\right)^k, k = 1, 2, \cdots,$$

求常数 a.

解 由分布列的规范性知

$$1 = \sum_{k=1}^{\infty} a\left(\frac{1}{3}\right)^k = a\,\frac{\dfrac{1}{3}}{1 - \dfrac{1}{3}} = \frac{1}{2}a,$$

所以

$$a = 2.$$

例 3(求分布列) 抛掷一枚硬币两次,求正面朝上次数的分布列.

解 设正面朝上的次数为 X,则 X 的可能取值为 0, 1 或 2.其相应的概率为
$$P\{X = 0\} = 0.25, P\{X = 1\} = 0.5, P\{X = 2\} = 0.25.$$
故所求分布列为

X	0	1	2
P	0.25	0.5	0.25

例 4(已知分布列求事件的概率) 设离散型随机变量 X 的分布列为

X	-1	0	1	2
P	0.1	0.2	0.3	0.4

求:(1) $P\{X < 0\}$;(2) $P\{|X| = 1\}$;(3) $P\{X \geqslant 0\}$.

解　(1) $P\{X<0\}=P\{X=-1\}=0.1$；

(2) $P\{|X|=1\}=P\{X=-1\}+P\{X=1\}=0.1+0.3=0.4$；

(3) $P\{X\geqslant0\}=P\{X=0\}+P\{X=1\}+P\{X=2\}=0.2+0.3+0.4=0.9$，

或 $P\{X\geqslant0\}=1-P\{X<0\}=1-0.1=0.9$.

三、几种常见的离散型分布

1. 两点分布

若随机变量 X 只有两个可能取值：0 和 1，且

$$P\{X=1\}=p,P\{X=0\}=q,$$

其中 $0<p<1,q=1-p$，则称 X 服从**两点分布**（或 **0-1 分布**），其分布列也可记为

X	0	1
P	q	p

两点分布可简记为 $X\sim B(1,p)$．凡是只取两种状态或可归结为两种状态的随机试验均可用两点分布来描述．如新生儿是男是女，检查产品质量是否合格，某单位的电力消耗是否超过负荷，单选题的答案是否正确，等等．

2. 二项分布

在 n 重伯努利试验中，事件 A 发生的次数 X 是个随机变量，其取值为 $0,1,2,\cdots,n$．记 $P(A)=p(0<p<1)$，则 $P(\overline{A})=1-p=q$．由上一章介绍的二项概率公式知道，随机变量 X 的分布列为

$$P\{X=k\}=C_n^k p^k q^{n-k},k=0,1,2,\cdots,n.$$

如果上式是随机变量 X 的分布列，其中 $0<p<1,p+q=1$，则称随机变量 X 服从参数为 n,p 的**二项分布**，记作 $X\sim B(n,p)$.

二项分布的名称由来是因为二项式 $(p+q)^n$ 的展开式中的第 $k+1$ 项恰好是 $C_n^k p^k q^{n-k}$．当 $n=1$ 时二项分布即为两点分布．

二项分布是一种常见分布，如一批产品的不合格率为 p，放回抽样检查 n 件产品，这 n 件产品的不合格品数服从二项分布；n 部机器独立运转，每台机器出故障的概率为 p，则这 n 部机器出故障的机器数服从二项分布，等等．

例 5（二项分布下事件的概率）　面对试卷上的 5 道 4 选 1 的选择题，某考生心存侥幸，试图用抽签的方法给出答案，试求下列事件的概率：

(1) 恰有 3 题回答正确；

(2) 无一回答正确；

(3) 至少有 1 题回答正确．

解　以 X 表示回答正确的题目数，则 $X\sim B(5,0.25)$，故

(1) $P\{X=3\}=C_5^3\times0.25^3\times0.75^2\approx0.087\,9$；

(2) $P\{X=0\}=0.75^5\approx0.237\,3$；

(3) $P\{X\geqslant1\}=1-P\{X=0\}=1-0.75^3\approx0.762\,7$.

涉及二项分布有关事件的概率计算,有时会很烦琐,例如 $n=1\,000$, $p=0.005$ 时,计算 $C_{1\,000}^{10}0.005^{10}\times0.995^{990}$ 及 $\sum_{k=0}^{10}C_{1\,000}^{k}0.005^{k}\times0.995^{1\,000-k}$ 就相当麻烦,这就要寻求近似计算的方法. 在二项分布中,当 n 很大(不低于 10), p 很小(不超过 0.1),而 np 大小适中时,可以证明有近似公式

$$C_n^k p^k q^{n-k} \approx \frac{\lambda^k}{k!}e^{-\lambda},$$

其中 $\lambda=np$.

上式又称为泊松近似公式,它就是我们下面研究的泊松分布的概率表达式.

3. 泊松分布

如果随机变量 X 的分布列为

$$P\{X=k\}=\frac{\lambda^k}{k!}e^{-\lambda}, k=0,1,2,\cdots,$$

其中 $\lambda>0$ 为常数,则称随机变量 X 服从参数为 λ 的**泊松分布**,记作 $X\sim P(\lambda)$.

泊松分布是一种常见分布,如:一段时间内到某商店的顾客数,某公共汽车站 10 分钟内候车的旅客数,某种放射性物质一段时间内放射出的粒子数,某一地区一段时间内发生的交通事故数,某医院一天中接受急症的病人数,某页书上印刷的错误数,一平方米布匹上的疵点数,一年内战争爆发的次数等都服从泊松分布.

为了便于计算泊松分布的概率问题,数学工作者已制定了泊松分布表(附表 1)供查阅,请注意该表显示的是对不同的 λ, k 由 c 到 $+\infty$ 的概率和.

例 6(泊松分布下事件的概率)　已知某市 114 查询台每分钟接到的呼唤次数 X 服从参数为 4 的泊松分布,即 $X\sim P(4)$,求:

(1) 一分钟内恰好接到 3 次呼唤的概率;

(2) 一分钟内接到呼唤次数不超过 4 次的概率.

解　(1) $P\{X=3\}=P\{X\geq3\}-P\{X\geq4\}$

$$=\sum_{k=3}^{\infty}\frac{4^k}{k!}e^{-4}-\sum_{k=4}^{\infty}\frac{4^k}{k!}e^{-4}\approx0.761\,9-0.566\,5=0.195\,4;$$

(2) $P\{X\leq4\}=1-P\{X\geq5\}$

$$=1-\sum_{k=5}^{\infty}\frac{4^k}{k!}e^{-4}\approx1-0.371\,2=0.628\,8.$$

前面提到,当 $n\geq10$, $p\leq0.1$ 且 np 大小适中时, $C_n^k p^k q^{n-k}\approx\frac{\lambda^k}{k!}e^{-\lambda}$ (其中 $\lambda=np$),即可借助泊松分布数值表(附表 1)进行二项分布下事件概率的近似计算.

例 7(用泊松分布作二项分布的近似)　已知某工厂生产的产品中废品率为 0.005,任取 500 件,计算:

(1) 其中至少有 2 件是废品的概率;

(2) 其中不超过 5 件废品的概率.

解　设 X 表示取得 500 件产品中的废品数,则 $X\sim B(500,0.005)$.利用泊松近似公式计算,

$\lambda = np = 500 \times 0.005 = 2.5$，即近似地 $X \sim P(2.5)$．

（1）$P\{X \geq 2\} \approx \sum\limits_{k=2}^{\infty} \dfrac{2.5^k}{k!} \mathrm{e}^{-2.5} \approx 0.712\ 7$；

（2）$P\{X \leq 5\} = 1 - P\{X \geq 6\} \approx 1 - \sum\limits_{k=6}^{\infty} \dfrac{2.5^k}{k!} \mathrm{e}^{-2.5} \approx 1 - 0.042\ 0 = 0.958$．

课堂练习

1. 求下列各题中参数 a 的值．

（1）已知随机变量 $X \sim P\{X = k\} = \dfrac{k}{a}, k = 1, 2, 3, 4$；

（2）已知随机变量 $X \sim P\{X = k\} = a\left(\dfrac{2}{3}\right)^{k-1}, k = 1, 2, 3, \cdots$；

（3）已知随机变量 $X \sim P\{X = k\} = a\dfrac{\lambda^k}{k!}, k = 0, 1, 2, \cdots$，其中 λ 为常数．

2. 从 $1, 2, 3, 4$ 这四个数中，任意地取出两数，求取出的两数之和的分布列．

3. 从装有 6 个白球和 4 个红球的口袋中任取一球，以 X 表示取到的红球数，求 X 的分布列．

4. 从装有 6 个白球和 4 个红球的口袋中，无放回地取球 3 次，每次一个，以 Y 表示取到的红球数，求 Y 的分布列．

5. 从装有 6 个白球和 4 个红球的口袋中，有放回地取球 3 次，每次一个，以 Z 表示 3 次抽取中的红球数，求：

（1）Z 的分布列；

（2）恰好取到 2 次红球的概率；

（3）至少取到 1 次红球的概率．

6. 某人投篮命中率为 0.6，假定各次投篮是否命中相互独立．设 X 表示首次命中时已投篮次数，写出 X 的分布列．

7. 设随机变量 $X \sim B(n, p)$，且 $P\{X = 1\} = P\{X = n-1\}$，则 $p = $ _____．

8. 在一次试验中事件 A 发生的概率为 p，现在把这个试验独立地重复做两次．如果事件 A 至多发生 1 次的概率与事件 A 至少发生 1 次的概率相等，则 $p = $ _____．

9. 设随机变量 X 服从泊松分布，且 $P\{X = 1\} = P\{X = 2\}$，则 $P\{X = 4\} = $ _____．

10. 某人独立地射击 300 次，命中率为 0.015，求此人至少命中 2 次的概率．

习题 2-1

1. 求下列分布列中的常数 a．

（1）$P\{X = k\} = \dfrac{a}{n}, k = 1, 2, \cdots, n$；

（2）$P\{X = k\} = a\left(\dfrac{1}{2}\right)^k, k = 1, 2, 3, 4$；

（3）$P\{X = k\} = 3a^k, k = 1, 2, \cdots$．

2. 设随机变量 X 的分布列为

X	-1	2	3
P	0.25	0.5	0.25

求：（1）$P\{X<1\}$；（2）$P\{2\leqslant X<3\}$；（3）$P\{2\leqslant X\leqslant 3\}$.

3. 从 8 件正品 2 件次品的 10 件产品中，每次取一件，连续取 3 次.试求：

（1）放回抽样下，取得正品数的分布列；

（2）不放回抽样下，取得正品数的分布列.

4. 从 8 件正品 2 件次品的 10 件产品中，每次取一件，设 X 为直到取得正品所需抽取次数.试求：

（1）放回抽样下，X 的分布列；

（2）不放回抽样下，X 的分布列.

5. 某台仪器由 3 台不太可靠的元件组成，已知第 i 个元件出故障的概率为 $p_i=\dfrac{1}{i+2}$，$i=1,2,3$.假定各元件是否出故障是相互独立的.设 X 表示该台仪器中出故障的元件数，试求 X 的分布列.

6. 某一大楼装有 5 个同类型的供水设备，调查表明在某时刻 t 每个设备被使用的概率为 0.1，求在同一时刻：

（1）恰有 2 个设备被使用的概率；

（2）至少有 1 个设备被使用的概率.

7. 设事件 A 在每一次试验中发生的概率为 0.3，当 A 发生不少于 3 次时，指示灯发出信号，求：

（1）进行 5 次独立试验，指示灯发出信号的概率；

（2）进行 7 次独立试验，指示灯发出信号的概率.

8. 某厂生产的棉布，每米棉布上的疵点数 X 服从 $\lambda=3$ 的泊松分布.今任取一米棉布，求该棉布上：

（1）无疵点的概率；

（2）不超过 3 个疵点的概率.

9. 商店收到了 1 000 瓶矿泉水，每个瓶子在运输过程中破碎的概率为 0.003，求商店收到的 1 000 瓶矿泉水中：

（1）恰有 2 瓶破碎的概率；

（2）多于 2 瓶破碎的概率.

第二节 连续型随机变量及其概率密度

本节介绍连续型随机变量的定义和性质，两种常见的连续型分布：均匀分布和指数分布.

一、概率密度及其性质

前面已经提及连续型随机变量，下面给出其定义.

> **定义 2.3（概率密度）** 对于随机变量 X，若存在非负可积函数 $f(x)(-\infty<x<+\infty)$ 以及任意的实数 $a,b(a<b)$，都有
> $$P\{a<X\leqslant b\}=\int_a^b f(x)\,\mathrm{d}x，$$
> 则称 X 为**连续型随机变量**，并称 $f(x)$ 为 X 的**概率密度函数**，简称为**概率密度**、**密度函数**或**分布密度**，记作 $X\sim f(x)$.

由定义,我们可以得到概率密度的性质:

(1) **非负性**:$f(x) \geqslant 0$;

(2) **规范性**:$\int_{-\infty}^{+\infty} f(x)\,\mathrm{d}x = P\{-\infty < X < +\infty\} = 1$.

反之,一个定义在$(-\infty, +\infty)$上的函数只有在满足非负性和规范性时,它才能是某个连续型随机变量的概率密度.

上述三个等式的几何意义可以由图 2-1 看出,概率密度曲线位于 x 轴上方,X 在任一区间 (a, b) 内取值的概率等于以 (a, b) 为底,$y = f(x)$ 为曲边的曲边梯形的面积(如图 2-1(1)所示),而 $f(x)$ 与 x 轴之间的面积为 1(如图 2-1(2)所示).

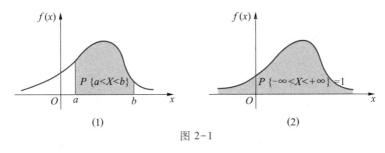

图 2-1

由概率密度定义及概率性质可以推得 $P\{X = a\} = 0$(a 为常数),即连续型随机变量取某一实数值的概率为零,从而有

$$P\{a < X \leqslant b\} = P\{a < X < b\} = P\{a \leqslant X < b\} = P\{a \leqslant X \leqslant b\} = \int_a^b f(x)\,\mathrm{d}x.$$

该式说明连续型随机变量 X 在任意区间上取值的概率与是否包含区间端点无关.

例 1(已知概率密度求参数和概率) 设连续型随机变量 X 的概率密度为

$$f(x) = \begin{cases} k(4x - 2x^2), & 0 < x < 2, \\ 0, & \text{其他,} \end{cases}$$

求:(1) 常数 k;(2) $P\{1 < X < 3\}$;(3) $P\{X \leqslant 1\}$.

解 (1) 由概率密度的规范性,有

$$\int_{-\infty}^{+\infty} f(x)\,\mathrm{d}x = k\int_0^2 (4x - 2x^2)\,\mathrm{d}x = k\left(2x^2 - \frac{2}{3}x^3\right)\Big|_0^2 = \frac{8k}{3} = 1,$$

所以

$$k = \frac{3}{8};$$

(2) $P\{1 < X < 3\} = \int_1^2 \frac{3}{8}(4x - x^2)\,\mathrm{d}x = \frac{3}{8}\left(2x^2 - \frac{2}{3}x^3\right)\Big|_1^2 = \frac{1}{2}$;

(3) $P\{X \leqslant 1\} = \int_0^1 \frac{3}{8}(4x - x^2)\,\mathrm{d}x = \frac{3}{8}\left(2x^2 - \frac{2}{3}x^3\right)\Big|_0^1 = \frac{1}{2}$.

最后,还要提到,概率密度 $f(x)$ 本身并不表示概率.但借助积分中值定理可得

$$P\{x < X < x + \Delta x\} = \int_x^{x+\Delta x} f(x)\,\mathrm{d}x \approx f(x)\Delta x.$$

可见,概率微元 $f(x)\Delta x$ 近似地表示了连续型随机变量 X 落入区间 $(x, x+\Delta x)$ 内的概率,其作用

相当于离散型随机变量分布列中的 p_k.

二、两种常见的连续型分布

1. 均匀分布

若随机变量 X 的概率密度为

$$f(x) = \begin{cases} \dfrac{1}{b-a}, & a \leqslant x \leqslant b, \\ 0, & \text{其他}, \end{cases}$$

则称 X 在区间 $[a,b]$ 上服从**均匀分布**,记作 $X \sim R(a,b)$. $f(x)$ 的图像如图 2-2 所示.

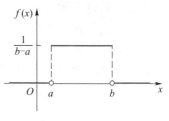

图 2-2

若 X 在区间 $[a,b]$ 上服从均匀分布,则对任意满足 $a \leqslant c < d \leqslant b$ 的 c 与 d,有

$$P\{c < X < d\} = \int_c^d \frac{1}{b-a} dx = \frac{d-c}{b-a}.$$

它表示 X 在区间 $[a,b]$ 的任一子区间 $[c,d]$ 上取值的概率与区间 $[c,d]$ 的长度成正比,与其所在位置无关,即随机变量 X 落入区间 $[a,b]$ 内长度相等的所有子区间上的概率都是相等的.均匀分布的概率意义就在于此.

在误差估计时,常用到均匀分布.假设在计算中,数据都保留到小数点后第 n 位,而小数点后第 $n+1$ 位上的数字按四舍五入处理,若用 x^* 表示真值,用 x 表示舍入后的值,则误差 $X = x^* - x$ 一般可视为在区间 $[-0.5 \times 10^{-n}, 0.5 \times 10^{-n}]$ 上服从均匀分布.

例 2（均匀分布下事件的概率） 公共汽车站每隔 5 分钟有一辆汽车通过,一个乘客在 5 分钟内任一时刻到达汽车站是等可能的,求该名乘客候车时间超过 3 分钟的概率.

解 设 X 表示该乘客的候车时间,则 $X \sim R(0,5)$,其概率密度为

$$f(x) = \begin{cases} \dfrac{1}{5}, & 0 \leqslant x \leqslant 5, \\ 0, & \text{其他}, \end{cases}$$

所求概率为

$$P\{3 < X \leqslant 5\} = \int_3^5 \frac{1}{5} dx = \frac{2}{5}.$$

2. 指数分布

若随机变量 X 的概率密度为

$$f(x) = \begin{cases} \lambda e^{-\lambda x}, & x > 0, \\ 0, & x \leqslant 0, \end{cases}$$

其中 $\lambda > 0$ 为常数,则称 X 服从参数为 λ 的**指数分布**,记作 $X \sim E(\lambda)$. $f(x)$ 的图像如图 2-3 所示.

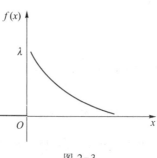

图 2-3

指数分布常用作各种"寿命"的分布,如电子元件的寿命、动植物的寿命、电话的通话时间、顾客在某一服务系统接受服务的时间等都可用指数分布来描述,因而指数分布有着广泛的应用.

例 3(指数分布下事件的概率)　已知某公司生产的电子元件的使用寿命 X(以小时计)服从参数为 $\dfrac{1}{1\,000}$ 的指数分布,求该公司生产的电子元件使用寿命超过 1 000 小时的概率.

解　由已知,随机变量 $X \sim E(0.001)$,其概率密度为

$$f(x) = \begin{cases} 0.001\mathrm{e}^{-0.001x}, & x>0, \\ 0, & x \leqslant 0, \end{cases}$$

所求概率为

$$P\{X>1\,000\} = \int_{1\,000}^{+\infty} \frac{1}{1\,000}\mathrm{e}^{-\frac{x}{1\,000}}\mathrm{d}x = -\left.\mathrm{e}^{-\frac{x}{1\,000}}\right|_{1\,000}^{+\infty} = \mathrm{e}^{-1} \approx 0.368.$$

课堂练习

1. 若 $P\{X \leqslant x_2\} = 1-\beta$,$P\{X \leqslant x_1\} = 1-\alpha$,其中 $x_1 < x_2$,求 $P\{x_1 < X \leqslant x_2\}$.

2. 已知随机变量 X 的概率密度为

$$f(x) = \begin{cases} \dfrac{A}{\sqrt{1-x^2}}, & |x|<1, \\ 0, & |x|>1, \end{cases}$$

求:(1) 常数 A;

(2) $P\left\{-\dfrac{1}{2} < X < \dfrac{1}{2}\right\}$.

3. 已知随机变量 X 的概率密度为

$$f(x) = \frac{A}{1+x^2}, \quad -\infty < x < +\infty,$$

求:(1) 常数 A;

(2) $P\{X>1\}$.

4. 当随机变量 X 的可能值充满区间＿＿＿＿＿＿时,$\varphi(x) = \cos x$ 可成为 X 的概率密度.

A. $\left[0, \dfrac{\pi}{2}\right]$　　　　B. $\left[\dfrac{\pi}{2}, \pi\right]$　　　　C. $[0, \pi]$　　　　D. $\left[\dfrac{3\pi}{2}, \dfrac{7\pi}{2}\right]$

5. 设随机变量 X 在区间 $[-1,2]$ 上服从均匀分布,则 X 的概率密度 $f(x) =$ ＿＿＿＿＿＿.

6. 设随机变量 Y 在 $[0,5]$ 上服从均匀分布,求关于 x 的方程 $4x^2+4Yx+Y+2=0$ 有实根的概率.

7. 设顾客在某银行的窗口等待服务的时间 X(以分计)服从参数 $\lambda = \dfrac{1}{5}$ 的指数分布.某顾客在窗口等待服务,若超过 10 min,他就离开.他一个月要到银行 5 次,以 Y 表示他未等到服务而离开银行的次数,写出 Y 的分布列,并求 $P\{Y \geqslant 1\}$.

习题 2–2

1. 设随机变量 X 的概率密度为

$$f(x) = \begin{cases} Ax^2, & 0<x<1, \\ 0, & 其他, \end{cases}$$

求:(1) 常数 A;

(2) $P\{-1<X<0.5\}$.

2. 设随机变量 X 的概率密度为

$$f(x)=\begin{cases}A(1-x), & -1<x<1,\\ 0, & \text{其他},\end{cases}$$

求:(1) 常数 A;

(2) $P\{0<X\leqslant 2\}$.

3. 设 X 的概率密度为

$$f(x)=\begin{cases}Ae^{-\frac{x}{3}}, & x>0,\\ 0, & x\leqslant 0,\end{cases}$$

求:(1) 常数 A;

(2) $P\{0<X\leqslant 3\}$.

4. 设随机变量 X 的概率密度为

$$f(x)=\begin{cases}x, & 0\leqslant x<1,\\ 2-x, & 1\leqslant x<2,\\ 0, & \text{其他},\end{cases}$$

求:(1) $P\left\{X\geqslant\dfrac{1}{2}\right\}$;

(2) $P\left\{\dfrac{1}{2}<X<\dfrac{3}{2}\right\}$.

5. 已知随机变量 X 的概率密度为

$$f(x)=\begin{cases}ax+b, & 1<x<3,\\ 0, & \text{其他},\end{cases}$$

且 $P\{2<X<3\}=2P\{1<X<2\}$,求常数 a 和 b 的值.

6. 某机械零件的指标值 X 在 $[90,110]$ 上服从均匀分布,求 X 在区间 $(92.5,107.5)$ 内取值的概率.

7. 设修理某机器所用的时间 X(以小时计)服从参数 $\lambda=0.5$ 的指数分布,求机器出现故障时,在一小时内可以修好的概率.

8. 设某种型号电子元件的寿命 X(以小时计)具有如下的概率密度:

$$f(x)=\begin{cases}\dfrac{1\ 000}{x^2}, & x\geqslant 1\ 000,\\ 0, & x<1\ 000,\end{cases}$$

现有一大批此种元件(设各元件工作相互独立),问:

(1) 任取一只,其寿命大于 1 500 h 的概率是多少?

(2) 任取四只,四只元件中恰有 2 只元件的寿命大于 1 500 h 的概率是多少?

(3) 任取四只,四只元件中至少有 1 只元件的寿命大于 1 500 h 的概率是多少?

9. 设某类日光灯管的使用寿命 X(以小时计)服从参数 $\lambda=\dfrac{1}{2\ 000}$ 的指数分布.

(1) 任取一根这种灯管,求能正常使用 1 000 h 以上的概率;

(2) 任取一根这种灯管,求能正常使用 1 500 h 以上的概率;

(3) 有一根这种灯管,已经正常使用了 1 000 h,求还能正常使用 1 500 h 的概率.

*第三节　随机变量的分布函数与随机变量函数的分布

本节介绍随机变量的分布函数及其性质和随机变量函数的分布.

一、分布函数及其性质

如前所述,离散型随机变量和连续型随机变量取值的概率规律,我们分别用分布列和概率密度来描述,那么能否给出一种统一的方法去刻画随机变量取值的概率规律呢? 回答是肯定的,那就是下面要讨论的分布函数.

1. 分布函数的定义

> **定义 2.4(分布函数)**　设 X 为随机变量,函数
> $$F(x) = P\{X \leqslant x\}, \quad -\infty < x < +\infty$$
> 称为 X 的**分布函数**.

可见,分布函数 $F(x)$ 是定义域为 $(-\infty, +\infty)$,值域为 $[0,1]$ 的普通函数.应注意 $F(x)$ 的值不是 X 取值于 x 时的概率,而是在满足条件 $X \leqslant x$ 下概率的累积,故分布函数又叫概率累积函数,它的引入使许多概率问题转化为函数问题而得到简化.另外,为区别不同随机变量的分布函数,有时将随机变量 X 的分布函数记为 $F_X(x)$,将随机变量 Y 的分布函数记为 $F_Y(y)$.

已知随机变量 X 的分布函数,我们可以求出下列重要事件的概率:

(1) $P\{X \leqslant b\} = F(b)$;

(2) $P\{a < X \leqslant b\} = F(b) - F(a)$;

(3) $P\{X > b\} = 1 - F(b)$.

请读者自行证明.

例 1(已知分布函数求事件的概率)　设随机变量 X 的分布函数为

$$F(x) = \begin{cases} \dfrac{1}{2}e^x, & x < 0, \\[2mm] \dfrac{1}{2} + \dfrac{x}{4}, & 0 \leqslant x < 2, \\[2mm] 1, & x \geqslant 2, \end{cases}$$

求:(1) $P\{-1 < X \leqslant 1\}$;(2) $P\{1 < X \leqslant 3\}$;(3) $P\{X > 0\}$.

解　(1) $P\{-1 < X \leqslant 1\} = F(1) - F(-1) = \dfrac{3}{4} - \dfrac{1}{2}e^{-1}$;

(2) $P\{1 < X \leqslant 3\} = F(3) - F(1) = 1 - \dfrac{3}{4} = \dfrac{1}{4}$;

(3) $P\{X > 0\} = 1 - F(0) = 1 - \dfrac{1}{2} = \dfrac{1}{2}$.

2. 分布函数的性质

分布函数具有以下基本性质:

(1) $0 \leqslant F(x) \leqslant 1$;

（2）$F(x)$ 是 x 的单调不减函数,即对任意的 $x_1 < x_2$ 有 $F(x_1) \leqslant F(x_2)$;

（3）$\lim\limits_{x \to -\infty} F(x) = F(-\infty) = 0$ 及 $\lim\limits_{x \to +\infty} F(x) = F(+\infty) = 1$;

（4）$F(x)$ 至多有可列个间断点,且在每个间断点处右连续,即对任一间断点 x_0,有 $F(x_0) = \lim\limits_{x \to x_0^+} F(x)$,而连续型随机变量的分布函数 $F(x)$ 是处处连续的.

例2（求分布函数中的参数） 设随机变量 X 的分布函数为

$$F(x) = \begin{cases} a + be^{-\lambda x}, & x > 0, \\ 0, & x \leqslant 0, \end{cases}$$

其中 $\lambda > 0$ 为常数,求常数 a 和 b.

解 由 $F(+\infty) = \lim\limits_{x \to +\infty} (a + be^{-\lambda x}) = a = 1$ 得 $a = 1$.

又由 $F(x)$ 的右连续性,得 $F(0) = \lim\limits_{x \to 0^+} (a + be^{-\lambda x}) = a + b = 1 + b = 0$,所以 $b = -1$.

即

$$a = 1, b = -1.$$

3. 分布列与分布函数的互求

根据分布函数的定义,当分布列已知时,运用逐段求和的方法可求得分布函数.即

$$F(x) = P\{X \leqslant x\} = \sum_{x_k \leqslant x} P\{X = x_k\} = \sum_{x_k \leqslant x} p_k.$$

这里的和式表示对满足 $x_k \leqslant x$ 的一切相关点 x_k 所对应的 p_k 求和.如果这样的 x_k 不存在,便规定 $F(x) = 0$.显然,这是一个在 x_k 处右连续的分段函数.

例3（已知分布列求分布函数） 设随机变量 X 的分布列为

X	-1	1	2
P	0.5	0.2	0.3

求 X 的分布函数.

解 为求分布函数,对不同的 x 实施逐段求和.

当 $x < -1$ 时,有 $F(x) = P\{X \leqslant x\} = P\{X < -1\} = 0$;

当 $-1 \leqslant x < 1$ 时,有 $F(x) = P\{X \leqslant x\} = P\{X = -1\} = 0.5$;

当 $1 \leqslant x < 2$ 时,有 $F(x) = P\{X \leqslant x\} = P\{X = -1\} + P\{X = 1\} = 0.7$;

当 $x \geqslant 2$ 时,有 $F(x) = P\{X \leqslant x\} = P\{X = -1\} + P\{X = 1\} + P\{X = 2\} = 1$.

因此,所求分布函数为

$$F(x) = \begin{cases} 0, & x < -1, \\ 0.5, & -1 \leqslant x < 1, \\ 0.7, & 1 \leqslant x < 2, \\ 1, & x \geqslant 2. \end{cases}$$

$F(x)$ 的图像如图 2-4 所示.

这样,分布函数的基本性质在离散型情形得到充分体现.图像表明,离散型随机变量 X 的分布函数 $F(x)$ 的图像是右连续的阶梯曲线,在 X 的可能取值 x_k 处跳跃,跳跃值恰为该处的概率 $p_k = P\{X = x_k\}$.

对于离散型随机变量 X,在用分布函数求概率时,需要注意 X 所取区间的端点是否包含在内.

反过来,当分布函数已知时,可通过逐段求差的方法得到分布列,即

$$P\{X=x_k\}=P\{X\leqslant x_k\}-P\{X<x_k\}$$
$$=F(x_k)-F(x_k-0),k=1,2,\cdots.$$

可见,分布列与分布函数可以相互确定.但在一般情况下还是用分布列比较方便.

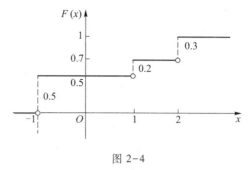

图 2-4

4. 概率密度与分布函数的互求

如果 X 是连续型随机变量,其概率密度为 $f(x)$,根据分布函数及概率密度定义,则 X 的分布函数为

$$F(x)=P\{X\leqslant x\}=\int_{-\infty}^{x}f(t)\,\mathrm{d}t.$$

可见,连续型随机变量的分布函数 $F(x)$ 是以 $f(x)$ 为被积函数的变上限的反常积分,当概率密度 $f(x)$ 已知时,通过逐段积分的方法即可求得分布函数 $F(x)$,并且所得的分布函数 $F(x)$ 是自变量 x 的连续函数.

例 4(已知概率密度求分布函数) 设随机变量 X 在区间 $[a,b]$ 上服从均匀分布,求 X 的分布函数 $F(x)$.

解 由已知,X 的概率密度为

$$f(x)=\begin{cases}\dfrac{1}{b-a}, & a\leqslant x\leqslant b,\\ 0, & 其他.\end{cases}$$

当 $x<a$ 时,有 $F(x)=\displaystyle\int_{-\infty}^{x}0\mathrm{d}t=0$;

当 $a\leqslant x<b$ 时,有 $F(x)=\displaystyle\int_{a}^{x}\frac{1}{b-a}\mathrm{d}t=\frac{x-a}{b-a}$;

当 $x\geqslant b$ 时,有 $F(x)=\displaystyle\int_{a}^{b}\frac{1}{b-a}\mathrm{d}t+\int_{b}^{x}0\mathrm{d}t=1$;

因此,所求分布函数为

$$F(x)=\begin{cases}0, & x<a,\\ \dfrac{x-a}{b-a}, & a\leqslant x<b,\\ 1, & x\geqslant b.\end{cases}$$

均匀分布的概率密度 $f(x)$ 与分布函数 $F(x)$ 的图像如图 2-5 所示.

从上例看出,对连续型随机变量 X,尽管 X 的概率密度 $f(x)$ 可能有间断点,但分布函数 $F(x)$ 却是处处连续的.

反过来,由于在 $f(x)$ 的连续点处有 $f(x)=F'(x)$,所以当分布函数 $F(x)$ 已知时,通过逐段求导的方法可求得概率密度.此时,$F(x)$ 实际上是 $f(x)$ 的原函数.

可见,连续型随机变量的概率密度与分布函数可以相互确定.如无特别申明,大多数情况

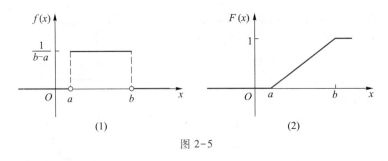

图 2-5

下主要还是使用概率密度.

例 5（已知分布函数求概率密度） 设 X 的分布函数为

$$F(x) = \begin{cases} 1 - e^{-\lambda x}, & x > 0, \\ 0, & x \leqslant 0, \end{cases} \lambda > 0,$$

求概率密度 $f(x)$.

解
$$f(x) = F'(x) = \begin{cases} \lambda e^{-\lambda x}, & x > 0, \\ 0, & x \leqslant 0. \end{cases}$$

可见,本题中的 $F(x)$ 正是参数为 λ 的指数分布的分布函数.指数分布的概率密度 $f(x)$ 与分布函数 $F(x)$ 的图像如图 2-6 所示.

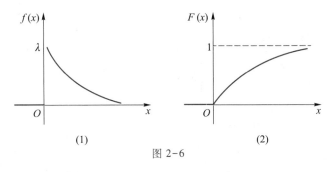

图 2-6

二、随机变量函数的分布

在许多实际问题中,往往需要研究随机变量的函数及其分布.在某些试验中,我们关心的随机变量不能通过直接观测得到,但它却是另一个或几个能直接观测的随机变量的函数.于是,我们需要讨论如何由已知的随机变量的分布求得随机变量函数的分布.即若随机变量 Y 是 X 的函数 $Y = g(X)$,如何由已知的 X 的分布来求 Y 的分布.

下面我们就两种情况讨论.

1. X 为离散型随机变量

设随机变量 X 的分布列为

X	x_1	x_2	$\cdots$	x_k	$\cdots$
P	p_1	p_2	$\cdots$	p_k	$\cdots$

若 $Y = g(X)$,记 $y_k = g(x_k)$,$k = 1, 2, \cdots$.

（1）若诸 y_k 的值各不相同，则随机变量 Y 的分布列为

Y	y_1	y_2	$\cdots$	y_k	$\cdots$
P	p_1	p_2	$\cdots$	p_k	$\cdots$

（2）若 y_k 中有相等的值，则相应概率相加之后合并处理.其中，按惯例 y_k 应从左至右从小到大排列.

例 6（求离散型随机变量函数的分布列）　已知随机变量 X 的分布列为

X	-1	0	1	2	5
P	0.1	0.2	0.3	0.3	0.1

（1）求 $Y=2X+1$ 的分布列；

（2）求 $Y=X^2$ 的分布列.

解　（1）本题的 Y 无相等取值，故所求的分布列为

$Y=2X+1$	-1	1	3	5	11
P	0.1	0.2	0.3	0.3	0.1

（2）本题中，$X=-1$ 和 $X=1$ 都对应于 $Y=1$，于是

$$P\{Y=1\}=P\{X^2=1\}=P\{X=-1\}+P\{X=1\}=0.4.$$

而 Y 的其他取值不相等，并按 Y 的取值自左至右从小到大排列后，所求分布列为

$Y=X^2$	0	1	4	25
P	0.2	0.4	0.3	0.1

2. X 为连续型随机变量

已知连续型随机变量 X 的概率密度 $f_X(x)$，求 $Y=g(X)$ 的概率密度 $f_Y(y)$ 一般可用两步来完成.第一步，求出 Y 的分布函数 $F_Y(y)$ 的表达式；第二步，对 $F_Y(y)$ 求导得到 $f_Y(y)$.

定理 2.1　设随机变量 X 的概率密度为 $f_X(x)$，$Y=g(X)$ 是 X 的函数.若与 $Y=g(X)$ 对应的函数 $y=g(x)$ 是严格单调且可微的，$x=h(y)$ 为 $y=g(x)$ 的反函数，则 $Y=g(X)$ 的概率密度为

$$f_Y(y)=f_X[h(y)]\cdot|h'(y)|.$$

证　设 X 和 Y 的分布函数分别为 $F_X(x)$ 和 $F_Y(y)$.

在 $y=g(x)$ 为严格单调递减情形下，有

$$F_Y(y)=P\{Y\leqslant y\}=P\{g(X)\leqslant y\}=P\{X\geqslant h(y)\}$$
$$=1-F_X[h(y)],$$

两边同时对 y 求导，得 Y 的概率密度为

$$f_Y(y)=F'_Y(y)=-f_X[h(y)]\cdot h'(y).$$

类似地，在 $y=g(x)$ 为严格单调递增情形下，有

$$f_Y(y)=f_X[h(y)]\cdot h'(y).$$

综上可得，单调函数 $Y=g(X)$ 的概率密度为

$$f_Y(y)=f_X[h(y)]\cdot|h'(y)|.$$

特别地，设 X 的概率密度为 $f_X(x)$，则 $Y=aX+b$ 的概率密度为

$$f_Y(y) = \frac{1}{|a|} f_X\left(\frac{y-b}{a}\right).$$

* 例 7（求连续型随机变量函数的分布） 设随机变量 X 服从 $\left(-\frac{\pi}{2}, \frac{\pi}{2}\right)$ 内的均匀分布.

（1）求 $Y = \tan X$ 的概率密度 $f_Y(y)$；

（2）求 $Y = A\sin X$（A 为正常数）的概率密度 $f_Y(y)$；

（3）求 $Y = 5 - 2X$ 的概率密度 $f_Y(y)$.

解 由已知，X 的概率密度为

$$f_X(x) = \begin{cases} \dfrac{1}{\pi}, & -\dfrac{\pi}{2} < x < \dfrac{\pi}{2}, \\ 0, & 其他. \end{cases}$$

（1）因为 $y = \tan x$ 在 $\left(-\frac{\pi}{2}, \frac{\pi}{2}\right)$ 内单调递增，其反函数 $h(y) = \arctan y$，且 $h'(y) = \dfrac{1}{1+y^2}$. 当 $-\frac{\pi}{2} < x < \frac{\pi}{2}$ 时 $-\infty < y < +\infty$，故所求概率密度为

$$f_Y(y) = f_X[h(y)] \cdot |h'(y)| = \frac{1}{1+y^2} f_X(\arctan y) = \frac{1}{\pi(1+y^2)}, \quad -\infty < y < +\infty.$$

这一概率分布，称为**柯西分布**.

（2）因为 $y = A\sin x$ 在 $\left(-\frac{\pi}{2}, \frac{\pi}{2}\right)$ 内单调递增，其反函数 $h(y) = \arcsin\dfrac{y}{A}$，且 $h'(y) = \dfrac{1}{\sqrt{A^2 - y^2}}$.

当 $-\frac{\pi}{2} < x < \frac{\pi}{2}$ 时 $-A < y < A$，这时

$$f_Y(y) = f_X[h(y)] \cdot |h'(y)| = \frac{1}{\pi\sqrt{A^2 - y^2}}.$$

因此，所求概率密度为

$$f_Y(y) = \begin{cases} \dfrac{1}{\pi\sqrt{A^2 - y^2}}, & -A < y < A, \\ 0, & 其他. \end{cases}$$

（3）因为 $y = 5 - 2x$ 为单调递减函数，且当 $-\frac{\pi}{2} < x < \frac{\pi}{2}$ 时 $5 - \pi < y < 5 + \pi$，这时

$$f_Y(y) = \frac{1}{|a|} f_X\left(\frac{y-b}{a}\right) = \frac{1}{2} \cdot \frac{1}{\pi} = \frac{1}{2\pi}.$$

因此，所求概率密度为

$$f_Y(y) = \begin{cases} \dfrac{1}{2\pi}, & 5 - \pi < y < 5 + \pi, \\ 0, & 其他. \end{cases}$$

例 8（求连续型随机变量函数的分布） 设随机变量 X 的概率密度为

$$f_X(x) = \frac{1}{\pi(1+x^2)}, \quad -\infty < x < +\infty.$$

求 $Y = \mathrm{e}^{-X}$ 的概率密度 $f_Y(y)$.

解　$y = \mathrm{e}^{-x}$ 为单调函数, 反函数 $h(y) = -\ln y$, 且 $h'(y) = -\dfrac{1}{y}$. 当 $-\infty < x < +\infty$ 时 $y > 0$, 这时

$$f_Y(y) = f_X[h(y)] \cdot |h'(y)| = \frac{1}{\pi(1 + \ln^2 y) y}.$$

因此, 所求概率密度为

$$f_Y(y) = \begin{cases} \dfrac{1}{\pi(1 + \ln^2 y) y}, & y > 0, \\ 0, & y \leqslant 0. \end{cases}$$

例 9（求连续型随机变量函数的分布）　设随机变量 X 的分布函数 $F(x)$ 连续且单调递增, 试证: 随机变量 $Y = F(X)$ 服从 $[0,1]$ 上的均匀分布.

证　由于 $y = F(x)$ 单调递增, 其反函数为 $F^{-1}(y)$. 由分布函数性质知, $0 \leqslant y \leqslant 1$, 这时, Y 的分布函数为

$$F_Y(y) = P\{Y \leqslant y\} = P\{F(X) \leqslant y\}$$
$$= P\{X \leqslant F^{-1}(y)\} = F[F^{-1}(y)] = y.$$

因此, $Y = F(X)$ 的概率密度为

$$f_Y(y) = \begin{cases} 1, & 0 \leqslant y \leqslant 1, \\ 0, & \text{其他}. \end{cases}$$

这表明 $Y = F(X)$ 服从 $[0,1]$ 上的均匀分布.

在随机模拟技术中, 利用本例, 可以产生服从各种分布的随机变量供使用. 本例中, 去掉 "单调增加" 的条件, 结论依然成立.

例 10（求连续型随机变量函数的分布）　设 X 的概率密度为 $f_X(x)$, 求 $Y = X^2$ 的概率密度 $f_Y(y)$.

解　设 X 和 Y 的分布函数分别为 $F_X(x)$ 和 $F_Y(y)$.

当 $y \leqslant 0$ 时, Y 的分布函数

$$F_Y(y) = P\{Y \leqslant y\} = P\{X^2 \leqslant y\} = 0,$$

这时, 很明显, 概率密度 $f_Y(y) = 0$;

当 $y > 0$ 时, Y 的分布函数

$$F_Y(y) = P\{Y \leqslant y\} = P\{X^2 \leqslant y\} = P\{-\sqrt{y} \leqslant X \leqslant \sqrt{y}\} = F_X(\sqrt{y}) - F_X(-\sqrt{y}),$$

两边同时对 y 求导, 得

$$f_Y(y) = F_Y'(y) = \frac{1}{2\sqrt{y}}[f_X(\sqrt{y}) + f_X(-\sqrt{y})].$$

综上, 所求概率密度为

$$f_Y(y) = \begin{cases} \dfrac{1}{2\sqrt{y}}[f_X(\sqrt{y}) + f_X(-\sqrt{y})], & y > 0, \\ 0, & y \leqslant 0. \end{cases}$$

本例的结果可以当作公式使用.

例 11（求连续型随机变量函数的分布） 已知 X 的概率密度为

$$f_X(x) = \begin{cases} \dfrac{3}{2}x^2, & -1<x<1, \\ 0, & \text{其他}. \end{cases}$$

（1）求 $Y=3X-2$ 的概率密度 $f_Y(y)$；

（2）求 $Y=X^2$ 的概率密度 $f_Y(y)$.

解 （1）因为 $y=3x-2$，所以当 $-1<x<1$ 时 $-5<y<1$. 故所求概率密度为

$$f_Y(y) = \frac{1}{3}f_X\left(\frac{y+2}{3}\right) = \begin{cases} \dfrac{1}{3}\cdot\dfrac{3}{2}\left(\dfrac{y+2}{3}\right)^2, & -5<y<1, \\ 0, & \text{其他} \end{cases} = \begin{cases} \dfrac{1}{18}(y+2)^2, & -5<y<1, \\ 0, & \text{其他}. \end{cases}$$

（2）因为 $y=x^2$，所以当 $-1<x<1$ 时 $0<y<1$，故所求概率密度为

$$f_Y(y) = \begin{cases} \dfrac{1}{2\sqrt{y}}\left(\dfrac{3}{2}y+\dfrac{3}{2}y\right), & 0<y<1, \\ 0, & \text{其他} \end{cases} = \begin{cases} \dfrac{3\sqrt{y}}{2}, & 0<y<1, \\ 0, & \text{其他}. \end{cases}$$

课堂练习

1. 设随机变量 X 的分布列为

X	1	2	3
P	0.2	0.5	0.3

设 $F(x)$ 为 X 的分布函数，则 $F(2)=$ _____，$F(x)=$ _____.

2. 设随机变量 X 的分布函数为

$$F(x) = \begin{cases} 0, & x<a, \\ 0.4, & a\leqslant x<b, \\ 1, & x\geqslant b, \end{cases}$$

其中 $0<a<b$，则 $P\left\{\dfrac{a}{2}<X\leqslant\dfrac{a+b}{2}\right\}=$ _____.

3. 设 X 的分布函数为 $F(x)=A+B\arctan x,\ x\in\mathbf{R}$，则常数 $A=$ _____，$B=$ _____；$P\{X<1\}=$ _____；概率密度 $f(x)=$ _____.

4. 设随机变量 X 的分布函数为

$$F(x) = \begin{cases} 0, & x<-1, \\ A+B\arcsin x, & -1\leqslant x<1, \\ 1, & x\geqslant 1, \end{cases}$$

则常数 $A=$ _____，$B=$ _____；$P\left\{|X|<\dfrac{1}{2}\right\}=$ _____；概率密度 $f(x)=$ _____.

5. 设随机变量 X 在区间 $[-1,+\infty)$ 内取值的概率等于随机变量 $Y=X-3$ 在 $[a,+\infty)$ 内取值的概率，则 $a=$ _____.

6. 设随机变量 X 的分布函数为

$$F(x) = \begin{cases} 0, & x < 10, \\ 1 - \dfrac{10}{x}, & x \geqslant 10, \end{cases}$$

用 Y 表示对 X 的 3 次独立重复观察中事件 $\{X > 20\}$ 出现的次数,则 $P\{Y > 1\} = $ _____.

7. 设随机变量 X 的分布列为

X	-2	-1	0	1	2	3
P	0.1	0.2	0.3	0.2	0.1	0.1

求:(1) $Y = 1 - 2X$ 的分布列;

(2) $Y = X^2$ 的分布列.

8. 设随机变量 X 的概率密度为

$$f(x) = \begin{cases} 2x, & 0 \leqslant x \leqslant 1, \\ 0, & \text{其他}. \end{cases}$$

求:(1) X 的分布函数;

(2) $Y = 1 - 2X$ 的概率密度;

(3) $Y = X^2$ 的概率密度.

 习题 2-3

1. 设连续型随机变量 X 的分布函数为

$$F(x) = \begin{cases} A, & x < 0, \\ Bx^2, & 0 \leqslant x < 1, \\ Cx - 0.5x^2 - 1, & 1 \leqslant x < 2, \\ 1, & x \geqslant 2, \end{cases}$$

求:(1) 常数 A, B, C;

(2) $P\{X > 0.5\}$;

(3) X 的概率密度 $f(x)$.

2. 设连续型随机变量 X 的分布函数为

$$F(x) = \begin{cases} A + Be^{-\frac{x^2}{2}}, & x > 0, \\ 0, & x \leqslant 0. \end{cases}$$

求:(1) 常数 A, B;

(2) $P\{1 < X < 2\}$;

(3) X 的概率密度 $f(x)$.

3. 设随机变量 X 的概率密度为

$$f(x) = \begin{cases} Ax^2, & 0 < x < 2, \\ 0, & \text{其他}. \end{cases}$$

求:(1) 常数 A;

(2) X 的分布函数 $F(x)$;

(3) $P\{1 < X < 2\}$.

4. 设随机变量 X 的概率密度为

$$f(x)=\begin{cases}x, & 0\leqslant x\leqslant 1,\\ 2-x, & 1<x\leqslant 2,\\ 0, & \text{其他.}\end{cases}$$

求：(1) X 的分布函数 $F(x)$；

(2) $P\{X<0.5\}$ 和 $P\{X>1.3\}$.

5. 已知随机变量 X 的分布列为

X	-1	0	1	2
P	0.2	0.3	0.1	0.4

求：(1) X 的分布函数 $F(x)$；

(2) $Y=|X|$ 的分布列；

(3) $Y=(X-1)^2$ 的分布列.

6. 已知随机变量 X 的概率密度为

$$f(x)=\begin{cases}k(x-2), & 2<x<3,\\ 0, & \text{其他,}\end{cases}$$

求：(1) 常数 k；

(2) X 的分布函数 $F(x)$；

(3) $Y=2X+1$ 的概率密度.

7. 求 $Y=X^3$ 的概率密度 $f_Y(y)$，假设：

(1) X 具有概率密度 $f_X(x)$；

(2) X 服从参数为 λ 的指数分布；

(3) X 服从区间 $[0,2]$ 上的均匀分布.

8. 设 X 服从参数 $\lambda=1$ 的指数分布，求下列 Y 的概率密度 $f_Y(y)$.

(1) $Y=3X$；

(2) $Y=3-X$；

(3) $Y=X^2$.

9. 设 X 服从区间 $(0,1)$ 内的均匀分布，求下列 Y 的概率密度 $f_Y(y)$.

(1) $Y=-2\ln X$；

(2) $Y=3X+1$；

(3) $Y=\mathrm{e}^X$.

10. 对圆片直径进行测量，测量值 X 服从 $[5,6]$ 上的均匀分布，求圆片面积 Y 的概率密度 $f_Y(y)$.

+·

第四节　正态分布

视频

本节介绍正态分布的定义和性质，计算正态分布下事件的概率以及探究正态随机变量函数的分布.

正态分布是概率论与数理统计中最重要最常用的一种分布.在自然现象与社会现象中大量的随机变量服从或近似服从正态分布，如测量误差，各种产品的质量指标(如零件尺寸、材料强度等),农作物的单位面积产量,人的身高或体重,某市一天的用电量,某班的考试成绩等.一般说来,若影响某一数量指标的随机因素很多,而每个因素所起的作用都不太大,则这个指标服从正态分布.另一方面,许多分布可用正态分布来近似,另外一些分布可通过正态分布来导出,因此正态分布在理论研究中十分重要.

一、正态分布的定义及性质

> **定义 2.5(正态分布)**　如果随机变量 X 的概率密度为
>
> $$f(x) = \frac{1}{\sigma\sqrt{2\pi}} e^{-\frac{(x-\mu)^2}{2\sigma^2}}, \quad -\infty < x < +\infty,$$
>
> 其中 μ, σ^2 为常数,$-\infty < \mu < +\infty, \sigma > 0$,则称 X 服从参数为 μ, σ^2 的**正态分布**,记作 $X \sim N(\mu, \sigma^2)$,这时也称 X 为**正态随机变量**.

图 2-7 给出了正态分布概率密度 $f(x)$ 的图像,我们称之为正态曲线,是一条钟形曲线.正态曲线有如下性质:

(1) 关于直线 $x = \mu$ 对称,当 $x = \mu$ 时 $f(x)$ 取到最大值 $f(\mu) = \dfrac{1}{\sigma\sqrt{2\pi}}$;

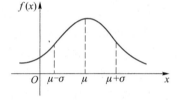

图 2-7

(2) 在 $x = \mu \pm \sigma$ 处曲线有拐点,曲线以 x 轴为渐近线;

(3) 若固定 σ,改变 μ 的值,则曲线 $y = f(x)$ 沿 x 轴左右平移,不改变曲线的形状,可见正态曲线的位置完全由 μ 决定,称 μ 为位置参数;若固定 μ,改变 σ 的值,σ 越大曲线越扁平,σ 越小曲线越陡峭,称 σ 为形状参数(如图 2-8 所示).

特别地,当 $\mu = 0, \sigma = 1$ 时,称 X 服从**标准正态分布**,即 $X \sim N(0,1)$,其概率密度为

$$\varphi(x) = \frac{1}{\sqrt{2\pi}} e^{-\frac{x^2}{2}}, \quad -\infty < x < +\infty.$$

其图像如图 2-9 所示.

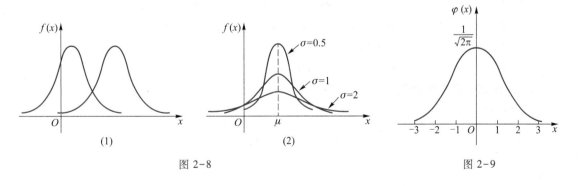

图 2-8

图 2-9

显然,标准正态曲线关于 y 轴对称,且 $\varphi(x)$ 在 $x = 0$ 处取到最大值 $\dfrac{1}{\sqrt{2\pi}}$.

二、正态分布的概率计算

1. 标准正态分布的概率计算

为了解决正态分布的概率计算问题,我们先讨论标准正态分布的概率计算.

设标准正态分布的分布函数为 $\Phi(x)$,则

$$\Phi(x) = \int_{-\infty}^{x} \varphi(t)\,\mathrm{d}t = \int_{-\infty}^{x} \frac{1}{\sqrt{2\pi}} e^{-\frac{t^2}{2}}\,\mathrm{d}t.$$

$\Phi(x)$ 的值可用近似方法求得. $\Phi(x)$ 的图像如图 2-10 所示,其为单调递增函数.

根据标准正态曲线的对称性,易得

$$\Phi(-x) = 1 - \Phi(x).$$

从而 $\Phi(0) = 0.5$.

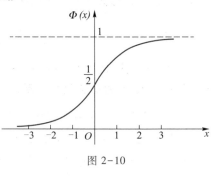

图 2-10

为了便于计算,数学工作者编制了 $\Phi(x)$ 的数值表,称为标准正态分布表(见附表 2).对附表 2 有两点说明:一是表中 x 的取值范围为 $[0, 3.1)$,对于 $x \geqslant 3.1$ 的情况,可取 $\Phi(x) = 1$;二是若 $x < 0$,可通过公式 $\Phi(x) = 1 - \Phi(-x)$ 转换后查表求值.

结合前面介绍的连续型随机变量概率密度及分布函数的知识,利用标准正态分布表计算概率的公式可归纳如下:

若 $X \sim N(0,1)$,则

(1) $P\{X < b\} = P\{X \leqslant b\} = \Phi(b)$;

(2) $P\{a < X < b\} = P\{a \leqslant X < b\} = P\{a \leqslant X \leqslant b\} = P\{a < X \leqslant b\} = \Phi(b) - \Phi(a)$;

(3) $P\{X \geqslant a\} = P\{X > a\} = 1 - P\{X \leqslant a\} = 1 - \Phi(a)$;

例 1(标准正态分布的概率计算) 设随机变量 $X \sim N(0,1)$,求下列概率:

(1) $P\{X < 1.23\}$;(2) $P\{X \leqslant -3.03\}$;(3) $P\{|X| \leqslant 1.54\}$;(4) $P\{X > -1\}$.

解 (1) $P\{X < 1.23\} = \Phi(1.23) = 0.890\,7$;

(2) $P\{X \leqslant -3.03\} = \Phi(-3.03) = 1 - \Phi(3.03) = 1 - 0.999\,5 = 0.000\,5$;

(3) $P\{|X| \leqslant 1.54\} = P\{-1.54 \leqslant X \leqslant 1.54\} = \Phi(1.54) - \Phi(-1.54)$

$$= 2\Phi(1.54) - 1 = 0.876\,4;$$

(4) $P\{X > -1\} = 1 - \Phi(-1) = \Phi(1) = 0.841\,3$.

2. 一般正态分布的概率计算

设 $X \sim N(\mu, \sigma^2)$,其分布函数为 $F(x)$,则

$$F(x) = P\{X \leqslant x\} = \Phi\left(\frac{x-\mu}{\sigma}\right).$$

这是因为

$$F(x) = \int_{-\infty}^{x} \frac{1}{\sigma\sqrt{2\pi}} e^{-\frac{(t-\mu)^2}{2\sigma^2}}\,\mathrm{d}t,$$

令 $u = \dfrac{t-\mu}{\sigma}$,则 $\mathrm{d}u = \dfrac{1}{\sigma}\mathrm{d}t$,且当 $-\infty < t < x$ 时 $-\infty < u < \dfrac{x-\mu}{\sigma}$,故

$$F(x) = \int_{-\infty}^{\frac{x-\mu}{\sigma}} \frac{1}{\sqrt{2\pi}} e^{-\frac{u^2}{2}} du = \Phi\left(\frac{x-\mu}{\sigma}\right).$$

从而,若 $X \sim N(\mu, \sigma^2)$,则有下列计算概率的公式:

(1) $P\{X \leqslant b\} = \Phi\left(\dfrac{b-\mu}{\sigma}\right)$;

(2) $P\{a < X \leqslant b\} = \Phi\left(\dfrac{b-\mu}{\sigma}\right) - \Phi\left(\dfrac{a-\mu}{\sigma}\right)$;

(3) $P\{X > a\} = 1 - P\{X \leqslant a\} = 1 - \Phi\left(\dfrac{a-\mu}{\sigma}\right)$.

例2(一般正态分布的概率计算) 设 $X \sim N(1.5, 4)$,求下列概率:

(1) $P\{X < 3.5\}$;(2) $P\{1.5 < X < 3.5\}$;(3) $P\{|X| > 3\}$.

解 由已知,得 $\mu = 1.5, \sigma = 2$.

(1) $P\{X < 3.5\} = \Phi\left(\dfrac{3.5-1.5}{2}\right) = \Phi(1) = 0.841\ 3$;

(2) $P\{1.5 < X < 3.5\} = \Phi\left(\dfrac{3.5-1.5}{2}\right) - \Phi\left(\dfrac{1.5-1.5}{2}\right)$

$$= \Phi(1) - \Phi(0) = 0.841\ 3 - 0.5 = 0.341\ 3;$$

(3) $P\{|X| > 3\} = 1 - P\{|X| < 3\} = 1 - P\{-3 < X < 3\}$

$$= 1 - \Phi\left(\frac{3-1.5}{2}\right) + \Phi\left(\frac{-3-1.5}{2}\right)$$

$$= 1 - \Phi(0.75) + \Phi(-2.25)$$

$$= 2 - \Phi(0.75) - \Phi(2.25)$$

$$= 2 - 0.773\ 4 - 0.987\ 8 = 0.238\ 8.$$

例3(3σ 原则) 设 $X \sim N(\mu, \sigma^2)$,求 $P\{\mu - 3\sigma < X < \mu + 3\sigma\}$.

解 $P\{\mu - 3\sigma < X < \mu + 3\sigma\} = \Phi\left(\dfrac{\mu+3\sigma-\mu}{\sigma}\right) - \Phi\left(\dfrac{\mu-3\sigma-\mu}{\sigma}\right)$

$$= \Phi(3) - \Phi(-3) = 2\Phi(3) - 1 = 0.997\ 4.$$

由此可知,尽管正态变量 X 的取值范围是 $(-\infty, +\infty)$,但它落在区间 $(\mu-3\sigma, \mu+3\sigma)$ 之外的概率不足 0.003,根据小概率事件的实际不可能原理,可以将区间 $(\mu-3\sigma, \mu+3\sigma)$ 看作是随机变量 X 的实际取值区间,这就是实际工作中普遍使用的所谓正态分布的"3σ 原则".在质量管理中,当生产条件处于稳定状态时,产品的质量指标被认为是服从正态分布的,因而实际操作时常常以样本值是否落入 $(\mu-3\sigma, \mu+3\sigma)$ 内,作为判断生产过程是否正常的重要标志.

需要指出的是:当随机变量 X 服从标准正态分布 $N(0, 1)$ 时,有时需要对给定的概率值 $\alpha(0 < \alpha < 1)$ 确定数 u_α,使得 $P\{X > u_\alpha\} = \alpha$,这时称 u_α 为标准正态分布的**上侧 α 分位数(点)**(如图 2-11 所示).

例如,当 $\alpha = 0.05$ 时,有

$$P\{X > u_{0.05}\} = 1 - P\{X \leqslant u_{0.05}\} = 1 - \Phi(u_{0.05}) = 0.05,$$

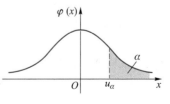

图 2-11

则 $\Phi(u_{0.05}) = 0.95$,反查标准正态分布表,得 $u_{0.05} = 1.645$.

常用的标准正态分布的上侧分位数有

$$u_{0.05} = 1.645, u_{0.025} = 1.960, u_{0.01} = 2.326, u_{0.005} = 2.576.$$

三、正态随机变量函数的分布*

下面举例讨论若 X 为正态随机变量,其函数 $Y = g(X)$ 的分布.

例 4(正态随机变量函数的分布) 设 $X \sim N(\mu, \sigma^2)$,求:

(1) $Y = \dfrac{X - \mu}{\sigma}$ 的概率密度;

(2) $Y = aX + b$ 的概率密度.

解 根据正态分布的定义知,X 的概率密度为

$$f_X(x) = \frac{1}{\sigma\sqrt{2\pi}} e^{-\frac{(x-\mu)^2}{2\sigma^2}}, \quad -\infty < x < +\infty.$$

(1) 由定理 2.1,Y 的概率密度为

$$f_Y(y) = \sigma \cdot f_X(\sigma y + \mu) = \sigma \cdot \frac{1}{\sigma\sqrt{2\pi}} e^{-\frac{(\sigma y + \mu - \mu)^2}{2\sigma^2}} = \frac{1}{\sqrt{2\pi}} e^{-\frac{y^2}{2}},$$

即 $Y \sim N(0, 1)$.

(2) 由定理 2.1,Y 的概率密度为

$$f_Y(y) = \frac{1}{|a|} \cdot f_X\left(\frac{y-b}{a}\right) = \frac{1}{|a|} \cdot \frac{1}{\sigma\sqrt{2\pi}} e^{-\frac{\left(\frac{y-b}{a} - \mu\right)^2}{2\sigma^2}} = \frac{1}{\sigma|a|\sqrt{2\pi}} e^{-\frac{[y-(a\mu+b)]^2}{2(a\sigma)^2}},$$

即 $Y \sim N(a\mu + b, a^2\sigma^2)$.

结论:(1) 当 $X \sim N(\mu, \sigma^2)$ 时,$Y = \dfrac{X-\mu}{\sigma} \sim N(0, 1)$,称随机变量 $\dfrac{X-\mu}{\sigma}$ 为正态随机变量 X 的标准化.(2) 正态随机变量的线性变换 $Y = aX + b$ 仍然是正态随机变量,且若 $X \sim N(\mu, \sigma^2)$,则 $Y = aX + b \sim N(a\mu + b, a^2\sigma^2)$.这两个结论在后面的学习中会用到.

例 5(正态随机变量函数的分布) 设 $X \sim N(\mu, \sigma^2)$,求 $Y = e^X$ 的概率密度.

解 根据正态分布的定义知,X 的概率密度为

$$f_X(x) = \frac{1}{\sigma\sqrt{2\pi}} e^{-\frac{(x-\mu)^2}{2\sigma^2}}, \quad -\infty < x < +\infty.$$

因为 $y = e^x$ 单调递增,其反函数 $h(y) = \ln y$,且 $h'(y) = \dfrac{1}{y}$.当 $-\infty < x < +\infty$ 时 $y > 0$,这时

$$f_Y(y) = f_X(\ln y) \cdot \frac{1}{y} = \frac{1}{\sqrt{2\pi}\,\sigma y} e^{-\frac{(\ln y - \mu)^2}{2\sigma^2}}.$$

因此,所求概率密度为

$$f_Y(y) = \begin{cases} \dfrac{1}{\sqrt{2\pi}\,\sigma y} e^{-\frac{(\ln y - \mu)^2}{2\sigma^2}}, & y > 0, \\ 0, & y \leqslant 0. \end{cases}$$

该分布称为**对数正态分布**.

例6(正态随机变量函数的分布) 设 $X \sim N(0,1)$,求 $Y = X^2$ 的概率密度.

解 因为 $X \sim N(0,1)$,则 $f_X(x) = \frac{1}{\sqrt{2\pi}} e^{-\frac{x^2}{2}}$.由上一节例10的结论知,当 $y > 0$ 时,

$$f_Y(y) = \frac{1}{2\sqrt{y}} \left(\frac{1}{\sqrt{2\pi}} e^{-\frac{y}{2}} + \frac{1}{\sqrt{2\pi}} e^{-\frac{y}{2}} \right) = \frac{1}{\sqrt{2\pi y}} e^{-\frac{y}{2}},$$

而当 $y \leq 0$ 时, $f_Y(y) = 0$.

故所求概率密度为

$$f_Y(y) = \begin{cases} \dfrac{1}{\sqrt{2\pi y}} e^{-\frac{y}{2}}, & y > 0, \\ 0, & y \leq 0. \end{cases}$$

这种分布称为自由度为1的 χ^2 分布,记作 $\chi^2(1)$.也就是说,若 $X \sim N(0,1)$,则 $Y = X^2 \sim \chi^2(1)$.本书后面会涉及一般的 χ^2 分布.

课堂练习

1. 若随机变量 $X \sim N(1,9)$,则随机变量 X 的概率密度 $f(x) =$ _____.

2. 设随机变量 X 的概率密度 $f(x) = \frac{1}{2\sqrt{2\pi}} e^{-\frac{(x+1)^2}{8}}$,则 $X \sim$ _____.

A. $N(-1,2)$ B. $N(-1,4)$ C. $N(-1,8)$ D. $N(-1,16)$

3. 设随机变量 $X \sim N(0,1)$,$\Phi(x)$ 为其分布函数,则 $\Phi(x) + \Phi(-x) =$ _____.

4. 设随机变量 $X \sim N(0,1)$,则 $Y = 2X + 1$ 的概率密度 $f_Y(y) =$ _____.

5. 设随机变量 X 的概率密度为 $f(x) = A e^{-x^2} (-\infty < x < +\infty)$,则常数 $A =$ _____.

6. 若随机变量 $X \sim N(0,1)$,

(1) 求 $P\{X < -1\}$,$P\{0 < X < 4\}$,$P\{|X| > 2\}$;

(2) 求常数 c,使得 $P\{|X| > c\} = 0.05$;

(3) 令 $Y = 2X + 1$,则 $Y \sim$ _____.

7. 已知随机变量 $X \sim N(3,4)$,

(1) 求 $P\{2 \leq X \leq 5\}$,$P\{|X-3| < 2\}$,$P\{|X| > 2\}$;

(2) 求常数 c,使得 $P\{X > c\} = P\{X \leq c\}$;

(3) 求常数 c,使得 $P\{|X-3| < c\} = 0.9$.

8. 设随机变量 $X \sim N(5,9)$,且已知标准正态分布函数值 $\Phi(0.5) = 0.6915$,为了使 $P\{X < a\} < 0.6915$,则常数 $a <$ _____.

9. 设随机变量 $X \sim N(\mu, \sigma^2)$,其分布函数为 $F(x)$,$\Phi(x)$ 为标准正态分布函数,则 $F(x)$ 与 $\Phi(x)$ 之间的关系是 $F(x) =$ _____.

10. 设随机变量 $X \sim N(1,4)$,且 $Y = aX + b$ 服从标准正态分布 $N(0,1)$,则常数 $a =$ _____,$b =$ _____.

习题 2-4

1. 已知随机变量 $X \sim N(0,1)$.

(1) 求 $P\{X \le -2\}$, $P\{-4 < X \le 0\}$, $P\{|X| > 3\}$;

(2) 求常数 c, 使得 $P\{|X| > c\} = 0.01$;

(3) 求 x 的范围, 使得 $P\{|X| > x\} < 0.1$.

2. 若随机变量 $X \sim N(4, 1.5^2)$.

(1) 求 $P\{-2 \le X \le 2.5\}$, $P\{|X-4| < 3\}$, $P\{|X| > 3\}$;

(2) 求常数 c, 使得 $P\{X > c\} = P\{X \le c\}$;

(3) 求常数 c, 使得 $P\{|X-4| < c\} = 0.95$.

3. 某车床加工的零件长度 X(单位:mm)服从正态分布 $N(50, 0.75^2)$, 按规定合格零件的长度范围为 50 ± 1.5, 求该车床生产零件的合格率.

4. 某种公共汽车门的高度是按成年男子碰头的概率在 1% 以下来设计的, 设某地区成年男子的身高(单位:cm)$X \sim N(170, 6^2)$, 问车门的高度至少应为多少?

5. 某班一次数学考试成绩 $X \sim N(70, 10^2)$, 若规定低于 60 分为"不及格", 高于 85 分为"优秀", 问该班:

(1) 数学成绩"优秀"的学生占总人数的百分之几?

(2) 数学成绩"不及格"的学生占总人数的百分之几?

6. 测量距离时产生的随机误差 X(单位:m)服从正态分布 $N(20, 40^2)$, 做 3 次独立测量. 求:

(1) 至少有 1 次误差绝对值不超过 30 m 的概率;

(2) 只有 1 次误差绝对值不超过 30 m 的概率.

7. 设随机变量 X 服从标准正态分布 $N(0,1)$, 求下列 Y 的概率密度 $f_Y(y)$:

(1) $Y = e^X$;

(2) $Y = X^2 + 1$;

(3) $Y = |X|$.

*第三章　多维随机变量及其分布

随机现象中,相当多的试验结果需要二维或二维以上的实数数组加以描述.另外,数理统计也是以多维随机变量为出发点的.因此,理论和实践都需要将随机变量从一维情形推广到多维情形进行讨论.

第一节　二维随机变量及其联合分布函数

本节介绍多维随机变量的概念,二维随机变量联合分布函数的定义及性质.

一、多维随机变量

在随机现象中,有些随机试验的结果需要用几个随机变量来描述.例如,打靶时弹着点的具体位置就要用它离靶心的水平和铅垂方向上的有向距离这两个随机变量来描述.又如,考察某地的气候,通常要同时考察气温、气压、风力和湿度这四个随机变量.为研究这类随机现象的统计规律性,我们引入多维随机变量的概念.

> **定义 3.1(多维随机变量)**　n 个随机变量 $X_1,X_2,\cdots,X_n$ 构成的有序数组 $(X_1,X_2,\cdots,X_n)$ 称为 n 维随机变量或 n 维随机向量,$X_i(i=1,2,\cdots,n)$ 称为它的第 i 个分量.

当维数 $n\geqslant2$ 时,统称为多维随机变量.特别地,$n=1$ 时的一维随机变量就是上一章介绍的随机变量.由于二维随机变量具有明显的几何直观背景,较易理解且较易表述,因此本章主要讨论二维随机变量,它的很多结论不难推广到三维及更高维的情形上去.

从几何上看,第二章介绍的(一维)随机变量可视为直线上的"随机点",而二维随机变量则可视作平面上的"随机点"(如图 3-1 所示).

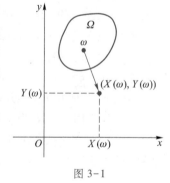

图 3-1

二、二维随机变量的分布函数

n 维随机变量的特性,除了由各个分量决定外,还与它们之间的相互关联程度有关.因而在多维场合下,除了要研究每个分量的概率特性外,还要研究它们的联合概率特性以及各个分量间的关系.下面介绍二维随机变量的联合分布函数.

> **定义 3.2(联合分布函数)**　设 (X,Y) 为二维随机变量,则对于任意的实数 x,y,事件

$\{X \leqslant x, Y \leqslant y\}$ 的概率

$$F(x,y) = P\{X \leqslant x, Y \leqslant y\}, \quad -\infty < x < +\infty, \ -\infty < y < +\infty$$

称为 X 与 Y 的**联合分布函数**,或称为 (X,Y) 的**分布函数**. (X,Y) 的两个分量 X 与 Y 各自的分布函数分别称为二维随机变量 (X,Y) 关于 X 和关于 Y 的**边缘分布函数**,分别记作 $F_X(x)$ 与 $F_Y(y)$.

边缘分布函数可由联合分布函数来确定,有下列公式

$$F_X(x) = P\{X \leqslant x\} = P\{X \leqslant x, Y < +\infty\} = F(x, +\infty) = \lim_{y \to +\infty} F(x,y),$$

$$F_Y(y) = P\{Y \leqslant y\} = P\{X < +\infty, Y \leqslant y\} = F(+\infty, y) = \lim_{x \to +\infty} F(x,y).$$

几何上,若把 (X,Y) 看成平面上随机点的坐标,则分布函数 $F(x,y)$ 在 (x,y) 处的函数值就是随机点 (X,Y) 落在以 (x,y) 为顶点,位于该顶点左下方的无穷矩形 D 内的概率,如图 3-2 所示.

由分布函数及其几何意义可知,随机点 (X,Y) 落在矩形域 $\{x_1 < X \leqslant x_2, y_1 < Y \leqslant y_2\}$ 内(如图 3-3 所示)的概率为

$$P\{x_1 < X \leqslant x_2, y_1 < Y \leqslant y_2\} = F(x_2, y_2) - F(x_1, y_2) - F(x_2, y_1) + F(x_1, y_1).$$

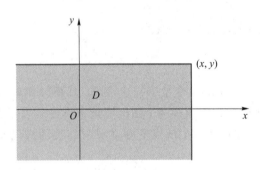

图 3-2   图 3-3

二维随机变量的分布函数 $F(x,y)$ 具有下列性质:

(1) $0 \leqslant F(x,y) \leqslant 1$,即 $F(x,y)$ 非负、有界,且

① 对任意固定的 y, $F(-\infty, y) = 0$;

② 对任意固定的 x, $F(x, -\infty) = 0$;

③ $F(-\infty, -\infty) = 0$;

④ $F(+\infty, +\infty) = 1$.

(2) $F(x,y)$ 是变量 x(或 y)的不减函数.即对任意固定的 y,当 $x_2 > x_1$ 时,有 $F(x_2, y) \geqslant F(x_1, y)$;对任意固定的 x,当 $y_2 > y_1$ 时,有 $F(x, y_2) \geqslant F(x, y_1)$.

(3) $F(x,y)$ 关于变量 x 和关于变量 y 都是右连续的.

(4) 对任意的 $x_1 < x_2, y_1 < y_2$,有

$$F(x_2, y_2) - F(x_1, y_2) - F(x_2, y_1) + F(x_1, y_1) \geqslant 0.$$

证明略.

例 1　判断二元函数 $F(x,y) = \begin{cases} 0, & x+y < 0, \\ 1, & x+y \geqslant 0 \end{cases}$ 是否是某二维随机变量的分布函数.

解　作为二维随机变量的分布函数 $F(x,y)$,当 $x_1 < x_2, y_1 < y_2$ 时,应有

$$F(x_2, y_2) - F(x_1, y_2) - F(x_2, y_1) + F(x_1, y_1) \geqslant 0.$$

而本题中,当令 $x_1 = -1, x_2 = 1, y_1 = -1, y_2 = 1$ 时,得

$$F(x_2, y_2) - F(x_1, y_2) - F(x_2, y_1) + F(x_1, y_1) = 1 - 1 - 1 + 0 = -1 < 0,$$

故函数 $F(x, y)$ 不能作为某二维随机变量的分布函数.

例 2　设二维随机变量 (X, Y) 的分布函数为

$$F(x, y) = A\left(B + \arctan \frac{x}{2}\right)\left(C + \arctan \frac{y}{3}\right),$$

求:(1) 常数 A, B, C;(2) 关于 X 和关于 Y 的边缘分布函数.

解　(1) 由分布函数的性质,有

$$F(+\infty, +\infty) = A\left(B + \frac{\pi}{2}\right)\left(C + \frac{\pi}{2}\right) = 1,$$

$$F(x, -\infty) = A\left(B + \arctan \frac{x}{2}\right)\left(C - \frac{\pi}{2}\right) = 0,$$

$$F(-\infty, y) = A\left(B - \frac{\pi}{2}\right)\left(C + \arctan \frac{y}{2}\right) = 0.$$

得

$$A = \frac{1}{\pi^2}, B = C = \frac{\pi}{2}.$$

所以,(X, Y) 的分布函数为

$$F(x, y) = \frac{1}{\pi^2}\left(\frac{\pi}{2} + \arctan \frac{x}{2}\right)\left(\frac{\pi}{2} + \arctan \frac{y}{3}\right).$$

(2) 关于 X 的边缘分布函数为

$$F_X(x) = F(x, +\infty) = \frac{1}{\pi^2}\left(\frac{\pi}{2} + \arctan \frac{x}{2}\right)\left(\frac{\pi}{2} + \frac{\pi}{2}\right) = \frac{1}{\pi}\left(\frac{\pi}{2} + \arctan \frac{x}{2}\right),$$

关于 Y 的边缘分布函数为

$$F_Y(y) = F(+\infty, y) = \frac{1}{\pi^2}\left(\frac{\pi}{2} + \frac{\pi}{2}\right)\left(\frac{\pi}{2} + \arctan \frac{y}{3}\right) = \frac{1}{\pi}\left(\frac{\pi}{2} + \arctan \frac{y}{3}\right).$$

类似于二维随机变量的分布函数与边缘分布函数,n 维随机变量 $(X_1, X_2, \cdots, X_n)$ 的分布函数可以定义为

$$F(x_1, x_2, \cdots, x_n) = P\{X_1 \leqslant x_1, X_2 \leqslant x_2, \cdots, X_n \leqslant x_n\}, -\infty < x_i < +\infty (i = 1, 2, \cdots, n),$$

且称 $F_{X_1}(x_1), F_{X_2}(x_2), \cdots, F_{X_n}(x_n)$ 分别为 $(X_1, X_2, \cdots, X_n)$ 关于 $X_1, X_2, \cdots, X_n$ 的边缘分布函数.

课堂练习

借助分布函数的几何意义,用 (X, Y) 的分布函数 $F(x, y)$ 表示下列概率:

(1) $P\{X \leqslant a, Y \leqslant b\} = $ _____;

(2) $P\{a < X \leqslant b, Y \leqslant c\} = $ _____;

(3) $P\{X \leqslant a\} = $ _____;

(4) $P\{a < X \leqslant b\} = $ _____;

(5) $P\{X > a, Y > b\} = $ _____.

习题 3-1

1. 设二维随机变量 (X,Y) 的分布函数为

$$F(x,y) = A\left(B+\arctan\frac{x}{3}\right)\left(C+\arctan\frac{y}{4}\right).$$

求: (1) 常数 A,B,C;

(2) 边缘分布函数.

2. 设二维随机变量 (X,Y) 的分布函数为

$$F(x,y) = \frac{1}{\pi^2}\arctan x\arctan y+\frac{1}{2\pi}(\arctan x+\arctan y)+\frac{1}{4}.$$

求: (1) $F(1,1)$;

(2) $P\{X\le 0,Y\le 1\}$;

(3) 边缘分布函数.

第二节 二维离散型随机变量及其联合分布列

虽然随机向量的概率完全决定于它的分布函数,但是分布函数却不便于处理具体的随机向量,分布函数主要用于一般随机向量的理论研究.研究离散型随机向量大多数情况下并不使用分布函数,而是利用联合分布列和边缘分布列.因此,本节介绍二维离散型随机变量的联合分布列及其性质、边缘分布列的概念.

一、二维离散型随机变量的联合分布列

> **定义 3.3(二维离散型随机变量的联合分布列)** 如果二维随机变量 (X,Y) 只能取有限个或可列无穷多个点 $(x_i,y_j)(i,j=1,2,\cdots)$,则称 (X,Y) 为**二维离散型随机变量**.

设二维随机变量 (X,Y) 的所有可能取值为 $(x_i,y_j)(i,j=1,2,\cdots)$,且 (X,Y) 各个可能取值的概率为

$$P\{X=x_i,Y=y_j\}=p_{ij}, i,j=1,2,\cdots,$$

则称 $P\{X=x_i,Y=y_j\}=p_{ij}, i,j=1,2,\cdots$ 为二维离散型随机变量 (X,Y) 的**联合分布列**.

联合分布列也可由表格形式给出.

X \ Y	y_1	y_2	$\cdots$	y_j	$\cdots$
x_1	p_{11}	p_{12}	$\cdots$	p_{1j}	$\cdots$
x_2	p_{21}	p_{22}	$\cdots$	p_{2j}	$\cdots$
$\vdots$	$\vdots$	$\vdots$	$\vdots$	$\vdots$	$\vdots$
x_i	p_{i1}	p_{i2}	$\cdots$	p_{ij}	$\cdots$
$\vdots$	$\vdots$	$\vdots$	$\vdots$	$\vdots$	$\vdots$

联合分布列具有下列性质:

(1) **非负性**: $p_{ij} \geqslant 0, i, j = 1, 2, \cdots$, 即每一概率非负;

(2) **规范性**: $\sum_i \sum_j p_{ij} = 1$, 即所有概率和等于1.

例1(利用性质求联合分布列中的参数)　设(X, Y)的联合分布列为

X ＼ Y	1	2	3
-1	$\dfrac{1}{3}$	$\dfrac{a}{6}$	$\dfrac{1}{4}$
1	0	$\dfrac{1}{4}$	a^2

求常数a的值.

解　由联合分布列的性质得

$$\frac{1}{3} + \frac{a}{6} + \frac{1}{4} + \frac{1}{4} + a^2 = 1,$$

$$6a^2 + a - 1 = 0,$$

解得$a = \dfrac{1}{3}$或$a = -\dfrac{1}{2}$(舍去, 因为$\dfrac{a}{6} \geqslant 0$). 故所求常数$a = \dfrac{1}{3}$.

例2(已知联合分布列计算概率)　设(X, Y)的联合分布列为

X ＼ Y	1	2	3
0	0.1	0.1	0.3
1	0.25	0	0.25

求: (1) $P\{X = 0\}$; (2) $P\{Y \leqslant 2\}$; (3) $P\{X < 1, Y \leqslant 2\}$; (4) $P\{X + Y = 2\}$.

解　(1) 由于$\{X = 0\} = \{X = 0, Y = 1\} + \{X = 0, Y = 2\} + \{X = 0, Y = 3\}$, 且三个事件$\{X = 0, Y = 1\}, \{X = 0, Y = 2\}, \{X = 0, Y = 3\}$互不相容, 所以

$$P\{X = 0\} = P\{X = 0, Y = 1\} + P\{X = 0, Y = 2\} + P\{X = 0, Y = 3\}$$
$$= 0.1 + 0.1 + 0.3 = 0.5;$$

(2) 所求概率为

$$P\{Y \leqslant 2\} = P\{X = 0, Y = 1\} + P\{X = 0, Y = 2\} + P\{X = 1, Y = 1\} + P\{X = 1, Y = 2\}$$
$$= 0.1 + 0.1 + 0.25 + 0 = 0.45;$$

(3) 类似可得

$$P\{X < 1, Y \leqslant 2\} = P\{X = 0, Y = 1\} + P\{X = 0, Y = 2\} = 0.1 + 0.1 = 0.2;$$

(4) 类似可得

$$P\{X + Y = 2\} = P\{X = 0, Y = 2\} + P\{X = 1, Y = 1\} = 0.1 + 0.25 = 0.35.$$

例3(求实际问题的分布列)　现有1, 2, 3三个整数, X表示从这三个数字中随机地抽取

的一个数,Y 表示从 1 到 X 中随机地抽取的一个数,试求 (X,Y) 的联合分布列.

解　X 与 Y 的所有可能取值均为 $1,2,3$,由概率乘法公式,可得 (X,Y) 取每对数的概率分别是

$$P\{X=1,Y=1\}=P\{X=1\}\cdot P\{Y=1\mid X=1\}=\frac{1}{3}\cdot 1=\frac{1}{3};$$

$$P\{X=2,Y=1\}=P\{X=2\}\cdot P\{Y=1\mid X=2\}=\frac{1}{3}\cdot\frac{1}{2}=\frac{1}{6};$$

$$P\{X=2,Y=2\}=P\{X=2\}\cdot P\{Y=2\mid X=2\}=\frac{1}{3}\cdot\frac{1}{2}=\frac{1}{6};$$

$$P\{X=3,Y=1\}=P\{X=3\}\cdot P\{Y=1\mid X=3\}=\frac{1}{3}\cdot\frac{1}{3}=\frac{1}{9};$$

$$P\{X=3,Y=2\}=P\{X=3\}\cdot P\{Y=2\mid X=3\}=\frac{1}{3}\cdot\frac{1}{3}=\frac{1}{9};$$

$$P\{X=3,Y=3\}=P\{X=3\}\cdot P\{Y=3\mid X=3\}=\frac{1}{3}\cdot\frac{1}{3}=\frac{1}{9}.$$

而 $\{X=1,Y=2\}$,$\{X=1,Y=3\}$,$\{X=2,Y=3\}$ 为不可能事件,其概率为零,所以 (X,Y) 的联合分布列为

X \\ Y	1	2	3
1	$\frac{1}{3}$	0	0
2	$\frac{1}{6}$	$\frac{1}{6}$	0
3	$\frac{1}{9}$	$\frac{1}{9}$	$\frac{1}{9}$

二、边缘分布列

定义 3.4(边缘分布列)　设二维离散型随机变量 (X,Y) 的联合分布列为

$$P\{X=x_i,Y=y_j\}=p_{ij},i,j=1,2,\cdots.$$

称

$$p_{i\cdot}=P\{X=x_i\}=\sum_j p_{ij}$$

为 (X,Y) 关于 X 的边缘分布列;称

$$p_{\cdot j}=P\{Y=y_j\}=\sum_i p_{ij}$$

为 (X,Y) 关于 Y 的边缘分布列.

例 4　求例 3 中 (X,Y) 关于 X 和 Y 的边缘分布列.

解 X 与 Y 的可能取值均为 $1,2,3.(X,Y)$ 关于 X 的边缘分布列为

$$P\{X=1\}=p_{11}+p_{12}+p_{13}=\frac{1}{3}+0+0=\frac{1}{3},$$

$$P\{X=2\}=p_{21}+p_{22}+p_{23}=\frac{1}{6}+\frac{1}{6}+0=\frac{1}{3},$$

$$P\{X=3\}=p_{31}+p_{32}+p_{33}=\frac{1}{9}+\frac{1}{9}+\frac{1}{9}=\frac{1}{3}.$$

(X,Y) 关于 Y 的边缘分布列为

$$P\{Y=1\}=p_{11}+p_{21}+p_{31}=\frac{1}{3}+\frac{1}{6}+\frac{1}{9}=\frac{11}{18},$$

$$P\{Y=2\}=p_{12}+p_{22}+p_{32}=0+\frac{1}{6}+\frac{1}{9}=\frac{5}{18},$$

$$P\{Y=3\}=p_{13}+p_{23}+p_{33}=0+0+\frac{1}{9}=\frac{1}{9}.$$

可以将 (X,Y) 的联合分布列和边缘分布列写在同一张表上,

X \ Y	1	2	3	$p_{i\cdot}$
1	$\frac{1}{3}$	0	0	$\frac{1}{3}$
2	$\frac{1}{6}$	$\frac{1}{6}$	0	$\frac{1}{3}$
3	$\frac{1}{9}$	$\frac{1}{9}$	$\frac{1}{9}$	$\frac{1}{3}$
$p_{\cdot j}$	$\frac{11}{18}$	$\frac{5}{18}$	$\frac{1}{9}$	

需要注意的是:对于二维离散型随机变量 (X,Y),虽然它的联合分布列可以确定它的边缘分布列,但在一般情况下,由 (X,Y) 的两个边缘分布是不能确定 (X,Y) 的联合分布列的.

例 5 袋中装有 2 个红球和 3 个白球,从中每次任取 1 球,连续抽取两次.设 X 与 Y 分别表示第一次与第二次取出的红球个数,分别对有放回取球与不放回取球两种情形求出 (X,Y) 的联合分布列与边缘分布列.

解 X 与 Y 的可能取值均为 $0,1$.

(1) 有放回取球情形.

由于事件 $\{X=i\}$ 与 $\{Y=j\}$ 相互独立 $(i,j=0,1)$,所以

$$P\{X=0,Y=0\}=P\{X=0\}\cdot P\{Y=0\}=\frac{3}{5}\cdot\frac{3}{5}=\frac{9}{25},$$

$$P\{X=0,Y=1\}=P\{X=0\}\cdot P\{Y=1\}=\frac{3}{5}\cdot\frac{2}{5}=\frac{6}{25},$$

$$P\{X=1,Y=0\}=P\{X=1\}\cdot P\{Y=0\}=\frac{2}{5}\cdot\frac{3}{5}=\frac{6}{25},$$

$$P\{X=1,Y=1\}=P\{X=1\}\cdot P\{Y=1\}=\frac{2}{5}\cdot\frac{2}{5}=\frac{4}{25},$$

因此,(X,Y)的联合分布列与边缘分布列为

Y X	0	1	$p_i.$
0	$\frac{9}{25}$	$\frac{6}{25}$	$\frac{3}{5}$
1	$\frac{6}{25}$	$\frac{4}{25}$	$\frac{2}{5}$
$p_{\cdot j}$	$\frac{3}{5}$	$\frac{2}{5}$	

(2) 不放回取球情形.

$$P\{X=0,Y=0\}=P\{X=0\}\cdot P\{Y=0|X=0\}=\frac{3}{5}\cdot\frac{2}{4}=\frac{3}{10},$$

$$P\{X=0,Y=1\}=P\{X=0\}\cdot P\{Y=1|X=0\}=\frac{3}{5}\cdot\frac{2}{4}=\frac{3}{10},$$

$$P\{X=1,Y=0\}=P\{X=1\}\cdot P\{Y=0|X=1\}=\frac{2}{5}\cdot\frac{3}{4}=\frac{3}{10},$$

$$P\{X=1,Y=1\}=P\{X=1\}\cdot P\{Y=1|X=1\}=\frac{2}{5}\cdot\frac{1}{4}=\frac{1}{10}.$$

这时,(X,Y)的联合分布列与边缘分布列为

Y X	0	1	$p_i.$
0	$\frac{3}{10}$	$\frac{3}{10}$	$\frac{3}{5}$
1	$\frac{3}{10}$	$\frac{1}{10}$	$\frac{2}{5}$
$p_{\cdot j}$	$\frac{3}{5}$	$\frac{2}{5}$	

比较两表可以看出:在有放回抽样与不放回抽样两种情形下,(X,Y)的边缘分布列完全相同,但(X,Y)的联合分布列却不相同.由此可见,由边缘分布列并不能唯一确定联合分布列;而(X,Y)的联合分布列不仅反映了两个分量的概率分布,还反映了X与Y之间的关系.对随机向量来说,各分量之间的关系是特别重要的,二维随机向量并不是将两个一维随机变量简单相加或相拼凑的结果.因此在研究二维随机向量时,不仅要考察两个分量的个别性质,还需要考虑它们之间的关系.

应该指出的是,和一维离散型随机变量的分布函数和分布列可以互求一样,根据二维随机变

量分布函数的定义,二维离散型随机变量的分布函数和联合分布列也可以互求,这里就不介绍了.有兴趣的读者可以试着去求前述几个例子的分布函数,感觉困难的话可以参考有关书籍.

课堂练习

1. 已知二维随机变量 (X,Y) 的联合分布列为

X＼Y	1	2	3
1	0.1	0.2	a
2	0.2	0	0.2

（1）常数 $a =$ _____；

（2）$P\{X<2\} =$ _____，$P\{Y \geqslant 2\} =$ _____，$P\{XY = 2\} =$ _____，

$P\{X+Y = 3\} =$ _____，$P\{|X-Y| = 1\} =$ _____；

（3）求 (X,Y) 的边缘分布列.

2. 箱子里装有 10 件产品,其中 2 件是次品,每次从箱子里任取一件产品,共取两次.设 X,Y 分别表示第一次与第二次取出的次品数,在放回抽样和不放回抽样两种情况下,求出 (X,Y) 的联合分布列和边缘分布列.

习题 3-2

1. 已知甲、乙两射手的命中率分别为 0.7 和 0.8,现独立地朝同一目标各射击一次,以 X,Y 分别表示甲和乙命中的次数,求二维随机变量 (X,Y) 的联合分布列和边缘分布列.

2. 袋中装有 4 个球,它们依次标有数字 1,2,2,3.现从袋中一次一个不放回地取球两次,以 X,Y 分别表示第一次和第二次取出的球上标有的数字,求二维随机变量 (X,Y) 的联合分布列和边缘分布列.

3. 将两个球等可能地放入编号为 1,2,3 的三个盒子中,记放入 1 号盒子中的球数为 X,放入 2 号盒子中的球数为 Y,求二维随机变量 (X,Y) 的联合分布列和边缘分布列.

4. 袋中装有 6 个球,其中 2 个红球、3 个白球和 1 个黑球,现从中任取 2 个球,以 X 表示取得的红球数,Y 表示取得的白球数,求二维随机变量 (X,Y) 的联合分布列和边缘分布列.

5. 袋中装有 2 个白球、2 个红球和 1 个黑球,共 5 个球,现从中一次一个,有放回地取球 2 次,以 X,Y 分别表示取球 2 次中的红球数和白球数,求二维随机变量 (X,Y) 的联合分布列和边缘分布列.

第三节 二维连续型随机变量及其联合概率密度

与一维连续型随机变量相仿,对于二维连续型随机变量的分布规律,我们也用一个"密度"函数来描述.本节介绍二维连续型随机变量的联合概率密度及其性质,边缘概率密度的概念及两种重要的二维连续型随机变量的分布.

一、二维连续型随机变量的联合概率密度

定义 3.5(二维连续型随机变量的联合概率密度) 对于二维随机变量(X,Y),如果存在非负可积函数$f(x,y)$及任一平面区域D,都有

$$P\{(X,Y)\in D\} = \iint\limits_{D} f(x,y)\,\mathrm{d}x\mathrm{d}y,$$

则称(X,Y)为**二维连续型随机变量**,并称$f(x,y)$为(X,Y)的**联合概率密度**,或称为**联合密度**(或**联合分布**).

这样,如果知道二维连续型随机变量的联合概率密度$f(x,y)$,那么它落入区域D内的概率只需计算一个二重积分,也就是说随机点(X,Y)落在平面区域D内的概率等于以平面区域D为底,以曲面$z=f(x,y)$为顶的曲顶柱体的体积,其几何意义如图 3-4 所示.

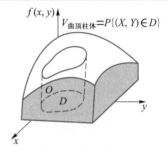

图 3-4

联合概率密度具有下列性质:

(1) **非负性**:$f(x,y)\geqslant 0$;

(2) **规范性**:$\int_{-\infty}^{+\infty}\int_{-\infty}^{+\infty}f(x,y)\,\mathrm{d}x\mathrm{d}y=1$.

例1(求联合概率密度中的参数及事件概率) 设(X,Y)的联合概率密度为

$$f(x,y)=\begin{cases}A\mathrm{e}^{-(2x+y)}, & x>0,y>0,\\ 0, & \text{其他},\end{cases}$$

求:(1) 常数A;

(2) $P\{(X,Y)\in D\}$,其中D是由$-1<x<1,-1<y<1$所确定的区域;

(3) $P\{X+Y\leqslant 1\}$.

解 (1) 由联合概率密度性质得

$$\int_{-\infty}^{+\infty}\int_{-\infty}^{+\infty}f(x,y)\,\mathrm{d}x\mathrm{d}y = \int_{0}^{+\infty}\int_{0}^{+\infty}A\mathrm{e}^{-(2x+y)}\,\mathrm{d}x\mathrm{d}y$$

$$= A\int_{0}^{+\infty}\mathrm{e}^{-2x}\mathrm{d}x\int_{0}^{+\infty}\mathrm{e}^{-y}\mathrm{d}y$$

$$= \frac{A}{2}=1,$$

所以$A=2$.

(2) 由联合概率密度的定义知

$$P\{(X,Y)\in D\} = \iint\limits_{D}f(x,y)\,\mathrm{d}x\mathrm{d}y$$

$$= 2\iint\limits_{D_2}\mathrm{e}^{-(2x+y)}\,\mathrm{d}x\mathrm{d}y$$

$$= \int_{0}^{1}2\mathrm{e}^{-2x}\,\mathrm{d}x\int_{0}^{1}\mathrm{e}^{-y}\,\mathrm{d}y$$

$$= (1-\mathrm{e}^{-2})(1-\mathrm{e}^{-1}).$$

其中 D_2 如图 3-5(1) 所示.

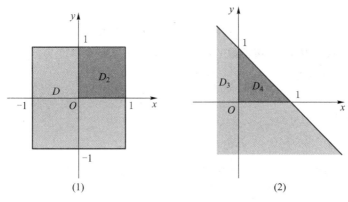

图 3-5

（3）由联合概率密度的定义知

$$P\{X + Y \leqslant 1\} = \iint\limits_{D_3} f(x, y)\, dxdy$$

$$= 2\iint\limits_{D_4} e^{-(2x+y)}\, dxdy$$

$$= \int_0^1 \int_0^{1-x} 2 e^{-(2x+y)}\, dxdy$$

$$= \int_0^1 2 e^{-2x}\, dx \int_0^{1-x} e^{-y}\, dy$$

$$= 1 - 2 e^{-1} + e^{-2}.$$

其中 D_4 如图 3-5(2) 所示.

需要指出的是:正如一维连续型随机变量 X 在某一点 x_0 处取值的概率为零,即 $P\{X = x_0\} = 0$ 一样,二维连续型随机变量 (X, Y) 落在任意一条平面曲线 L 上的概率也为零,即 $P\{(X, Y) \in L\} = 0$.

若已知二维连续型随机变量 (X, Y) 的联合概率密度 $f(x, y)$,由分布函数的定义,容易得出 (X, Y) 的分布函数

$$F(x, y) = P\{X \leqslant x, Y \leqslant y\} = \int_{-\infty}^{x} \int_{-\infty}^{y} f(x, y)\, dxdy.$$

同样,由积分上限函数的性质,若已知二维连续型随机变量 (X, Y) 的分布函数 $F(x, y)$,可以推出 (X, Y) 的联合概率密度

$$f(x, y) = \frac{\partial^2 F(x, y)}{\partial x \partial y}.$$

例 2（由分布函数求联合概率密度） 设 (X, Y) 的分布函数为

$$F(x, y) = \frac{1}{\pi^2}\left(\frac{\pi}{2} + \arctan \frac{x}{2}\right)\left(\frac{\pi}{2} + \arctan \frac{y}{3}\right),\quad -\infty < x < +\infty,\ -\infty < y < +\infty,$$

求 (X, Y) 的联合概率密度 $f(x, y)$.

解 (X,Y) 的联合概率密度为

$$f(x,y) = \frac{\partial^2 F(x,y)}{\partial x \partial y} = \frac{6}{\pi^2(4+x^2)(9+y^2)}.$$

例 3（由联合概率密度求分布函数） 设 (X,Y) 的联合概率密度为

$$f(x,y) = \begin{cases} 4xy, & 0<x<1, 0<y<1, \\ 0, & \text{其他,} \end{cases}$$

求 (X,Y) 的分布函数 $F(x,y)$.

解 $F(x,y) = \displaystyle\int_{-\infty}^{x}\int_{-\infty}^{y} f(x,y)\,\mathrm{d}x\mathrm{d}y.$

当 $x \leqslant 0$ 或 $y \leqslant 0$ 时，因为 $f(x,y)=0$，所以 $F(x,y)=0$；

当 $0<x<1, 0<y<1$ 时，

$$F(x,y) = \int_{0}^{x}\int_{0}^{y} 4uv\,\mathrm{d}u\mathrm{d}v = x^2 y^2;$$

当 $0<x<1, y \geqslant 1$ 时，

$$F(x,y) = \int_{0}^{x}\int_{0}^{1} 4uv\,\mathrm{d}u\mathrm{d}v = x^2;$$

当 $x \geqslant 1, 0<y<1$ 时，

$$F(x,y) = \int_{0}^{1}\int_{0}^{y} 4uv\,\mathrm{d}u\mathrm{d}v = y^2;$$

当 $x \geqslant 1, y \geqslant 1$ 时，

$$F(x,y) = \int_{0}^{1}\int_{0}^{1} 4uv\,\mathrm{d}u\mathrm{d}v = 1.$$

综上，所求分布函数为

$$F(x,y) = \begin{cases} 0, & x \leqslant 0 \text{ 或 } y \leqslant 0, \\ x^2 y^2, & 0<x<1, 0<y<1, \\ x^2, & 0<x<1, y \geqslant 1, \\ y^2, & x \geqslant 1, 0<y<1, \\ 1, & x \geqslant 1, y \geqslant 1. \end{cases}$$

二、两种重要的二维连续型随机变量的分布

1. 二维均匀分布

定义 3.6（二维均匀分布） 设 G 为平面上的有界区域，其面积为 S，且 $S>0$，如果二维随机变量 (X,Y) 的联合概率密度为

$$f(x,y) = \begin{cases} \dfrac{1}{S}, & (x,y) \in G, \\ 0, & \text{其他,} \end{cases}$$

则称 (X,Y) 服从区域 G 上的**均匀分布**.

根据均匀分布的定义，不难得到下列两个特殊情形：

（1）D 为矩形区域：$a \leqslant x \leqslant b, c \leqslant y \leqslant d$，此时的联合概率密度为

$$f(x,y) = \begin{cases} \dfrac{1}{(b-a)(d-c)}, & a \leq x \leq b, c \leq y \leq d, \\ 0, & \text{其他}; \end{cases}$$

（2）D 为以原点为圆心，R 为半径的圆形区域，此时的联合概率密度为

$$f(x,y) = \begin{cases} \dfrac{1}{\pi R^2}, & x^2 + y^2 \leq R^2, \\ 0, & \text{其他}. \end{cases}$$

例 4 设二维随机变量 (X,Y) 服从区域 G 上的均匀分布，其中 $G: 0 \leq y \leq x, 0 \leq x \leq 1$，试求 $P\{X+Y<1\}$.

解 G 的面积 $S = \dfrac{1}{2}$，所以 (X,Y) 的联合概率密度为

$$f(x,y) = \begin{cases} 2, & (x,y) \in G, \\ 0, & \text{其他}. \end{cases}$$

事件 $\{X+Y \leq 1\}$ 意味着随机点 (X,Y) 落在区域 $D: x+y<1, 0 \leq y \leq x$ 内，则

$$P\{X+Y<1\} = \iint\limits_{x+y<1} f(x,y) \, \mathrm{d}x\mathrm{d}y = \iint\limits_{D} 2\mathrm{d}x\mathrm{d}y = 2 \times \frac{1}{4} = \frac{1}{2}.$$

2. 二维正态分布

定义 3.7（二维正态分布） 如果二维随机变量 (X,Y) 的联合概率密度为

$$f(x,y) = \frac{1}{2\pi\sigma_1\sigma_2\sqrt{1-\rho^2}} \mathrm{e}^{-\frac{1}{2(1-\rho^2)}\left[\left(\frac{x-\mu_1}{\sigma_1}\right)^2 - \frac{2\rho(x-\mu_1)(y-\mu_2)}{\sigma_1\sigma_2} + \left(\frac{y-\mu_2}{\sigma_2}\right)^2\right]}, \quad -\infty < x, y < +\infty.$$

其中 $\mu_1, \mu_2, \sigma_1^2, \sigma_2^2, \rho$ 为常数，且 $\sigma_1 > 0, \sigma_2 > 0, |\rho| < 1$，则称 (X,Y) 服从**二维正态分布**，或称 (X,Y) 为**二维正态变量**，记作 $(X,Y) \sim N(\mu_1, \mu_2; \sigma_1^2, \sigma_2^2; \rho)$.

二维正态分布联合概率密度的图像如图 3-6 所示，它是以 (μ_1, μ_2) 为极大值点的单峰曲面.

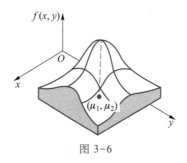

图 3-6

二维正态变量是最重要的二维随机变量，它与一维正态变量的关系以及各参数的具体意义将在以后讨论.

三、二维连续型随机变量的边缘概率密度

定义 3.8（边缘概率密度） 设 (X,Y) 为二维连续型随机变量，其分量 X（或 Y）的概率密度称为 (X,Y) 关于 X（或 Y）的**边缘概率密度**，简称**边缘密度**，记作 $f_X(x)$（或 $f_Y(y)$）.

当(X,Y)的联合概率密度已知时,两个边缘概率密度能否求出来呢? 下面的定理给出了肯定的回答.

> **定理 3.1** 若(X,Y)的联合概率密度为$f(x,y)$,则两个边缘概率密度可表示为
> $$f_X(x) = \int_{-\infty}^{+\infty} f(x,y)\,\mathrm{d}y, \quad -\infty < x < +\infty,$$
> $$f_Y(y) = \int_{-\infty}^{+\infty} f(x,y)\,\mathrm{d}x, \quad -\infty < y < +\infty.$$

证 由一维随机变量分布函数定义,知

$$F_X(x) = P\{X \leqslant x\} = P\{X \leqslant x, -\infty < Y < +\infty\} = \int_{-\infty}^{x}\left[\int_{-\infty}^{+\infty} f(x,y)\,\mathrm{d}y\right]\mathrm{d}x,$$

于是,概率密度为

$$f_X(x) = \frac{\mathrm{d}F_X(x)}{\mathrm{d}x} = \int_{-\infty}^{+\infty} f(x,y)\,\mathrm{d}y.$$

同理可得

$$f_Y(y) = \int_{-\infty}^{+\infty} f(x,y)\,\mathrm{d}x.$$

例 5 设二维随机变量(X,Y)服从$\mu_1 = \mu_2 = 0, \sigma_1^2 = \sigma_2^2 = 1, \rho$为参数的二维正态分布,试求$(X,Y)$的边缘概率密度.

解 由题设知,(X,Y)的联合概率密度为

$$f(x,y) = \frac{1}{2\pi\sqrt{1-\rho^2}}\mathrm{e}^{-\frac{1}{2(1-\rho^2)}(x^2-2\rho xy+y^2)},$$

由于$x^2+y^2-2\rho xy = (y-\rho x)^2 + (1-\rho^2)x^2$,于是

$$f_X(x) = \int_{-\infty}^{+\infty} f(x,y)\,\mathrm{d}y = \frac{1}{2\pi\sqrt{1-\rho^2}}\mathrm{e}^{-\frac{x^2}{2}}\int_{-\infty}^{+\infty}\mathrm{e}^{-\frac{1}{2(1-\rho^2)}(y-\rho x)^2}\,\mathrm{d}y.$$

令$t = \frac{1}{\sqrt{1-\rho^2}}(y-\rho x)$,则有

$$f_X(x) = \frac{1}{2\pi}\mathrm{e}^{-\frac{x^2}{2}}\int_{-\infty}^{+\infty}\mathrm{e}^{-\frac{t^2}{2}}\,\mathrm{d}t.$$

由于$\int_{-\infty}^{+\infty}\frac{1}{\sqrt{2\pi}}\mathrm{e}^{-\frac{t^2}{2}}\mathrm{d}t = 1$,因此$(X,Y)$关于$X$的边缘概率密度为

$$f_X(x) = \frac{1}{\sqrt{2\pi}}\mathrm{e}^{-\frac{x^2}{2}}, \quad -\infty < x < +\infty,$$

即$X \sim N(0,1)$.

同理可得,$Y \sim N(0,1)$,且(X,Y)关于Y的边缘概率密度为

$$f_Y(y) = \frac{1}{\sqrt{2\pi}}\mathrm{e}^{-\frac{y^2}{2}}, \quad -\infty < y < +\infty.$$

一般地,若二维随机向量服从二维正态分布$(X,Y) \sim N(\mu_1,\mu_2;\sigma_1^2,\sigma_2^2;\rho)$,则其分量$X$与$Y$都服从正态分布且$X \sim N(\mu_1,\sigma_1^2)$,$Y \sim N(\mu_2,\sigma_2^2)$,边缘概率密度分别为

$$f_X(x) = \frac{1}{\sigma_1\sqrt{2\pi}}\mathrm{e}^{-\frac{(x-\mu_1)^2}{2\sigma_1^2}}, f_Y(y) = \frac{1}{\sigma_2\sqrt{2\pi}}\mathrm{e}^{-\frac{(x-\mu_2)^2}{2\sigma_2^2}}.$$

由此可见,二维正态变量的两个边缘概率密度都是一维正态概率密度,且与ρ的取值无关,即仅仅ρ取不同值,X与Y的边缘概率密度仍然各自保持不变,但是它们的联合概率密度却不同.这再一次说明,随机向量的联合分布不能由边缘分布来唯一确定.

例 6　设(X,Y)的联合概率密度为

$$f(x,y) = \begin{cases} 8xy, & 0 \leqslant x \leqslant 1, 0 \leqslant y \leqslant x, \\ 0, & \text{其他}, \end{cases}$$

试求(X,Y)的边缘概率密度.

解　当$x \leqslant 0$或$x \geqslant 1$时,$f(x,y) = 0$,所以$f_X(x) = 0$;

当$0 < x < 1$时,

$$f_X(x) = \int_{-\infty}^{+\infty} f(x,y)\,\mathrm{d}y = \int_0^x 8xy\mathrm{d}y = 4xy^2\Big|_0^x = 4x^3,$$

因此,(X,Y)关于X的边缘概率密度为

$$f_X(x) = \begin{cases} 4x^3, & 0 < x < 1, \\ 0, & \text{其他}. \end{cases}$$

当$y \leqslant 0$或$y \geqslant 1$时,$f(x,y) = 0$,所以$f_Y(y) = 0$;

当$0 < y < 1$时,

$$f_Y(y) = \int_{-\infty}^{+\infty} f(x,y)\,\mathrm{d}x = \int_y^1 8xy\mathrm{d}x = 4yx^2\Big|_y^1 = 4y(1-y^2),$$

因此,(X,Y)关于Y的边缘概率密度为

$$f_Y(y) = \begin{cases} 4y(1-y^2), & 0 < y < 1, \\ 0, & \text{其他}. \end{cases}$$

课堂练习

1. 已知二维随机变量(X,Y)的联合密度为

$$f(x,y) = \begin{cases} kxy, & 0 < x < 2, 0 < y < 3, \\ 0, & \text{其他}, \end{cases}$$

则常数$k =$ _____;$P\{X<1,Y>2\} =$ _____;$P\{X \geqslant 1\} =$ _____;(X,Y)的分布函数$F(x,y) =$ _____.

2. 设(X,Y)服从区域$G:0 \leqslant x \leqslant 1, 0 \leqslant y \leqslant 2$上的均匀分布,则$P\{X \leqslant 1, Y \leqslant 1\} =$ _____.

3. 设二维随机变量(X,Y)服从G上的均匀分布,其中G是由直线$y=x$和抛物线$y=x^2$所围成的区域,则(X,Y)的联合概率密度$f(x,y) =$ _____.

4. 设二维随机变量$(X,Y) \sim N(1,2;1,4;0.3)$,则$X \sim$ _____;$Y \sim$ _____.

5. 设(X,Y)服从圆域$G:x^2+y^2 \leqslant R^2$上的均匀分布,求(X,Y)的边缘概率密度.

6. 设二维随机变量 (X,Y) 的联合概率密度为

$$f(x,y) = \frac{1}{\pi^2(1+x^2)(1+y^2)}, -\infty < x < +\infty, -\infty < y < +\infty,$$

求 (X,Y) 的边缘概率密度.

 习题 3-3

1. 已知二维随机变量 (X,Y) 的联合概率密度为

$$f(x,y) = \begin{cases} A(R - \sqrt{x^2+y^2}), & x^2+y^2 \leqslant R^2, \\ 0, & \text{其他.} \end{cases}$$

(1) 求常数 A;

(2) 当 $R=2$ 时,求 (X,Y) 落在圆域 $D: x^2+y^2 \leqslant 1$ 内的概率.

2. 设二维随机变量 (X,Y) 的联合概率密度为

$$f(x,y) = \begin{cases} Ax^2+2xy^2, & 0 \leqslant x \leqslant 1, 0 \leqslant y \leqslant 1, \\ 0, & \text{其他.} \end{cases}$$

试求:(1) 常数 A;

(2) 分布函数 $F(x,y)$;

(3) 边缘概率密度 $f_X(x)$ 与 $f_Y(y)$;

(4) (X,Y) 落在区域 $D: x+y \leqslant 1$ 内的概率.

3. 已知二维随机变量 (X,Y) 的联合概率密度为

$$f(x,y) = \begin{cases} Ae^{-(x+2y)}, & x>0, y>0, \\ 0, & \text{其他,} \end{cases}$$

试求:(1) 常数 A;

(2) $P\{X \leqslant 1, Y \leqslant 2\}$;

(3) $P\{X+Y \leqslant 2\}$;

(4) $P\{X<1\}$;

(5) (X,Y) 的分布函数 $F(x,y)$.

4. 设二维连续型随机变量 (X,Y) 的分布函数为

$$F(x,y) = \begin{cases} (1-e^{-3x})(1-e^{-5y}), & x>0, y>0, \\ 0, & \text{其他,} \end{cases}$$

求 (X,Y) 的联合概率密度 $f(x,y)$.

5. 设 (X,Y) 服从 G 上的均匀分布,其中 G 为 x 轴、y 轴与直线 $y=2x+1$ 所围成的三角形区域,试求 (X,Y) 的边缘概率密度.

6. 设二维随机变量 (X,Y) 服从 G 上的均匀分布,其中 G 是由直线 $y=x$ 和抛物线 $y=x^2$ 所围成的区域,求 (X,Y) 的边缘概率密度.

7. 设二维随机变量 (X,Y) 的联合概率密度为

$$f(x,y) = \begin{cases} 8xy, & 0 \leqslant x \leqslant y, 0 \leqslant y \leqslant 1, \\ 0, & \text{其他,} \end{cases}$$

求 (X,Y) 的边缘概率密度.

8. 设二维随机变量 (X,Y) 的联合概率密度为

$$f(x,y)=\begin{cases} 2-x-y, & 0\leqslant x\leqslant 1,0\leqslant y\leqslant 1, \\ 0, & \text{其他,} \end{cases}$$

求 (X,Y) 的分布函数和边缘概率密度.

第四节　随机变量的独立性

同事件的独立性一样,随机变量的独立性也是概率统计中的重要概念.二维随机变量 (X,Y) 的两个分量都是随机变量,有时它们相互之间存在着某种联系,如 X,Y 分别表示体检者的身高和体重,根据常识知道,身高高者体重也较重,因而可认为 X 与 Y 存在一定的关系.但是,我们也常常遇到两个随机变量 X 与 Y,其中任何一个的取值情况对另一个取值没有影响,在数学上就抽象为 X,Y 的独立性.本节就来介绍随机变量的独立性概念以及如何判断随机变量是否相互独立.

一、两个随机变量的独立性

我们从两个事件相互独立的概念引出两个随机变量相互独立的概念.事件 $\{X\leqslant x\}$ 与事件 $\{Y\leqslant y\}$ 的积事件为 $\{X\leqslant x,Y\leqslant y\}$,事件 $\{X\leqslant x\}$ 与事件 $\{Y\leqslant y\}$ 相互独立意味着它们的概率之积等于事件 $\{X\leqslant x,Y\leqslant y\}$ 的概率,由此引入随机变量 X 与 Y 相互独立的定义.

> **定义 3.9(随机变量的独立性)**　设 $F(x,y),F_X(x)$ 和 $F_Y(y)$ 分别表示二维随机变量 (X,Y) 的分布函数和两个边缘分布函数,若对任意实数 x,y,都有
> $$F(x,y)=F_X(x)F_Y(y),$$
> 则称随机变量 X 与 Y 相互独立.

由分布函数定义,上式等价于对任意实数 x,y,都有
$$P\{X\leqslant x,Y\leqslant y\}=P\{X\leqslant x\}P\{Y\leqslant y\},$$
从而可知,随机变量 X 与 Y 相互独立,也就是对任意实数 x,y,事件 $\{X\leqslant x\}$ 与事件 $\{Y\leqslant y\}$ 相互独立.

例 1(判断随机变量的独立性)　设二维随机变量 (X,Y) 的分布函数为
$$F(x,y)=\frac{1}{\pi^2}\left(\frac{\pi}{2}+\arctan\frac{x}{2}\right)\left(\frac{\pi}{2}+\arctan\frac{y}{3}\right),\ -\infty<x,y<+\infty,$$
试判断随机变量 X 与 Y 是否相互独立.

解　关于 X 的边缘分布函数为
$$F_X(x)=F(x,+\infty)=\frac{1}{\pi}\left(\frac{\pi}{2}+\arctan\frac{x}{2}\right),\ -\infty<x<+\infty.$$

关于 Y 的边缘分布函数为
$$F_Y(y)=F(+\infty,y)=\frac{1}{\pi}\left(\frac{\pi}{2}+\arctan\frac{y}{3}\right),\ -\infty<y<+\infty.$$

显然,对任意实数 x,y 有 $F(x,y)=F_X(x)F_Y(y)$,故 X 与 Y 相互独立.

类似地,有 n 维随机变量相互独立的定义:如果 n 维随机变量 $(X_1,X_2,\cdots,X_n)$ 的分布函数恰为其 n 个边缘分布函数的乘积,即

$$F(x_1,x_2,\cdots,x_n)=F_{X_1}(x_1)F_{X_2}(x_2)\cdots F_{X_n}(x_n),-\infty<x_i<+\infty(i=1,2,\cdots,n),$$

那么就称这 n 个随机变量 $X_1,X_2,\cdots,X_n$ 相互独立.

下面分别介绍二维离散型随机变量与二维连续型随机变量相互独立的充要条件.

二、二维离散型随机变量的独立性

定理 3.2(二维离散型随机变量相互独立的充要条件) 设二维离散型随机变量 (X,Y) 的联合分布列为

$$p_{ij}=P\{X=x_i,Y=y_j\},i,j=1,2,\cdots,$$

边缘分布列为

$$p_{i.}=P\{X=x_i\}=\sum_j p_{ij},i=1,2,\cdots,$$

$$p_{.j}=P\{Y=y_j\}=\sum_i p_{ij},j=1,2,\cdots,$$

则 X 与 Y 相互独立的充要条件是对一切 i,j,有

$$P\{X=x_i,Y=y_j\}=P\{X=x_i\}P\{Y=y_j\},$$

即

$$p_{ij}=p_{i.}\cdot p_{.j}.$$

证明略.

例 2(判断离散型随机变量的独立性) 判断本章第二节例 5 中的随机变量 X 与 Y 是否相互独立.

解 (1)放回取样情形

因为

$$P\{X=0,Y=0\}=\frac{9}{25}=\frac{3}{5}\cdot\frac{3}{5}=P\{X=0\}P\{Y=0\},$$

$$P\{X=0,Y=1\}=\frac{6}{25}=\frac{3}{5}\cdot\frac{2}{5}=P\{X=0\}P\{Y=1\},$$

$$P\{X=1,Y=0\}=\frac{6}{25}=\frac{2}{5}\cdot\frac{3}{5}=P\{X=1\}P\{Y=0\},$$

$$P\{X=1,Y=1\}=\frac{4}{25}=\frac{2}{5}\cdot\frac{2}{5}=P\{X=1\}P\{Y=1\},$$

所以,这种情形下 X 与 Y 相互独立.

(2)不放回抽样情形

因为

$$P\{X=0,Y=0\}=\frac{3}{10},P\{X=0\}P\{Y=0\}=\frac{3}{5}\cdot\frac{3}{5}=\frac{9}{25},$$

$$P\{X=0,Y=0\}\neq P\{X=0\}P\{Y=0\},$$

所以,这种情形下 X 与 Y 不相互独立.

例 3(由独立性求分布列中的参数) 设 (X,Y) 的联合分布列为

X \ Y	1	2
1	$\dfrac{1}{9}$	a
2	$\dfrac{1}{6}$	$\dfrac{1}{3}$
3	$\dfrac{1}{18}$	b

且 X 与 Y 相互独立,求常数 a 和 b 的值.

解 因为 X 与 Y 相互独立,所以

$$P\{X=1,Y=1\}=P\{X=1\}P\{Y=1\},P\{X=3,Y=1\}=P\{X=3\}P\{Y=1\}.$$

从而

$$\frac{1}{9}=\left(\frac{1}{9}+a\right)\left(\frac{1}{9}+\frac{1}{6}+\frac{1}{18}\right),$$

$$\frac{1}{18}=\left(\frac{1}{18}+b\right)\left(\frac{1}{9}+\frac{1}{6}+\frac{1}{18}\right),$$

解得

$$a=\frac{2}{9},b=\frac{1}{9}.$$

三、二维连续型随机变量的独立性

定理 3.3(二维连续型随机变量相互独立的充要条件) 设二维连续型随机变量 (X,Y) 的联合概率密度为 $f(x,y)$,其两个边缘概率密度分别为 $f_X(x)$ 和 $f_Y(y)$,则 X 与 Y 相互独立的充要条件是

$$f(x,y)=f_X(x)f_Y(y).$$

证明略.

例 4(判断连续型随机变量的独立性) 设二维随机变量 (X,Y) 的联合概率密度为

$$f(x,y)=\begin{cases}4xy, & 0\leqslant x\leqslant 1,0\leqslant y\leqslant 1,\\0, & \text{其他},\end{cases}$$

判断随机变量 X 与 Y 是否相互独立.

解 当 $0\leqslant x\leqslant 1$ 时,$f_X(x)=\displaystyle\int_{-\infty}^{+\infty}f(x,y)\,\mathrm{d}y=\int_0^1 4xy\,\mathrm{d}y=2x,$

当 $x<0$ 或 $x>1$ 时,$f_X(x)=0.$

所以,关于 X 的边缘概率密度为

$$f_X(x)=\begin{cases}2x, & 0\leqslant x\leqslant 1,\\0, & \text{其他}.\end{cases}$$

同理可得,关于 Y 的边缘概率密度为

$$f_Y(y) = \begin{cases} 2y, & 0 \leqslant y \leqslant 1, \\ 0, & \text{其他.} \end{cases}$$

显然,在平面上都有

$$f(x,y) = f_X(x)f_Y(y),$$

故随机变量 X 与 Y 相互独立.

例 5(判断连续型随机变量的独立性) 判断本章第三节例 6 中的随机变量 X 与 Y 是否相互独立.

解 根据前面的求解知

$$f_X(x) = \begin{cases} 4x^3, & 0 < x < 1, \\ 0, & \text{其他,} \end{cases} \quad f_Y(y) = \begin{cases} 4y(1-y^2), & 0 < y < 1, \\ 0, & \text{其他,} \end{cases}$$

而

$$f(x,y) = \begin{cases} 8xy, & 0 \leqslant x \leqslant 1, 0 \leqslant y \leqslant x, \\ 0, & \text{其他,} \end{cases}$$

所以,当 $0 \leqslant x \leqslant 1, 0 \leqslant y \leqslant x$ 时,$f(x,y) \neq f_X(x)f_Y(y)$,故 X 与 Y 不相互独立.

例 6(二维正态分布独立性的充要条件) 设 $(X,Y) \sim N(\mu_1, \mu_2; \sigma_1^2, \sigma_2^2; \rho)$,证明 X 与 Y 相互独立的充要条件是参数 $\rho = 0$.

证 若 $(X,Y) \sim N(\mu_1, \mu_2; \sigma_1^2, \sigma_2^2; \rho)$,则 $X \sim N(\mu_1, \sigma_1^2)$,$Y \sim N(\mu_2, \sigma_2^2)$,即

$$f_X(x) = \frac{1}{\sigma_1 \sqrt{2\pi}} e^{-\frac{(x-\mu_1)^2}{2\sigma_1^2}}, f_Y(y) = \frac{1}{\sigma_2 \sqrt{2\pi}} e^{-\frac{(y-\mu_2)^2}{2\sigma_2^2}}, -\infty < x, y < +\infty.$$

由 $(X,Y) \sim N(\mu_1, \mu_2; \sigma_1^2, \sigma_2^2; \rho)$ 知 (X,Y) 的联合概率密度为

$$f(x,y) = \frac{1}{2\pi\sigma_1\sigma_2\sqrt{1-\rho^2}} e^{-\frac{1}{2(1-\rho^2)} \left[\left(\frac{x-\mu_1}{\sigma_1}\right)^2 - \frac{2\rho(x-\mu_1)(y-\mu_2)}{\sigma_1\sigma_2} + \left(\frac{y-\mu_2}{\sigma_2}\right)^2 \right]}, -\infty < x, y < +\infty.$$

先证充分性.

若 $\rho = 0$,此时

$$f(x,y) = \frac{1}{2\pi\sigma_1\sigma_2} e^{-\frac{1}{2} \left[\frac{(x-\mu_1)^2}{\sigma_1^2} + \frac{(y-\mu_2)^2}{\sigma_2^2} \right]}$$

$$= \frac{1}{\sigma_1 \sqrt{2\pi}} e^{-\frac{(x-\mu_1)^2}{2\sigma_1^2}} \cdot \frac{1}{\sigma_2 \sqrt{2\pi}} e^{-\frac{(y-\mu_2)^2}{2\sigma_2^2}}$$

$$= f_X(x)f_Y(y).$$

所以,X 与 Y 相互独立.

再证必要性.

若 X 与 Y 相互独立,则对任意的 x, y 都有 $f(x,y) = f_X(x)f_Y(y)$ 成立.现令 $x = \mu_1$,$y = \mu_2$,代入上式,有

$$\frac{1}{2\pi\sigma_1\sigma_2\sqrt{1-\rho^2}} = \frac{1}{\sigma_1 \sqrt{2\pi}} \cdot \frac{1}{\sigma_2 \sqrt{2\pi}},$$

所以 $\rho = 0$.

二维正态变量(X,Y)的两个分量X与Y相互独立的充要条件是$\rho=0$,这是二维正态分布的又一重要性质.

例7(二维均匀分布的独立性) 设(X,Y)在以原点为圆心,半径为1的圆域上服从均匀分布,问X与Y是否相互独立?

解 (X,Y)的联合概率密度为

$$f(x,y)=\begin{cases} \dfrac{1}{\pi}, & x^2+y^2\leq 1, \\ 0, & \text{其他}. \end{cases}$$

当$|x|\leq 1$时,$f_X(x)=\displaystyle\int_{-\infty}^{+\infty}f(x,y)\,\mathrm{d}y=\int_{-\sqrt{1-x^2}}^{\sqrt{1-x^2}}\dfrac{1}{\pi}\mathrm{d}y=\dfrac{2}{\pi}\sqrt{1-x^2}$,

当$|x|>1$时,$f_X(x)=\displaystyle\int_{-\infty}^{+\infty}f(x,y)\,\mathrm{d}y=0$.

所以,关于X的边缘概率密度为

$$f_X(x)=\begin{cases} \dfrac{2}{\pi}\sqrt{1-x^2}, & -1\leq x\leq 1, \\ 0, & \text{其他}. \end{cases}$$

同理,关于Y的边缘概率密度为

$$f_Y(y)=\begin{cases} \dfrac{2}{\pi}\sqrt{1-y^2}, & -1\leq y\leq 1, \\ 0, & \text{其他}. \end{cases}$$

因为当$|x|\leq 1$,$|y|\leq 1$时,有

$$f_X(x)f_Y(y)=\dfrac{4}{\pi^2}\sqrt{1-x^2}\sqrt{1-y^2},$$

这时,$f(x,y)\neq f_X(x)f_Y(y)$.故X与Y不相互独立.

我们在前面讨论了联合分布与边缘分布的关系:联合分布能够确定边缘分布,但一般情况下,边缘分布不能确定联合分布.然而由随机变量相互独立的定义及充要条件可知,当X与Y相互独立时,(X,Y)的分布可由它的两个边缘分布完全确定.

例8(由独立随机变量的边缘概率密度求联合概率密度) 设X与Y是相互独立的随机变量,X在$[-1,1]$上服从均匀分布,Y服从参数$\lambda=2$的指数分布,求(X,Y)的联合概率密度.

解 由已知得,X,Y的概率密度分别为

$$f_X(x)=\begin{cases} \dfrac{1}{2}, & -1\leq x\leq 1 \\ 0, & \text{其他}, \end{cases} f_Y(y)=\begin{cases} 2\mathrm{e}^{-2y}, & y\geq 0, \\ 0, & y<0. \end{cases}$$

因为X与Y相互独立,所以(X,Y)的联合概率密度为

$$f(x,y)=f_X(x)f_Y(y)=\begin{cases} \mathrm{e}^{-2y}, & -1\leq x\leq 1,y\geq 0, \\ 0, & \text{其他}. \end{cases}$$

可以证明,如果随机变量X与Y相互独立,则它们各自的函数$g(X)$与$h(Y)$也相互独立.

比如,X 与 Y 相互独立,则 $3X-2$ 与 $2Y+1$ 相互独立,X^2 与 $\sqrt{Y}$ 相互独立,$\cos X$ 与 $\sin Y$ 相互独立.

需要指出的是,独立性是本课程及其相关学科的重要概念,后续内容中的数理统计,几乎所有的讨论都是在独立条件下进行的.但在实际问题中,常常是根据随机变量的实际意义去判定它们是否相互独立,而不是用数学方法.如抛掷一枚骰子两次,两次出现的点数,两个没有联系的工厂一天产品中各自出现的废品数等都可以认为是相互独立的随机变量.

另外,定理 3.3 可以推广到 n 维连续型随机变量的情形:设 $(X_1,X_2,\cdots,X_n)$ 为 n 维连续型随机变量,其联合概率密度为 $f(x_1,x_2,\cdots,x_n)$,边缘概率密度分别为 $f_{X_i}(x_i)$,$i=1,2,\cdots,n$,则随机变量 $X_1,X_2,\cdots,X_n$ 相互独立的充要条件是

$$f(x_1,x_2,\cdots,x_n) = \prod_{i=1}^{n} f_{X_i}(x_i).$$

同样可以证明:若 $X_1,X_2,\cdots,X_n$ 相互独立,则其中任意 $k(2 \leqslant k \leqslant n)$ 个随机变量相互独立.若 $X_1,X_2,\cdots,X_n$ 相互独立,则它们各自的函数 $g_1(X_1),g_2(X_2),\cdots,g_n(X_n)$ 相互独立,比如 $X_1,X_2,\cdots,X_n$ 相互独立,则 $X_1^2,X_2^2,\cdots,X_n^2$ 相互独立.

课堂练习

1. 设二维随机变量 (X,Y) 的分布函数为

$$F(x,y) = \begin{cases} 1-e^{-x}-e^{-y}+e^{-(x+y)}, & x>0,y>0, \\ 0, & \text{其他}. \end{cases}$$

(1) 求边缘分布函数;

(2) 求联合概率密度和边缘概率密度;

(3) 判断 X 与 Y 的独立性.

2. 设 (X,Y) 的联合分布列为

X \\ Y	-1	3	5
-1	$\dfrac{1}{15}$	a	$\dfrac{1}{5}$
1	b	$\dfrac{1}{5}$	$\dfrac{3}{10}$

若 X 与 Y 相互独立,求常数 a,b 的值.

3. 设随机变量 (X,Y) 的联合概率密度为

$$f(x,y) = \begin{cases} kx^2 y, & 0 \leqslant x \leqslant 2, 0 \leqslant y \leqslant 1, \\ 0, & \text{其他}, \end{cases}$$

试求:(1) 常数 k;

(2) 边缘概率密度;

(3) 判断 X 与 Y 是否相互独立.

4. 设 X,Y 相互独立,且 $P\{X \leqslant 1\} = \dfrac{1}{2}$,$P\{Y \leqslant 2\} = \dfrac{1}{3}$,则 $P\{X \leqslant 1, Y \leqslant 2\} = $ _____.

5. 设随机变量 (X,Y) 的联合概率密度为

$$f(x,y)=\begin{cases}\dfrac{1}{3}(x+y), & 0<x<1,0<y<2,\\ 0, & \text{其他},\end{cases}$$

判断 X 与 Y 是否相互独立.

6. 已知 $(X,Y)\sim N\left(3,0;2,1;\dfrac{1}{2}\right)$, 则 $X\sim$ _____; $Y\sim$ _____; X 与 Y 的独立性是 _____.

 习题 3-4

1. 设二维随机变量 (X,Y) 的分布函数为

$$F(x,y)=\begin{cases}(1-e^{-3x})(1-e^{-5y}), & x>0,y>0,\\ 0, & \text{其他}.\end{cases}$$

（1）求边缘分布函数；

（2）求联合概率密度和边缘概率密度；

（3）判断 X 与 Y 的独立性.

2. 设 X 与 Y 相互独立, 其分布列分别为

X	0	1
P	0.4	0.6

Y	-1	1	2
P	0.2	0.3	0.5

求 (X,Y) 的联合分布列.

3. 设二维随机变量 (X,Y) 的联合概率密度为

$$f(x,y)=\begin{cases}Ae^{-(3x+4y)}, & x>0,y>0,\\ 0, & \text{其他}.\end{cases}$$

（1）求常数 A 的值；

（2）求边缘概率密度 $f_X(x)$ 及 $f_Y(y)$；

（3）判断 X 与 Y 的独立性；

（4）求 $P\{X<1,Y<2\}$.

4. 设二维随机变量 (X,Y) 的联合概率密度为

$$f(x,y)=\begin{cases}e^{-y}, & 0<x<y,\\ 0, & \text{其他}.\end{cases}$$

（1）求边缘概率密度 $f_X(x)$ 及 $f_Y(y)$；

（2）判断 X 与 Y 的独立性；

（3）求 $P\{X+Y\leqslant 1\}$.

5. 设二维随机变量 (X,Y) 的联合概率密度为

$$f(x,y)=\begin{cases}2-x-y, & 0\leqslant x\leqslant 1,0\leqslant y\leqslant 1,\\ 0, & \text{其他},\end{cases}$$

判断 X 与 Y 的独立性.

6. 设随机变量 X 服从区间 $[0,2]$ 上的均匀分布, 随机变量 Y 的概率密度为

$$f_Y(y) = \begin{cases} 2e^{-2y}, & y > 0, \\ 0, & y \leq 0, \end{cases}$$

且 X 与 Y 相互独立. 求:

(1) X 的概率密度 $f_X(x)$;

(2) (X, Y) 的联合概率密度 $f(x, y)$;

(3) $P\{X \geq Y\}$.

第五节 两个随机变量的函数的分布

本节介绍两个随机变量的函数的分布, 尤其是两个相互独立的连续型随机变量之和的概率分布.

在第二章我们曾经讨论单个随机变量的函数的分布, 相同的原理我们也可以用来求二维随机变量的函数的分布. 需要强调的是, 二维随机变量 (X, Y) 的函数 $g(X, Y)$ 为一维随机变量.

一、两个离散型随机变量函数的分布

对两个离散型随机变量的函数的分布, 我们仅就一些具体问题进行分析, 从中看到解决这类问题的基本方法.

例 1 设二维随机变量 (X, Y) 的联合分布列为

X \ Y	0	1	2
0	0.1	0.1	0.3
1	0.2	0.1	0.2

求: (1) $Z = X + Y$ 的分布列; (2) $Z = XY$ 的分布列; (3) $P\{X = Y\}$.

解 (1) 由题设知, Z 的可能取值为 $0, 1, 2, 3$. 由于

$$P\{Z = 0\} = P\{X = 0, Y = 0\} = 0.1,$$
$$P\{Z = 1\} = P\{X = 0, Y = 1\} + P\{X = 1, Y = 0\} = 0.1 + 0.2 = 0.3,$$
$$P\{Z = 2\} = P\{X = 0, Y = 2\} + P\{X = 1, Y = 1\} = 0.3 + 0.1 = 0.4,$$
$$P\{Z = 3\} = P\{X = 1, Y = 2\} = 0.2.$$

所以, Z 的分布列为

Z	0	1	2	3
P	0.1	0.3	0.4	0.2

(2) 由题设知, Z 的可能取值为 $0, 1, 2$. 由于

$$P\{Z=0\}=P\{X=0\}+P\{X=1,Y=0\}=0.1+0.1+0.3+0.2=0.7,$$
$$P\{Z=1\}=P\{X=1,Y=1\}=0.1,$$
$$P\{Z=2\}=P\{X=1,Y=2\}=0.2.$$

所以,$Z=XY$ 的分布列为

Z	0	1	2
P	0.7	0.1	0.2

(3) $P\{X=Y\}=P\{X=0,Y=0\}+P\{X=1,Y=1\}=0.1+0.1=0.2.$

二、两个连续型随机变量函数的分布

设 (X,Y) 是二维连续型随机变量,其联合概率密度为 $f(x,y)$,$Z=g(X,Y)$ 是随机变量 X,Y 的函数,要求 Z 的概率密度 $f_Z(z)$,采用的主要方法是先求分布函数 $F_Z(z)$,再求导得 $f_Z(z)$. 下面重点讨论相互独立的随机变量 X,Y 之和 $Z=X+Y$ 的概率密度.

例 2　设 X 与 Y 相互独立,且都服从指数分布 $E(\lambda)$,求 $Z=X+Y$ 的概率密度.

解　由题设知,X 与 Y 的联合概率密度为

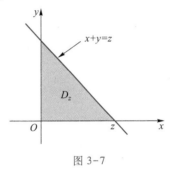

图 3-7

$$f(x,y)=f_X(x)f_Y(y)=\begin{cases}\lambda^2 e^{-\lambda(x+y)}, & x>0,y>0,\\0, & \text{其他}.\end{cases}$$

由于 $z=x+y$,所以当 $x>0$ 且 $y>0$ 时 $z>0$,这时

$$F_Z(z)=P\{Z\le z\}=P\{X+Y\le z\}=\iint\limits_{D_z}f(x,y)\,\mathrm{d}x\mathrm{d}y,$$

其中 $D_z:x>0,y>0,x+y\le z$,如图 3-7 所示.从而

$$F_Z(z)=\int_0^z\mathrm{d}x\int_0^{z-x}\lambda^2 e^{-\lambda(x+y)}\,\mathrm{d}y=\int_0^z(\lambda e^{-\lambda x}-\lambda e^{-\lambda z})\,\mathrm{d}x=1-e^{-\lambda z}-\lambda z e^{-\lambda z},$$

求导,得

$$f_Z(z)=\frac{\mathrm{d}}{\mathrm{d}z}F_Z(z)=\lambda^2 z e^{-\lambda z}.$$

当 $z\le 0$ 时,必有 $x<0$ 或 $y<0$,这时 $f(x,y)=0$,则 $F_Z(z)=0$,从而 $f_Z(z)=0$.

综上,$Z=X+Y$ 的概率密度为

$$f_Z(z)=\begin{cases}\lambda^2 z e^{-\lambda z}, & z>0,\\0, & \text{其他}.\end{cases}$$

从本例可以看出,求分布函数 $F_Z(z)$ 的关键是确定积分区域 D_z 并计算二重积分.

例 3　设 X 与 Y 相互独立,X 服从均匀分布 $R(0,1)$,Y 服从指数分布 $E(1)$,试求 $Z=X+Y$ 的概率密度.

解　由题设知,X 与 Y 的联合概率密度为

$$f(x,y)=f_X(x)f_Y(y)=\begin{cases}e^{-y}, & 0<x<1,y>0,\\0, & \text{其他}.\end{cases}$$

由于 $z=x+y$,当 $0<x<1$ 且 $y>0$ 时 $z>0$,这时

$$F_Z(z) = P\{Z \leqslant z\} = P\{X + Y \leqslant z\} = \iint\limits_{D_z} f(x,y)\,\mathrm{d}x\mathrm{d}y,$$

其中 $D_z:0<x<1,y>0,x+y\leqslant z$，如图 3-8 所示.由于 $z<1$ 与 $z>1$ 时积分区域 D_z 的形状不同,因此需要分别讨论.

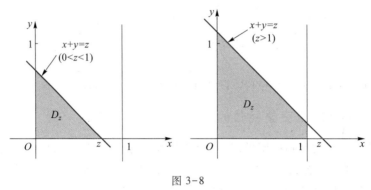

图 3-8

当 $0<z<1$ 时,

$$F_Z(z) = \int_0^z \mathrm{d}x \int_0^{z-x} \mathrm{e}^{-y}\mathrm{d}y = \int_0^z (1 - \mathrm{e}^{-(z-x)})\,\mathrm{d}x = z + \mathrm{e}^{-z} - 1,$$

则

$$f_Z(z) = F_Z'(z) = 1 - \mathrm{e}^{-z};$$

当 $z \geqslant 1$ 时,

$$F_Z(z) = \int_0^1 \mathrm{d}x \int_0^{z-x} \mathrm{e}^{-y}\mathrm{d}y = \int_0^1 (1 - \mathrm{e}^{-(z-x)})\,\mathrm{d}x = 1 - (\mathrm{e} - 1)\mathrm{e}^{-z},$$

则

$$f_Z(z) = F_Z'(z) = (\mathrm{e}-1)\mathrm{e}^{-z};$$

当 $z\leqslant 0$ 时 $f(x,y) = 0$,则 $F_Z(z) = 0$,从而 $f_Z(z) = 0$.

综上,得 $Z = X+Y$ 的概率密度为

$$f_Z(z) = \begin{cases} 1 - \mathrm{e}^{-z}, & 0<z<1, \\ (\mathrm{e}-1)\mathrm{e}^{-z}, & z\geqslant 1, \\ 0, & z\leqslant 0. \end{cases}$$

一般地,当二维连续型随机变量 (X,Y) 的联合概率密度为 $f(x,y)$ 时, $Z = X+Y$ 的分布函数为

$$F_Z(z) = P\{Z\leqslant z\} = P\{X+Y\leqslant z\}$$

$$= \iint\limits_{x+y\leqslant z} f(x,y)\,\mathrm{d}x\mathrm{d}y = \int_{-\infty}^{+\infty} \left[\int_{-\infty}^{z-y} f(x,y)\,\mathrm{d}x \right]\mathrm{d}y$$

$$\underline{\underline{x=t-y}} \int_{-\infty}^{+\infty} \int_{-\infty}^{z} f(t-y,y)\,\mathrm{d}t\mathrm{d}y$$

$$= \int_{-\infty}^{z} \int_{-\infty}^{+\infty} f(t-y,y)\,\mathrm{d}y\mathrm{d}t,$$

所以, $Z = X+Y$ 的概率密度为

$$f_Z(z) = \frac{\mathrm{d}}{\mathrm{d}z} F_Z(z) = \int_{-\infty}^{+\infty} f(z-y, y) \,\mathrm{d}y.$$

类似地，$Z = X + Y$ 的概率密度也可以表示为

$$f_Z(z) = \int_{-\infty}^{+\infty} f(x, z-x) \,\mathrm{d}x.$$

当 X 与 Y 相互独立时，有 $f(x,y) = f_X(x) f_Y(y)$，这时，$Z = X + Y$ 的概率密度为

$$f_Z(z) = \int_{-\infty}^{+\infty} f(x, z-x) \,\mathrm{d}x = \int_{-\infty}^{+\infty} f_X(x) f_Y(z-x) \,\mathrm{d}x,$$

或

$$f_Z(z) = \int_{-\infty}^{+\infty} f(z-y, y) \,\mathrm{d}y = \int_{-\infty}^{+\infty} f_X(z-y) f_Y(y) \,\mathrm{d}y.$$

上述两式便是求独立随机变量之和的概率密度的重要公式，也被称为**卷积公式**，它们在无线电通信方面有广泛应用.

由于在绝大多数问题中，$f_X(x)$ 与 $f_Y(y)$ 是分段函数，因此，使用卷积公式并不方便.当然，如果 $f_X(x)$ 与 $f_Y(y)$ 是连续函数，利用卷积公式直接求得概率密度还是比较方便的.

例 4（求两独立正态变量之和的概率分布） 设随机变量 X 与 Y 相互独立，都服从标准正态分布 $N(0,1)$，求 $Z = X + Y$ 的概率密度.

解 由题设知，X, Y 的概率密度分别为

$$f_X(x) = \frac{1}{\sqrt{2\pi}} \mathrm{e}^{-\frac{x^2}{2}}, \quad f_Y(y) = \frac{1}{\sqrt{2\pi}} \mathrm{e}^{-\frac{y^2}{2}},$$

由卷积公式，$Z = X + Y$ 的概率密度为

$$\begin{aligned}
f_Z(z) &= \int_{-\infty}^{+\infty} f_X(x) f_Y(z-x) \,\mathrm{d}x = \int_{-\infty}^{+\infty} \frac{1}{2\pi} \mathrm{e}^{-\frac{x^2}{2}} \cdot \mathrm{e}^{-\frac{(z-x)^2}{2}} \,\mathrm{d}x \\
&= \frac{1}{2\pi} \mathrm{e}^{-\frac{z^2}{4}} \int_{-\infty}^{+\infty} \mathrm{e}^{-\left(x-\frac{z}{2}\right)^2} \,\mathrm{d}x \\
&\xrightarrow{t = x - \frac{z}{2}} \frac{1}{2\pi} \mathrm{e}^{-\frac{z^2}{4}} \int_{-\infty}^{+\infty} \mathrm{e}^{-t^2} \,\mathrm{d}t \\
&= \frac{1}{2\pi} \mathrm{e}^{-\frac{z^2}{4}} \cdot \sqrt{\pi} = \frac{1}{2\sqrt{\pi}} \mathrm{e}^{-\frac{z^2}{4}}.
\end{aligned}$$

即 $Z = X + Y \sim N(0,2)$.

一般地，若 X 与 Y 相互独立，且都服从正态分布，$X \sim N(\mu_1, \sigma_1^2)$，$Y \sim N(\mu_2, \sigma_2^2)$，通过计算可得 $Z = X + Y$ 仍服从正态分布，且 $Z \sim N(\mu_1 + \mu_2, \sigma_1^2 + \sigma_2^2)$.

这个结论可以推广到 n 个独立正态随机变量的情形.即若 $X_1, X_2, \cdots, X_n$ 相互独立，且都服从正态分布 $X_i \sim N(\mu_i, \sigma_i^2)$，$i = 1, 2, \cdots, n$，则它们的和 $Z = X_1 + X_2 + \cdots + X_n$ 仍服从正态分布，且

$$\sum_{i=1}^{n} X_i \sim N\left(\sum_{i=1}^{n} \mu_i, \sum_{i=1}^{n} \sigma_i^2 \right).$$

更一般地，可以证明，n 个独立的正态随机变量的线性组合仍服从正态分布，即若 X_1, $X_2, \cdots, X_n$ 相互独立，且都服从正态分布，$X_i \sim N(\mu_i, \sigma_i^2)$，$i = 1, 2, \cdots, n$，则

$$\sum_{i=1}^{n} a_i X_i \sim N\Big(\sum_{i=1}^{n} a_i \mu_i , \sum_{i=1}^{n} a_i^2 \sigma_i^2 \Big) .$$

特别地,若 $X_1, X_2, \cdots, X_n$ 相互独立,且都服从相同的正态分布,$X_i \sim N(\mu, \sigma^2), i = 1, 2, \cdots,$ n,记 $\overline{X} = \dfrac{1}{n} \sum_{i=1}^{n} X_i$,则

$$\overline{X} \sim N(\mu, \frac{\sigma^2}{n}), \frac{\overline{X} - \mu}{\sigma / \sqrt{n}} \sim N(0, 1).$$

这一结论在数理统计中是很有用的.

例 5(求独立正态随机变量线性组合的概率分布) 设 $X \sim N(1, 3), Y \sim N(0, 1), Z \sim N(2, 4)$,且 X, Y, Z 相互独立,求 $X + 2Y + 3Z$ 的分布.

解 X, Y, Z 相互独立,且都服从正态分布,则 $X + 2Y + 3Z$ 服从正态分布,且
$$X + 2Y + 3Z \sim N(7, 43).$$

对略微复杂的函数 $g(X, Y)$,如 $X - Y, XY, X/Y$ 等,用例 2、例 3 给出的一般方法也可以求得概率密度.

例 6 射击试验中,在靶平面建立以靶心为原点的坐标系,X, Y 分别表示弹着点的横坐标和纵坐标,Z 表示弹着点到靶心的距离.已知 X 与 Y 相互独立且都服从相同的分布 $N(0, \sigma^2)$,试求随机变量 Z 的概率密度 $f_Z(z)$.

解 由题设知,X, Y 的联合概率密度为

$$f(x, y) = f_X(x) f_Y(y) = \frac{1}{2\pi\sigma^2} e^{-\frac{x^2 + y^2}{2\sigma^2}}, \quad -\infty < x, y < +\infty.$$

由于 (X, Y) 在全平面内取值,相应地 $Z = \sqrt{X^2 + Y^2}$ 的取值区间为 $(0, +\infty)$,则当 $z > 0$ 时,我们有 Z 的分布函数

$$F_Z(z) = P\{Z \leq z\} = P\{\sqrt{X^2 + Y^2} \leq z\} = \iint_{D_z} \frac{1}{2\pi\sigma^2} e^{-\frac{x^2 + y^2}{2\sigma^2}} dx dy,$$

其中 D_z 是由 $\sqrt{x^2 + y^2} \leq z$ 所确定的圆域,这样的二重积分化为极坐标系下的二次积分来计算,即

$$F_Z(z) = \int_0^{2\pi} d\theta \int_0^z \frac{1}{2\pi\sigma^2} e^{-\frac{r^2}{2\sigma^2}} r dr = \frac{1}{\sigma^2} \int_0^z e^{-\frac{r^2}{2\sigma^2}} r dr.$$

从而

$$f_Z(z) = \frac{d}{dz} F_Z(z) = \frac{d}{dz} \left[\frac{1}{\sigma^2} \int_0^z e^{-\frac{r^2}{2\sigma^2}} r dr \right] = \frac{z}{\sigma^2} e^{-\frac{z^2}{2\sigma^2}}.$$

因此,$Z = \sqrt{X^2 + Y^2}$ 的概率密度为

$$f_Z(z) = \begin{cases} \dfrac{z}{\sigma^2} e^{-\frac{z^2}{2\sigma^2}}, & z > 0, \\ 0, & z \leq 0. \end{cases}$$

这就是瑞利分布的概率密度函数.

例 7 设二维随机变量 (X, Y) 的联合概率密度为

$$f(x,y)=\begin{cases}1, & 0<x<1,0<y<2x, \\ 0, & \text{其他},\end{cases}$$

试求 $Z=2X-Y$ 的概率密度.

解　由于 $z=2x-y$,当 $0<x<1$ 且 $0<y<2x$ 时 $0<z<2$,这时

$$F_Z(z)=P\{Z\leqslant z\}=P\{2X-Y\leqslant z\}=\iint\limits_{D_z}f(x,y)\,\mathrm{d}x\mathrm{d}y=\iint\limits_{D_z}\mathrm{d}x\mathrm{d}y,$$

其中 $D_z:0<x<1,0<y<2x,2x-y\leqslant z$,如图 3-9 所示.
所以

$$F_Z(z)=S_{D_z}=1-\left(1-\frac{z}{2}\right)^2=z-\frac{z^2}{4}.$$

通过求导,得 $Z=2X-Y$ 的概率密度为

$$f_Z(z)=\begin{cases}1-\dfrac{z}{2}, & 0<z<2, \\ \\ 0, & \text{其他}.\end{cases}$$

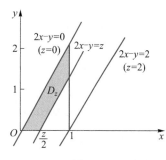

图 3-9

在可靠性问题中,常常会遇到串并联系统.设两个元件的寿命分别为 X,Y,假定它们相互独立.当这两个元件并联时,系统的寿命为 $U=\max(X,Y)$;当这两个元件串联时,系统的寿命为 $V=\min(X,Y)$.如果 X,Y 的分布函数分别为 $F_X(x)$,$F_Y(y)$,那么,U 的分布函数为

$$\begin{aligned}F_U(u)&=P\{U\leqslant u\}=P\{\max(X,Y)\leqslant u\}=P\{X\leqslant u,Y\leqslant u\} \\ &=P\{X\leqslant u\}P\{Y\leqslant u\}=F_X(u)F_Y(u);\end{aligned}$$

V 的分布函数为

$$\begin{aligned}F_V(v)&=P\{V\leqslant v\}=P\{\min(X,Y)\leqslant v\}=1-P\{\min(X,Y)>v\} \\ &=1-P\{X>v,Y>v\}=1-P\{X>v\}P\{Y>v\} \\ &=1-[1-F_X(v)][1-F_Y(v)].\end{aligned}$$

特别地,X,Y 相互独立且都有相同的分布函数 $F(x)$,则 $U=\max(X,Y)$ 的分布函数为

$$F_U(u)=[F(u)]^2;$$

$V=\min(X,Y)$ 的分布函数为

$$F_V(v)=1-[1-F(v)]^2.$$

上述两个结论,可以推广到 n 个独立同分布随机变量的情形.设 $X_1,X_2,\cdots,X_n$ 相互独立,它们都有相同的分布函数 $F(x)$,则 $U=\max(X_1,X_2,\cdots,X_n)$ 的分布函数为

$$F_U(u)=[F(u)]^n;$$

$V=\min(X_1,X_2,\cdots,X_n)$ 的分布函数为

$$F_V(v)=1-[1-F(v)]^n.$$

例 8　设 X 与 Y 是独立同分布的随机变量,它们都服从区间 $[0,\theta]$ 上的均匀分布,其中 $\theta>0$,试求 $U=\max(X,Y)$ 与 $V=\min(X,Y)$ 的概率密度.

解　$[0,\theta]$ 上均匀分布的分布函数为

$$F(x) = \begin{cases} 0, & x < 0, \\ \dfrac{x}{\theta}, & 0 \leqslant x < \theta, \\ 1, & x \geqslant \theta. \end{cases}$$

$U = \max(X, Y)$ 的值域为 $(0, \theta)$. 当 $0 < u < \theta$ 时, 有

$$F_U(u) = [F(u)]^2 = \frac{u^2}{\theta^2}.$$

通过求导, 得 $U = \max(X, Y)$ 的概率密度为

$$f_U(u) = \begin{cases} \dfrac{2u}{\theta^2}, & 0 < u < \theta, \\ 0, & \text{其他}; \end{cases}$$

$V = \min(X, Y)$ 的值域为 $(0, \theta)$. 当 $0 < v < \theta$ 时, 有

$$F_V(v) = 1 - [1 - F(v)]^2 = 1 - \left(1 - \frac{v}{\theta}\right)^2.$$

通过求导, 得 $V = \min(X, Y)$ 的概率密度为

$$f_V(v) = \begin{cases} \dfrac{2(\theta - v)}{\theta^2}, & 0 < v < \theta, \\ 0, & \text{其他}. \end{cases}$$

 课堂练习

1. 设二维随机变量 (X, Y) 的联合分布列为

Y / X	-1	1	2
-1	0.25	0.1	0.3
2	0.15	0.15	0.05

求: (1) $Z = X + Y$ 的分布列;

(2) $Z = XY$ 的分布列;

(3) $Z = \dfrac{X}{Y}$ 的分布列;

(4) $Z = \max(X, Y)$ 的分布列;

(5) $P\{X = Y\}$.

2. 设随机变量 X, Y 相互独立, 都服从 $[0, 1]$ 上的均匀分布, 求 $Z = X + Y$ 的概率密度.

3. 已知随机变量 $X \sim N(-3, 1)$, $Y \sim N(2, 1)$, 且 X, Y 相互独立, $Z = X - 2Y + 7$, 则 $Z \sim$ _____.

4. 设随机变量 $X_1 \sim N(1, 2)$, $X_2 \sim N(0, 3)$, $X_3 \sim N(2, 1)$, 且 X_1, X_2, X_3 相互独立, 则 $2X_1 + 3X_2 - X_3 \sim$ _____;
$P\{0 \leqslant 2X_1 + 3X_2 - X_3 \leqslant 6\} =$ _____.

习题 3-5

1. 设随机变量 X,Y 相互独立,且 X,Y 的分布列分别为

X	0	1	2
P	0.2	0.5	0.3

Y	-1	1	2	3
P	0.1	0.2	0.3	0.4

求:(1) (X,Y) 的联合分布列;

(2) $Z=XY$ 的分布列;

(3) $P\{X=Y\}$.

2. 设二维随机变量 (X,Y) 的联合概率密度为

$$f(x,y)=\begin{cases} e^{-y}, & 0<x<y, \\ 0, & \text{其他}, \end{cases}$$

求:(1) $Z=X+Y$ 的概率密度;

(2) $P\{X+Y\le 1\}$.

3. 设二维随机变量 (X,Y) 的联合概率密度为

$$f(x,y)=\begin{cases} 4xy, & 0\le x\le 1, 0\le y\le 1, \\ 0, & \text{其他}, \end{cases}$$

试求 $Z=X+Y$ 的概率密度.

4. 设随机变量 X 与 Y 相互独立,它们的概率密度分别为

$$f_X(x)=\begin{cases} 2e^{-2x}, & x>0, \\ 0, & x\le 0, \end{cases} \qquad f_Y(y)=\begin{cases} e^{-y}, & y>0, \\ 0, & y\le 0, \end{cases}$$

试求 $Z=X+Y$ 的概率密度.

5. 设随机变量 X 与 Y 相互独立,且 $X\sim R(0,2)$, $Y\sim R(0,1)$,试求 $Z=XY$ 的概率密度.

6. 设随机变量 X 与 Y 相互独立,且都服从 $[0,1]$ 上的均匀分布,求 $Z=X-Y$ 的概率密度.

7. 设二维随机变量 (X,Y) 的联合概率密度为

$$f(x,y)=\begin{cases} 3x, & 0<x<1, 0<y<x, \\ 0, & \text{其他}, \end{cases}$$

试求 $Z=X-Y$ 的概率密度.

8. 用卡车装水泥,设每袋水泥质量(单位:kg)服从正态分布 $N(50,2.5^2)$.

(1) 卡车装了 60 袋水泥,求水泥总质量 Y 的概率密度(提示:$Y=X_1+X_2+\cdots+X_{60}$,且 $X_1,X_2,\cdots,X_{60}$ 独立同分布,都服从 $N(50,2.5^2)$);

(2) 要使卡车上水泥总质量超过 2 000 kg 的概率不大于 0.05,问最多能装多少袋水泥?

随机变量的分布列或概率密度完整地描述了随机变量的统计规律性,但在许多实际问题中,并不需要了解这个规律性的全貌,而只要知道足以说明分布性质的某些重要特征,这类特征通常是用数字来表达的,因此,我们把描述随机变量某种特征的数字称为随机变量的数字特征.本章主要介绍描述随机变量取值平均水平的数学期望和分散程度的方差,以及描述两个随机变量线性相关关系的相关系数和协方差.

第一节 数 学 期 望

本节介绍数学期望的概念、计算,随机变量函数的期望,数学期望的运算性质以及几种常用分布的数学期望.

一、数学期望的定义

例 1(引出数学期望概念的例子) 假设对一个零件的某个指标进行的 n 次测量中,有 n_1 次测得结果为 x_1,n_2 次测得结果为 x_2,$\cdots$,n_r 次测得结果为 x_r,求 n 次测量的平均值.

解 设测量结果的平均值为 $\bar{x}$,则

$$\bar{x} = \frac{1}{n}(n_1 x_1 + n_2 x_2 + \cdots + n_r x_r) = x_1 \frac{n_1}{n} + x_2 \frac{n_2}{n} + \cdots + x_r \frac{n_r}{n}$$

$$= x_1 f_1 + x_2 f_2 + \cdots + x_r f_r = \sum_{k=1}^{r} x_k f_k,$$

其中 $\sum_{k=1}^{r} n_k = n$,$f_k = \dfrac{n_k}{n}$ 是测量结果 x_k 的频率且 $\sum_{k=1}^{r} f_k = 1$.

由此可见,测量结果的平均值 $\bar{x}$ 是以频率 f_k 为权的加权平均值.

由于频率具有稳定性,当 n 很大时,频率将在概率附近微小摆动,因此可用概率 p_k 代替频率 f_k,产生的新的和式 $\sum_{k=1}^{r} x_k p_k$ 也是一种加权平均.这种以概率为权的加权平均便是数学期望概念的实际背景.

1. 离散型随机变量的数学期望

定义 4.1(离散型随机变量的数学期望) 设随机变量 X 的分布列为
$$P\{X = x_k\} = p_k, k = 1, 2, \cdots.$$

若级数 $\sum_{k=1}^{\infty} x_k p_k$ 绝对收敛,则称级数 $\sum_{k=1}^{\infty} x_k p_k$ 为 X 的 **数学期望**,简称 **期望** 或 **均值**,记作 $E(X)$,即

$$E(X) = \sum_{k=1}^{\infty} x_k p_k .$$

可见,离散型随机变量的数学期望是以概率为权的加权平均,由分布列唯一确定,其结果反映了随机变量取值的集中位置或平均水平.以后常把随机变量的数学期望与相应分布的数学期望当作一回事.

定义中要求级数 $\sum_{k=1}^{\infty} x_k p_k$ 绝对收敛是为确保级数的收敛性与各项的先后次序无关.常见的随机变量一般都能满足这一要求,实际解题时不需要绝对收敛的验证.另外,当随机变量取值为有限个时,并不需要绝对收敛的条件.

例 2(求离散型随机变量的数学期望)　有甲乙两个射手,射击成绩分别记为 X,Y,其分布列分别为

X	8	9	10
P	0.3	0.1	0.6

Y	8	9	10
P	0.2	0.5	0.3

试问哪一个射手的本领较好?

解　$E(X) = 8 \times 0.3 + 9 \times 0.1 + 10 \times 0.6 = 9.3$,

$E(Y) = 8 \times 0.2 + 9 \times 0.5 + 10 \times 0.3 = 9.1$,

即甲射手的本领要好些.

例 3(泊松分布的期望)　设随机变量 X 服从泊松分布 $X \sim P(\lambda)$,求 $E(X)$.

解　X 的分布列为 $P\{X=k\} = \dfrac{\lambda^k}{k!} e^{-\lambda}, k = 0,1,2,\cdots$,则

$$E(X) = \sum_{k=0}^{\infty} k \cdot \frac{\lambda^k}{k!} e^{-\lambda} = \lambda e^{-\lambda} \sum_{k=1}^{\infty} \frac{\lambda^{k-1}}{(k-1)!} = \lambda e^{-\lambda} e^{\lambda} = \lambda ,$$

由此看出,泊松分布的参数 λ 就是它的数学期望.

2. 连续型随机变量的数学期望

对于连续型随机变量的数学期望概念的引入,大体上可以在离散型随机变量数学期望计算公式 $E(X) = \sum_{k=1}^{\infty} x_k p_k$ 的基础上,沿用高等数学中生成定积分的思路,改求和为积分即可.

定义 4.2(连续型随机变量的数学期望)　设随机变量 X 的概率密度为 $f(x)$.若反常积分 $\int_{-\infty}^{+\infty} x f(x) \mathrm{d}x$ 绝对收敛,则称反常积分 $\int_{-\infty}^{+\infty} x f(x) \mathrm{d}x$ 为 X 的 **数学期望**,简称 **期望** 或 **均值**,记作 $E(X)$,即

$$E(X) = \int_{-\infty}^{+\infty} x f(x) \mathrm{d}x.$$

连续型随机变量的期望由它的概率密度唯一确定,其结果仍反映随机变量取值的集中位

置或平均水平.

例 4（求连续型随机变量的期望） 设随机变量 X 的概率密度为

$$f(x) = \begin{cases} 3x^2, 0<x<1, \\ 0, \quad 其他, \end{cases}$$

求 X 的数学期望 $E(X)$.

解 $E(X) = \int_{-\infty}^{+\infty} xf(x)\,dx = \int_0^1 3x^3\,dx = \frac{3}{4}x^4\Big|_0^1 = \frac{3}{4}$.

例 5（指数分布的期望） 设随机变量 X 服从指数分布 $X \sim E(\lambda)$，求 $E(X)$.

解 由题设知，随机变量 X 的概率密度为

$$f(x) = \begin{cases} \lambda e^{-\lambda x}, x \geq 0, \\ 0, \quad x<0, \end{cases}$$

所以

$$E(X) = \int_{-\infty}^{+\infty} xf(x)\,dx = \int_0^{+\infty} x\lambda e^{-\lambda x}\,dx = -\left(xe^{-\lambda x} + \frac{1}{\lambda}e^{-\lambda x}\right)\Big|_0^{+\infty} = \frac{1}{\lambda},$$

可见，指数分布的数学期望是它的参数 λ 的倒数.

二、随机变量函数的数学期望

已知随机变量 X 的概率分布，设随机变量 Y 是 X 的函数 $Y = g(X)$. 对于 Y 的数学期望，可以利用第一章的知识先求出 Y 的分布列或概率密度，再根据数学期望的定义计算，也可以运用下面的定理计算.

> **定理 4.1（离散型随机变量函数的期望）** 设离散型随机变量 X 的分布列为
> $$P\{X = x_k\} = p_k, k = 1, 2, \cdots.$$
> 若级数 $\sum_{k=1}^{\infty} g(x_k)p_k$ 绝对收敛，则 $Y = g(X)$ 的数学期望为
> $$E(Y) = E[g(X)] = \sum_{k=1}^{\infty} g(x_k)p_k.$$

证明略.

> **定理 4.2（连续型随机变量函数的期望）** 设连续型随机变量 X 的概率密度为 $f(x)$. 若反常积分 $\int_{-\infty}^{+\infty} g(x)f(x)\,dx$ 绝对收敛，则 $Y = g(X)$ 的数学期望为
> $$E(Y) = E[g(X)] = \int_{-\infty}^{+\infty} g(x)f(x)\,dx.$$

证明略.

特别地，当 $Y = g(X) = X$ 时，即成我们前面介绍的随机变量 X 的数学期望.

例 6（求离散型随机变量函数的期望） 设随机变量 X 的分布列为

X	-1	0	1	2
P	0.1	0.2	0.3	0.4

求 $E(X),E(3X-2)$ 和 $E(X^2)$.

解　$E(X)=-1\times0.1+0\times0.2+1\times0.3+2\times0.4=1$,

$$E(3X-2)=[3\times(-1)-2]\times0.1+(3\times0-2)\times0.2+(3\times1-2)\times0.3+(3\times2-2)\times0.4$$
$$=-0.5-0.4+0.3+1.6=1,$$

$$E(X^2)=(-1)^2\times0.1+0^2\times0.2+1^2\times0.3+2^2\times0.4=2.$$

例 7(求连续型随机变量函数的期望)　设随机变量 X 的概率密度为

$$f(x)=\begin{cases}3x^2, & 0<x<1,\\ 0, & \text{其他},\end{cases}$$

求 $E(3X-2)$ 和 $E(X^2)$.

解　$\displaystyle E(3X-2)=\int_{-\infty}^{+\infty}(3x-2)f(x)\,\mathrm{d}x=\int_0^1(3x-2)3x^2\,\mathrm{d}x$

$$=\int_0^1(9x^3-6x^2)\,\mathrm{d}x=\left(\frac94x^4-2x^3\right)\Big|_0^1=\frac14,$$

$$E(X^2)=\int_{-\infty}^{+\infty}x^2f(x)\,\mathrm{d}x=\int_0^1x^2\cdot3x^2\,\mathrm{d}x=\int_0^13x^4\,\mathrm{d}x=\frac35x^5\Big|_0^1=\frac35.$$

*三、二维随机变量及其函数的数学期望

定理 4.3　(1) 若 (X,Y) 为离散型随机变量,其联合分布列为 $P\{X=x_i,Y=y_j\}=p_{ij}$,边缘分布列为 $p_{i\cdot}=\sum_j p_{ij}$, $p_{\cdot j}=\sum_i p_{ij}$,其中 $i,j=1,2,\cdots$,则 X 与 Y 的数学期望分别为

$$E(X)=\sum_i x_ip_{i\cdot}=\sum_i\sum_j x_ip_{ij},$$

$$E(Y)=\sum_j y_jp_{\cdot j}=\sum_i\sum_j y_jp_{ij}.$$

(2) 若 (X,Y) 为连续型随机变量,其联合概率密度为 $f(x,y)$,边缘概率密度为 $f_X(x)$, $f_Y(y)$,则 X 与 Y 的数学期望分别为

$$E(X)=\int_{-\infty}^{+\infty}xf_X(x)\,\mathrm{d}x=\int_{-\infty}^{+\infty}\int_{-\infty}^{+\infty}xf(x,y)\,\mathrm{d}x\mathrm{d}y,$$

$$E(Y)=\int_{-\infty}^{+\infty}yf_Y(y)\,\mathrm{d}y=\int_{-\infty}^{+\infty}\int_{-\infty}^{+\infty}yf(x,y)\,\mathrm{d}x\mathrm{d}y.$$

证明略.

定理 4.4　设 $Z=g(X,Y)$ 为二维随机变量 (X,Y) 的函数,且 $g(x,y)$ 为连续函数.

(1) 如果 (X,Y) 为离散型随机变量,其联合分布列为 $P\{X=x_i,Y=y_j\}=p_{ij}$,其中 $i,j=1$, $2,\cdots$,且级数 $\sum_i\sum_j g(x_i,y_j)p_{ij}$ 绝对收敛,则

$$E[g(X,Y)]=\sum_i\sum_j g(x_i,y_j)p_{ij}.$$

（2）如果 (X,Y) 为连续型随机变量，其联合概率密度为 $f(x,y)$，且积分 $\int_{-\infty}^{+\infty}\int_{-\infty}^{+\infty}g(x,y)\cdot$ $f(x,y)\mathrm{d}x\mathrm{d}y$ 绝对收敛，则

$$E[g(X,Y)] = \int_{-\infty}^{+\infty}\int_{-\infty}^{+\infty}g(x,y)f(x,y)\mathrm{d}x\mathrm{d}y.$$

证明略.

特别地，当 $g(X,Y)=X$ 和 $g(X,Y)=Y$ 时，上述等式表示的就是二维随机变量的分量 X 与 Y 的数学期望.

例 8 已知二维随机变量 (X,Y) 的联合分布列为

X \ Y	1	2	3
0	0.1	0.1	0.3
1	0.25	0	0.25

求 $E(X),E(Y),E(X^2),E(3X+2Y)$ 和 $E(XY)$.

解 $E(X) = \sum_i\sum_j x_i p_{ij} = 0\times0.1+0\times0.1+0\times0.3+1\times0.25+1\times0+1\times0.25 = 0.5$,

$E(Y) = \sum_j\sum_j y_j p_{ij} = 1\times0.1+1\times0.25+2\times0.1+2\times0+3\times0.3+3\times0.25 = 2.2$,

$E(X^2) = \sum_i\sum_j x_i^2 p_{ij} = 0^2\times(0.1+0.1+0.3)+1^2\times(0.25+0+0.25) = 0.5$,

$E(3X+2Y) = \sum_i\sum_j(3x_i+2y_j)p_{ij}$
$\qquad = (3\times0+2\times1)\times0.1+(3\times0+2\times2)\times0.1+(3\times0+2\times3)\times0.3$
$\qquad\quad +(3\times1+2\times1)\times0.25+(3\times1+2\times2)\times0+(3\times1+2\times3)\times0.25$
$\qquad = 5.9$,

$E(XY) = \sum_i\sum_j x_i y_j p_{ij}$
$\qquad = 0\times1\times0.1+0\times2\times0.1+0\times3\times0.3+1\times1\times0.25+1\times2\times0+1\times3\times0.25 = 1$.

例 9 设二维随机变量 (X,Y) 的联合密度为

$$f(x,y) = \begin{cases} 2, & 0\leqslant x\leqslant1, 0\leqslant y\leqslant x, \\ 0, & \text{其他}, \end{cases}$$

求 $E(X),E(Y),E(X^2)$ 和 $E(XY)$.

解 $E(X) = \int_{-\infty}^{+\infty}\int_{-\infty}^{+\infty}xf(x,y)\mathrm{d}x\mathrm{d}y = \int_0^1\mathrm{d}x\int_0^x 2x\mathrm{d}y = \dfrac{2}{3}$,

$E(Y) = \int_{-\infty}^{+\infty}\int_{-\infty}^{+\infty}yf(x,y)\mathrm{d}x\mathrm{d}y = \int_0^1\mathrm{d}x\int_0^x 2y\mathrm{d}y = \dfrac{1}{3}$,

$E(X^2) = \int_{-\infty}^{+\infty}\int_{-\infty}^{+\infty}x^2f(x,y)\mathrm{d}x\mathrm{d}y = \int_0^1\mathrm{d}x\int_0^x 2x^2\mathrm{d}y = \dfrac{1}{2}$,

$$E(XY) = \int_{-\infty}^{+\infty} \int_{-\infty}^{+\infty} xyf(x,y)\,\mathrm{d}x\mathrm{d}y = \int_0^1 \mathrm{d}x \int_0^x 2xy\mathrm{d}y = \frac{1}{4}.$$

四、数学期望的性质

下面给出数学期望的基本性质,并假定涉及的随机变量的期望均存在.

性质 1 设 C 为常数,则 $E(C) = C$.

证 常数 C 作为随机变量,它只可能取一个值 C,即 $P\{X=C\}=1$,所以
$$E(C) = C \cdot 1 = C.$$

性质 2 设 X 为随机变量,k 为常数,则 $E(kX) = kE(X)$.

证 仅就连续型情形给出证明.

设随机变量 X 的概率密度为 $f(x)$,则
$$E(kX) = \int_{-\infty}^{+\infty} kxf(x)\,\mathrm{d}x = k \int_{-\infty}^{+\infty} xf(x)\,\mathrm{d}x = kE(X).$$

性质 3 设 X,Y 为任意的两个随机变量,则 $E(X\pm Y) = E(X)\pm E(Y)$.

证 仅就连续型情形给出证明.

设 (X,Y) 为二维随机变量,其联合概率密度为 $f(x,y)$,则
$$\begin{aligned}
E(X \pm Y) &= \int_{-\infty}^{+\infty} \int_{-\infty}^{+\infty} (x \pm y)f(x,y)\,\mathrm{d}x\mathrm{d}y \\
&= \int_{-\infty}^{+\infty} \int_{-\infty}^{+\infty} xf(x,y)\,\mathrm{d}x\mathrm{d}y \pm \int_{-\infty}^{+\infty} \int_{-\infty}^{+\infty} yf(x,y)\,\mathrm{d}x\mathrm{d}y \\
&= E(X) \pm E(Y).
\end{aligned}$$

结合性质 2 与性质 3,显然有
$$E(k_1 X + k_2 Y) = k_1 E(X) + k_2 E(Y),$$
其中 k_1, k_2 为常数.

更一般地,设 $X_1, X_2, \cdots, X_n$ 为 n 个随机变量,$k_1, k_2, \cdots, k_n$ 为常数,则
$$E(k_1 X_1 + k_2 X_2 + \cdots + k_n X_n) = k_1 E(X_1) + k_2 E(X_2) + \cdots + k_n E(X_n).$$

性质 4 设 X 与 Y 是相互独立的两个随机变量,则 $E(XY) = E(X)E(Y)$.

证 仅就连续型情形给出证明.

设 (X,Y) 的联合概率密度为 $f(x,y)$,其边缘密度分别为 $f_X(x)$ 和 $f_Y(y)$.

因为 X 与 Y 相互独立,所以 $f(x,y) = f_X(x)f_Y(y)$.于是有
$$\begin{aligned}
E(XY) &= \int_{-\infty}^{+\infty} \int_{-\infty}^{+\infty} xyf(x,y)\,\mathrm{d}x\mathrm{d}y \\
&= \int_{-\infty}^{+\infty} \int_{-\infty}^{+\infty} xyf_X(x)f_Y(y)\,\mathrm{d}x\mathrm{d}y \\
&= \int_{-\infty}^{+\infty} xf_X(x)\,\mathrm{d}x \int_{-\infty}^{+\infty} yf_Y(y)\,\mathrm{d}y \\
&= E(X)E(Y).
\end{aligned}$$

由数学归纳法可以证明:若 $X_1, X_2, \cdots, X_n$ 为 n 个相互独立的随机变量,则
$$E(X_1 X_2 \cdots X_n) = E(X_1) E(X_2) \cdots E(X_n).$$

例 10(利用性质求期望)　设随机变量 X 服从参数为 3 的泊松分布 $X \sim P(3)$,Y 服从参数为 2 的指数分布 $Y \sim E(2)$,且 X, Y 相互独立,求 $E(3X+4Y-2)$ 和 $E(XY)$.

解　由前述例 3 和例 5 知,$E(X)=3, E(Y)=0.5$.所以
$$E(3X+4Y-2) = 3E(X) + 4E(Y) - 2 = 9 + 2 - 2 = 9,$$
$$E(XY) = E(X)E(Y) = 3 \times 0.5 = 1.5.$$

熟练灵活地运用这些性质,将有助于简化计算.

例 11　某机修车间有 5 个零件备用箱,各箱中存放的正、次品零件数依次是 5 正 3 次,7 正 3 次,8 正 2 次,9 正 1 次,6 正 2 次.现从各箱中分别任意取出 1 个零件,试求被取的 5 个零件中所含次品零件个数 X 的数学期望.

解　由于题设中各箱存放的零件数目不同,因而若将 5 个箱子的零件作为一个整体去考虑,计算相当烦琐.为此,引入辅助随机变量
$$X_i = \begin{cases} 1, & \text{从第 } i \text{ 只箱子取出的零件是次品,} \\ 0, & \text{从第 } i \text{ 只箱子取出的零件是正品,} \end{cases} \quad i=1,2,3,4,5.$$

由题设知
$$X = X_1 + X_2 + X_3 + X_4 + X_5,$$

且不难算出
$$E(X_1) = \frac{3}{8}, E(X_2) = \frac{3}{10}, E(X_3) = \frac{2}{10}, E(X_4) = \frac{1}{10}, E(X_5) = \frac{2}{8}.$$

因此,X 的数学期望为
$$E(X) = E(X_1) + E(X_2) + E(X_3) + E(X_4) + E(X_5)$$
$$= \frac{3}{8} + \frac{3}{10} + \frac{2}{10} + \frac{1}{10} + \frac{2}{8}$$
$$= 1.225.$$

计算过程表明,如果先求 X 的分布列再求期望,会涉及既难又繁的古典概率计算,将 X 分解成几个易于求期望的随机变量之和后,却可以很方便地求出它的期望,类似的例子还有很多.例如,求电梯停靠的平均楼层数,旅游车平均停车次数,等等.

例 12　某学校流行某种传染病,患者约占 1/10,为此学校决定对全校 1 000 名师生进行抽血化验.现有两种方案:(1) 逐个化验;(2) 按 4 个人一组进行分组,把从 4 个人抽到的血混合在一起化验,如果发现有问题再对这 4 个人逐个化验.试比较哪一种方案好?

解　对方案(1),需化验 1 000 次;

对方案(2),设 X_i 表示第 i 组化验的次数,则 X_i 均服从相同的分布,$i=1,2,\cdots,250$,其分布列为

X_i	1	5
P	0.9^4	$1-0.9^4$

每组化验次数的均值(平均化验次数)为

$$E(X_i) = 1 \times 0.9^4 + 5 \times (1 - 0.9^4) = 2.375\ 6.$$

所以,对方案(2),化验次数 X 的均值为

$$E(X) = E\left(\sum_{i=1}^{250} X_i\right) = \sum_{i=1}^{250} E(X_i) = 250 \times 2.375\ 6 = 593.9\ (\text{次}).$$

因此,方案(2)优于方案(1),大致可以减少40%的工作量.

如果方案(2)改成按5个人一组进行分组,其总化验次数的均值又是多少呢? 有兴趣的读者不妨去算一算。

下面再举一例子,说明数学期望在最优决策中的应用.

* 例13　某家电商场每年顾客对某种型号电视机的需求量是一个随机变量 X,且 X 服从集合 $\{1\ 001, 1\ 002, \cdots, 2\ 000\}$ 上的离散型均匀分布.假定每出售一台电视机可获利3百元;如果年终库存积压,那么,每台电视机带来的亏损为1百元.试问,年初商场应进货多少才能使年终带来的平均利润最大? 假设商场年内不再进货.

解　设年初商场进货为 a 台电视机,a 为 $1\ 001 \sim 2\ 000$ 的某个数.年终商场销售该型号电视机的利润是一个随机变量,以 Y 表示,Y 是电视机需求量 X 的函数,且

$$Y = g(X) = \begin{cases} 3a, & X \geq a, \\ 3X - (a - X), & X < a, \end{cases}$$

平均利润为

$$E(Y) = E[g(X)] = \sum_{k=1\ 001}^{2\ 000} g(k) \frac{1}{1\ 000} = \frac{1}{1\ 000} \left\{ \sum_{k=1\ 001}^{a-1} [3k - (a - k)] + \sum_{k=a}^{2\ 000} 3a \right\}$$

$$= \frac{1}{1\ 000}(-2a^2 + 7\ 002a + 2\ 002\ 000).$$

当 $a = 1\ 750.5$ 时,$E(Y)$ 达到最大.由于 a 必须取整数,且当 $a = 1\ 750, 1\ 751$ 时,$E(Y)$ 的值相同,因此,商场经理可考虑年初进货 $1\ 750$ 台电视机.

五、常见分布的数学期望

1. 两点分布

设 $X \sim B(1, p)$,即 X 的分布列为

X	0	1
P	q	p

其中 $0 < p < 1, q = 1 - p$,则 X 的数学期望为

$$E(X) = 0 \cdot q + 1 \cdot p = p.$$

2. 二项分布

设 $X \sim B(n, p)$,即 X 的分布列为

$$P\{X = k\} = C_n^k p^k q^{n-k}, k = 0, 1, 2, \cdots, n,$$

其中 $0 < p < 1, q = 1 - p$,则 X 的数学期望

$$E(X) = \sum_{k=0}^{n} k \cdot C_n^k p^k q^{n-k} = \sum_{k=1}^{n} k \frac{n!}{k!\,(n-k)!} p^k q^{n-k}$$

$$= np \sum_{k=1}^{n} \frac{(n-1)!}{(k-1)!\,[(n-1)-(k-1)]!} p^{k-1} q^{(n-1)-(k-1)}$$

$$\xlongequal{m=k-1} np \sum_{m=0}^{n-1} \frac{(n-1)!}{m!\,[(n-1)-m]!} p^{k-1} q^{(n-1)-m}$$

$$= np\,(p+q)^{n-1} = np.$$

可见,二项分布的期望是两点分布期望的 n 倍.

3. 泊松分布

设随机变量 $X \sim P(\lambda)$,即 X 的分布列为

$$P\{X=k\} = \frac{\lambda^k}{k!} e^{-\lambda}, k = 0,1,2,\cdots,$$

本节例 3 已经算得,X 的数学期望 $E(X) = \lambda$.

4. 均匀分布

设随机变量 X 在 $[a,b]$ 上服从均匀分布 $R(a,b)$,即 X 的概率密度为

$$f(x) = \begin{cases} \dfrac{1}{b-a}, & a \leqslant x \leqslant b, \\ 0, & \text{其他}, \end{cases}$$

则 X 的数学期望

$$E(X) = \int_{-\infty}^{+\infty} xf(x)\,\mathrm{d}x = \int_a^b \frac{x}{b-a}\mathrm{d}x = \frac{a+b}{2}.$$

5. 指数分布

设随机变量 X 服从参数为 λ 的指数分布 $E(\lambda)$,即 X 的概率密度为

$$f(x) = \begin{cases} \lambda e^{-\lambda x}, & x \geqslant 0, \\ 0, & x < 0, \end{cases}$$

本节例 5 已经算得,X 的数学期望 $E(X) = \dfrac{1}{\lambda}$.

6. 正态分布

设随机变量 X 服从正态分布 $X \sim N(\mu, \sigma^2)$,即 X 的概率密度为

$$f(x) = \frac{1}{\sigma\sqrt{2\pi}} e^{-\frac{(x-\mu)^2}{2\sigma^2}}, -\infty < x < +\infty,$$

则 X 的数学期望

$$E(X) = \int_{-\infty}^{+\infty} xf(x)\,\mathrm{d}x = \int_{-\infty}^{+\infty} x \frac{1}{\sigma\sqrt{2\pi}} e^{-\frac{(x-\mu)^2}{2\sigma^2}}\mathrm{d}x$$

$$\xlongequal{x-\mu=\sigma t} \int_{-\infty}^{+\infty} (\sigma t + \mu) \frac{1}{\sqrt{2\pi}} e^{-\frac{t^2}{2}}\mathrm{d}t$$

$$= \int_{-\infty}^{+\infty} \sigma t \frac{1}{\sqrt{2\pi}} e^{-\frac{t^2}{2}}\mathrm{d}t + \mu \int_{-\infty}^{+\infty} \frac{1}{\sqrt{2\pi}} e^{-\frac{t^2}{2}}\mathrm{d}t$$

$$= 0 + \mu = \mu.$$

即正态分布 $N(\mu,\sigma^2)$ 中的参数 μ 是正态随机变量取值的平均值,与正态曲线关于直线 $x=\mu$ 对称也是一致的.在测量问题中,随机误差在大量测量时正负相抵,因此 $\mu=0$.在正常生产情况下,产品的平均尺寸应该等于规格尺寸,μ 表示规格尺寸.

课堂练习

1. 设随机变量 X 的分布列为

X	-2	0	2
P	0.4	0.3	0.3

求 $E(X)$,$E(2X-1)$ 和 $E(X^2)$.

2. 设随机变量 X 的概率密度为

$$f(x)=\begin{cases} 2x, & 0<x<1, \\ 0, & 其他, \end{cases}$$

求 $E(X)$,$E(2X-1)$ 和 $E(X^2)$.

3. 设随机变量 X 的概率密度为

$$f(x)=\frac{1}{2}e^{-|x|},\ -\infty<x<+\infty,$$

求 $E(X)$.

4. 设随机变量 X 的概率密度为

$$f(x)=\begin{cases} \dfrac{1}{\pi\sqrt{1-x^2}}, & -1<x<1, \\ 0, & 其他, \end{cases}$$

求 $E(X)$.

5. 设 $X_1,X_2,\cdots,X_n$ 为相互独立的随机变量,且 $E(X_1)=E(X_2)=\cdots=E(X_n)=\mu$,设 $Y=\dfrac{1}{n}(X_1+X_2+\cdots+X_n)$,则 $E(Y)=$ _____ .

6. 已知随机变量 X 与 Y 相互独立,且它们分别在区间 $[-1,3]$ 和 $[2,4]$ 上服从均匀分布,则 $E(XY)=$ _____ .

7. 设随机变量 X 与 Y 相互独立,且 $X\sim N(2,4)$,$Y\sim N(3,9)$,则 $E(3X+2Y)=$ _____ ;$E(2X-3Y+4)=$ _____ ;$E(XY)=$ _____ .

8. 设随机变量 X 的分布函数为

$$F(x)=\begin{cases} 0, & x\leq 0 \\ \dfrac{x}{4}, & 0<x\leq 4, \\ 1, & x>4, \end{cases}$$

求 $E(X)$.

9. 设二维随机变量 (X,Y) 的联合概率密度为

$$f(x,y)=\begin{cases} \dfrac{1}{2}, & 0\leq x\leq 1,0\leq y\leq 2, \\ 0, & 其他, \end{cases}$$

求 $E(X)$,$E(Y)$,$E(Y^2)$,$E(X+Y)$ 和 $E(XY)$.

10. 设二维随机变量 (X,Y) 的联合概率密度为

$$f(x,y)=\begin{cases} e^{-y}, & 0\leqslant x\leqslant 1,y>0, \\ 0, & \text{其他}, \end{cases}$$

求 $E(X+Y)$.

 习题 4-1

1. 设随机变量 X 的分布列为

X	-1	0	1	2
P	0.4	0.3	0.2	0.1

求 $E(X)$，$E(3X+1)$ 和 $E(X^2)$.

2. 设随机变量 X 的概率密度为

$$f(x)=\begin{cases} \dfrac{3}{8}x^2, & 0<x<2, \\ 0, & \text{其他}, \end{cases}$$

求 $E(X)$，$E(3X+1)$ 和 $E(X^2)$.

3. 设随机变量 X 的概率密度为

$$f(x)=\begin{cases} x, & 0\leqslant x<1, \\ 2-x, & 1\leqslant x\leqslant 2, \\ 0, & \text{其他}, \end{cases}$$

求 $E(X)$.

4. 设轮船横向摇摆的随机振幅 X 的概率密度为

$$f(x)=\begin{cases} \dfrac{1}{\sigma^2}e^{-\frac{x^2}{2\sigma^2}}, & x>0, \\ 0, & x\leqslant 0, \end{cases}$$

求 $E(X)$.

5. 设随机变量 X 的概率密度为

$$f(x)=\begin{cases} a+bx, & 0<x<1, \\ 0, & \text{其他}, \end{cases}$$

且 $E(X)=0.6$，求常数 a,b 的值.

6. 设随机变量 X 在 $[0,1]$ 上服从均匀分布，求 $Y=\sin\pi X$ 的数学期望.

7. 设随机变量 X 服从参数为 1 的指数分布，求 $Y=e^{-2x}$ 的数学期望.

8. 某车间生产的圆盘直径服从 $[a,b]$ 上的均匀分布，求圆盘面积的数学期望.

9. 已知 10 件产品中有 8 件是正品，2 件是次品，每次从中任取 1 件，取后不放回.试求取到正品为止的平均抽取次数.

10. 已知 10 件产品中有 8 件是正品，2 件是次品，每次从中任取 1 件，取后放回.试求取到正品为止的平均抽取次数.

11. 一只口袋中装有 6 个球，其中 3 个球上各刻有 1 个点，2 个球上各刻有 2 个点，另有 1 个球上刻有 3 个点.今从中任取 3 个球，以 X 表示被取 3 球上的点数和，求 $E(X)$.

12. 旅游车上载有 12 位游客，沿途有 6 个旅游景点.如果到达一个景点无人下车，就不停车，设 X 表示停车总次数,求 $E(X)$.假定每位游客在各个景点下车是等可能且独立的.

13. 掷一枚质量均匀的骰子 6 次,求出现点数之和的数学期望.

14. 设市场上每年对某厂生产的某种产品的需求量是连续型随机变量 X,它均匀分布于 $[10,20]$.每出售 1 单位该产品厂方可获利 50 万元,但如果因销售不出而积压在仓库里,则每一单位该产品需支付保养及其他各种损失费用 10 万元,问该产品的年产量应定为多少个单位,才能使厂方的期望收益最大?

15. 设二维随机变量 (X,Y) 的联合分布列为

X \ Y	0	1	2
1	0.1	0.2	0.1
2	0.3	0.1	0.2

求 $E(X)$,$E(Y)$,$E(X^2)$,$E(Y^2)$ 和 $E(XY)$.

16. 设二维随机变量 (X,Y) 的联合概率密度为

$$f(x,y)=\begin{cases}\dfrac{x+y}{6}, & 0\leqslant x\leqslant 1,0\leqslant y\leqslant 3,\\ 0, & 其他,\end{cases}$$

求 $E(X)$,$E(Y)$,$E(X^2)$,$E(Y^2)$ 和 $E(XY)$.

17. 设二维随机变量 (X,Y) 的联合概率密度为

$$f(x,y)=\begin{cases}12y^2, & 0\leqslant y\leqslant x\leqslant 1,\\ 0, & 其他,\end{cases}$$

求 $E(X)$,$E(Y)$,$E(XY)$ 和 $E(X^2+Y^2)$.

18. 设二维连续型随机变量 (X,Y) 服从圆域 $G:x^2+y^2\leqslant R^2$ 上的均匀分布,令 $Z=\sqrt{X^2+Y^2}$,求 $E(Z)$.

第二节　方差与标准差

视频

本节介绍随机变量的方差与标准差的概念及计算、方差的性质和常见分布的方差.

一、方差与标准差

随机变量的数学期望体现了随机变量取值的平均值,它是随机变量的一个重要的数字特征,但在许多实际问题中,还需要了解随机变量的取值与其平均值的偏离程度.

对任一随机变量 X,期望为 $E(X)$,$Y=X-E(X)$ 称为随机变量 X 的离差.由于 $E(X)$ 是常数,因而有 $E(Y)=E[X-E(X)]=E(X)-E(X)=0$.

由此可知,离差 Y 代表随机变量 X 与期望 $E(X)$ 之间的随机误差,其值可正可负,从总体上正负相抵,故 Y 的期望为零.这样用 $E(Y)$ 不足以描述 X 取值的分散程度.为了消除离差中的符号,我们也可以考虑使用绝对离差 $|X-E(X)|$,但由于 $E|X-E(X)|$ 不便于处理,转而考虑离差平方 $[X-E(X)]^2$ 的期望,即 $E\{[X-E(X)]^2\}$ 来描述随机变量 X 取值的分散程度.

定义 4.3(方差)　设 X 为随机变量,若 $E\{[X-E(X)]^2\}$ 存在,则称 $E\{[X-E(X)]^2\}$ 为随机变量 X 的**方差**,记作 $D(X)$,即

$$D(X) = E\{[X-E(X)]^2\},$$

并称 $\sqrt{D(X)}$ 为随机变量 X 的**标准差**或**均方差**.

标准差与方差都能反映随机变量取值与平均值的偏离程度,方差不需开方,在统计分析中常被采用,标准差与随机变量有相同的量纲,在工程技术中应用较为广泛.当随机变量取值相对集中在期望附近时,方差较小;取值相对分散时,方差较大.

从定义看,方差也是随机变量函数的期望,根据上一节的知识,有:

若 X 为离散型随机变量,其分布列为 $P\{X=x_k\}=p_k, k=1,2,\cdots,$ 则

$$D(X) = \sum_{k=1}^{\infty} [x_k - E(X)]^2 p_k;$$

若 X 为连续型随机变量,其概率密度为 $f(x)$,则

$$D(X) = \int_{-\infty}^{+\infty} [x - E(X)]^2 f(x) \, dx.$$

例 1(求离散型随机变量的方差) 有甲乙两个射手,射击成绩分别记为 X,Y,其分布列分别为

X	5	7	9
P	0.175	0.6	0.225

Y	6	7	8
P	0.2	0.5	0.3

试问哪一个射手的射击水平更稳定?

解 $E(X) = 5 \times 0.175 + 7 \times 0.6 + 9 \times 0.225 = 7.1,$

$E(Y) = 6 \times 0.2 + 7 \times 0.5 + 8 \times 0.3 = 7.1,$

两人的期望相同,即平均水平相当.

$D(X) = (5-7.1)^2 \times 0.175 + (7-7.1)^2 \times 0.6 + (9-7.1)^2 \times 0.225 = 1.59,$

$D(Y) = (6-7.1)^2 \times 0.2 + (7-7.1)^2 \times 0.5 + (8-7.1)^2 \times 0.3 = 0.49,$

即乙射手更稳定些,也就是取值更集中,这与我们的直观感受相吻合.

对于方差的计算,常常采用简化公式

$$D(X) = E(X^2) - [E(X)]^2.$$

事实上,由数学期望的性质有

$$\begin{aligned}
D(X) &= E\{[X-E(X)]^2\} \\
&= E\{X^2 - 2XE(X) + [E(X)]^2\} \\
&= E(X^2) - 2E(X)E(X) + [E(X)]^2 \\
&= E(X^2) - [E(X)]^2.
\end{aligned}$$

例 2(求离散型随机变量的方差) 设随机变量 X 的分布列为

X	-1	0	1	2
P	0.1	0.2	0.3	0.4

求 $D(X)$.

解　$E(X) = -1 \times 0.1 + 0 \times 0.2 + 1 \times 0.3 + 2 \times 0.4 = 1$,

$E(X^2) = (-1)^2 \times 0.1 + 0^2 \times 0.2 + 1^2 \times 0.3 + 2^2 \times 0.4 = 2$,

$D(X) = E(X^2) - [E(X)]^2 = 2 - 1^2 = 1$.

例 3(泊松分布的方差)　设随机变量 X 服从泊松分布 $X \sim P(\lambda)$,求 $D(X)$.

解　由题设知,X 的分布列为

$$P\{X = k\} = \frac{\lambda^k}{k!}e^{-\lambda}, k = 0, 1, 2, \cdots.$$

在上一节例 3 中已经算得 $E(X) = \lambda$,而

$$E(X^2) = \sum_{k=0}^{\infty} k^2 \cdot \frac{\lambda^k e^{-\lambda}}{k!} = \lambda \sum_{k=1}^{\infty} k \frac{\lambda^{k-1} e^{-\lambda}}{(k-1)!}$$

$$\xlongequal{m = k-1} \lambda \sum_{m=0}^{\infty} (m+1) \frac{\lambda^m e^{-\lambda}}{m!}$$

$$= \lambda \sum_{m=0}^{\infty} m \frac{\lambda^m e^{-\lambda}}{m!} + \lambda \sum_{m=0}^{\infty} \frac{\lambda^m e^{-\lambda}}{m!}$$

$$= \lambda^2 + \lambda,$$

所以

$$D(X) = E(X^2) - [E(X)]^2 = \lambda^2 + \lambda - \lambda^2 = \lambda.$$

例 4(求连续型随机变量的方差)　设随机变量 X 的概率密度为

$$f(x) = \begin{cases} 3x^2, & 0 < x < 1, \\ 0, & \text{其他}, \end{cases}$$

求 X 的方差 $D(X)$.

解　$E(X) = \int_{-\infty}^{+\infty} xf(x)\,dx = \int_0^1 3x^3\,dx = \frac{3}{4}x^4 \Big|_0^1 = \frac{3}{4}$,

$E(X^2) = \int_{-\infty}^{+\infty} x^2 f(x)\,dx = \int_0^1 x^2 \cdot 3x^2\,dx = \int_0^1 3x^4\,dx = \frac{3}{5}x^5 \Big|_0^1 = \frac{3}{5}$,

$D(X) = E(X^2) - [E(X)]^2 = \frac{3}{5} - \left(\frac{3}{4}\right)^2 = \frac{3}{80}$.

例 5(求二维连续型随机变量的方差)　设二维随机变量 (X, Y) 的联合密度为

$$f(x, y) = \begin{cases} 2, & 0 \leqslant x \leqslant 1, 0 \leqslant y \leqslant x, \\ 0, & \text{其他}, \end{cases}$$

求 $D(X)$ 和 $D(Y)$.

解　$E(X) = \int_{-\infty}^{+\infty} \int_{-\infty}^{+\infty} xf(x, y)\,dx\,dy = \int_0^1 dx \int_0^x 2x\,dy = \frac{2}{3}$,

$E(Y) = \int_{-\infty}^{+\infty} \int_{-\infty}^{+\infty} yf(x, y)\,dx\,dy = \int_0^1 dx \int_0^x 2y\,dy = \frac{1}{3}$,

$E(X^2) = \int_{-\infty}^{+\infty} \int_{-\infty}^{+\infty} x^2 f(x, y)\,dx\,dy = \int_0^1 dx \int_0^x 2x^2\,dy = \frac{1}{2}$,

$$E(Y^2) = \int_{-\infty}^{+\infty} \int_{-\infty}^{+\infty} y^2 f(x,y) \,\mathrm{d}x\mathrm{d}y = \int_0^1 \mathrm{d}x \int_0^x 2y^2 \,\mathrm{d}y = \frac{1}{6},$$

$$D(X) = E(X^2) - [E(X)]^2 = \frac{1}{2} - \left(\frac{2}{3}\right)^2 = \frac{1}{18},$$

$$D(Y) = E(Y^2) - [E(Y)]^2 = \frac{1}{6} - \left(\frac{1}{3}\right)^2 = \frac{1}{18}.$$

二、方差的性质

下面给出方差的性质,并假定所涉及的随机变量的方差都存在.

性质 1　设 C 为常数,则 $D(C) = 0$.

证　$D(C) = E[C-E(C)]^2 = E(C-C)^2 = E(0) = 0$.

性质 2　设 X 为随机变量,k 为常数,则 $D(kX) = k^2 D(X)$.

证　$D(kX) = E[kX - E(kX)]^2$
$= E[kX - kE(X)]^2$
$= E\{k^2 [X-E(X)]^2\}$
$= k^2 E[X-E(X)]^2$
$= k^2 D(X)$.

性质 3　设 X 与 Y 为两个相互独立的随机变量,则 $D(X+Y) = D(X) + D(Y)$.

证　$D(X+Y) = E[X+Y-E(X+Y)]^2$
$= E\{[X-E(X)] + [Y-E(Y)]\}^2$
$= E[X-E(X)]^2 + E[Y-E(Y)]^2 + 2E\{[X-E(X)][Y-E(Y)]\}$.

由于相互独立随机变量的各自函数仍然相互独立,X 与 Y 相互独立,则 $X-E(X)$ 与 $Y-E(Y)$ 相互独立,所以 $E\{[X-E(X)][Y-E(Y)]\} = E[X-E(X)]E[Y-E(Y)] = 0$.故

$$D(X+Y) = E[X-E(X)]^2 + E[Y-E(Y)]^2$$
$$= D(X) + D(Y).$$

由相互独立随机变量的各自函数仍然相互独立,结合性质 2 和性质 3,设 X,Y 为两个相互独立的随机变量,显然有

$$D(k_1 X + k_2 Y) = k_1^2 D(X) + k_2^2 D(Y),$$

其中 k_1, k_2 为常数.

更一般地,设 $X_1, X_2, \cdots, X_n$ 为 n 个相互独立的随机变量,$k_1, k_2, \cdots, k_n$ 为常数,则

$$D(k_1 X_1 + k_2 X_2 + \cdots + k_n X_n) = k_1^2 D(X_1) + k_2^2 D(X_2) + \cdots + k_n^2 D(X_n).$$

例 6(利用方差性质求方差)　求例 4 中,$Y = 3-4X$ 的方差 $D(Y)$.

解　$D(Y) = D(3-4X) = (-4)^2 D(X) = \dfrac{3}{5}$.

例 7(标准化随机变量)　设随机变量 X 有数学期望 $E(X)$、方差 $D(X)$ 且 $D(X) \neq 0$,记

$$X^* = \frac{X-E(X)}{\sqrt{D(X)}},$$

证明:$E(X^*)=0,D(X^*)=1$.

证　由于 $E(X)$、$D(X)$ 为常数,根据数学期望和方差的性质,得

$$E(X^*)=\frac{1}{\sqrt{D(X)}}E[X-E(X)]=\frac{1}{\sqrt{D(X)}}[E(X)-E(X)]=0,$$

$$D(X^*)=\frac{1}{D(X)}D[X-E(X)]=\frac{1}{D(X)}D(X)=1.$$

通常称 X^* 为 X 的标准化随机变量.标准化随机变量的基本特征是数学期望为 0,方差为 1,而且是无量纲的,可以用于不同单位量的比较,因而在统计分析中有着广泛的应用.同时也表明,任意一个正态随机变量经过标准化后总服从标准正态分布 $N(0,1)$.

三、几种常见分布的方差

1. 两点分布

设 $X\sim B(1,p)$,即 X 的分布列为

X	0	1
P	q	p

其中 $0<p<1,q=1-p$,则 X 的方差 $D(X)=pq$.

因为 $E(X)=p,E(X^2)=0^2\times q+1^2\times p=p$,所以

$$D(X)=E(X^2)-[E(X)]^2=p-p^2=p(1-p)=pq.$$

2. 二项分布

设 $X\sim B(n,p)$,即随机变量 X 的分布列为

$$P\{X=k\}=C_n^k p^k q^{n-k},k=0,1,2,\cdots,n,$$

其中 $0<p<1,p+q=1$,则 X 的方差 $D(X)=npq$.

因为 $X\sim B(n,p)$,X 表示 n 次重复试验中事件 A 发生的次数,且 $P(A)=p$.设 $X_i(i=1,2,\cdots,n)$ 表示事件 A 在第 i 次试验中发生的次数,显然 X_i 服从参数为 p 的两点分布

X_i	0	1
P	q	p

其中 $0<p<1,p+q=1$,则 $X_1,X_2,\cdots,X_n$ 为 n 个相互独立的随机变量,且 $X=\sum\limits_{i=1}^{n}X_i$.

由上面推导知 $D(X_i)=pq$,根据方差的性质,得

$$D(X)=\sum_{i=1}^{n}D(X_i)=npq.$$

3. 均匀分布

设随机变量 X 在区间 $[a,b]$ 上服从均匀分布,其概率密度为

$$f(x)=\begin{cases}\dfrac{1}{b-a}, & a\leqslant x\leqslant b,\\ 0, & \text{其他},\end{cases}$$

则 X 的方差 $D(X) = \dfrac{(b-a)^2}{12}$.

因为 $E(X) = \dfrac{a+b}{2}$，又

$$E(X^2) = \int_{-\infty}^{+\infty} x^2 f(x)\,\mathrm{d}x = \int_a^b x^2 \cdot \frac{1}{b-a}\,\mathrm{d}x = \frac{1}{3(b-a)} x^3 \bigg|_a^b = \frac{b^2 + ab + a^2}{3},$$

所以

$$D(X) = E(X^2) - [E(X)]^2 = \frac{b^2 + ab + a^2}{3} - \left(\frac{a+b}{2}\right)^2 = \frac{(b-a)^2}{12}.$$

4. 指数分布

设 $X \sim E(\lambda)$，即 X 的概率密度为

$$f(x) = \begin{cases} \lambda e^{-\lambda x}, & x \geqslant 0, \\ 0, & x < 0, \end{cases}$$

常数 $\lambda > 0$，则 X 的方差 $D(X) = \dfrac{1}{\lambda^2}$.

上一节已经算得 $E(X) = \dfrac{1}{\lambda}$，而

$$E(X^2) = \int_{-\infty}^{+\infty} x^2 f(x)\,\mathrm{d}x = \int_0^{+\infty} x^2 \lambda e^{-\lambda x}\,\mathrm{d}x$$

$$= \left(-x^2 - \frac{2x}{\lambda} - \frac{2}{\lambda^2}\right) e^{-\lambda x}\bigg|_0^{+\infty} = \frac{2}{\lambda^2},$$

所以

$$D(X) = E(X^2) - [E(X)]^2 = \frac{2}{\lambda^2} - \left(\frac{1}{\lambda}\right)^2 = \frac{1}{\lambda^2}.$$

5. 正态分布

设 $X \sim N(\mu, \sigma^2)$，即 X 的密度函数为

$$f(x) = \frac{1}{\sigma\sqrt{2\pi}} e^{-\frac{(x-\mu)^2}{2\sigma^2}}, \quad -\infty < x < +\infty,$$

则 X 的方差 $D(X) = \sigma^2$.

上节已经算得 $E(X) = \mu$，根据方差的定义，得

$$D(X) = \int_{-\infty}^{+\infty} (x-\mu)^2 f(x)\,\mathrm{d}x = \int_{-\infty}^{+\infty} (x-\mu)^2 \frac{1}{\sigma\sqrt{2\pi}} e^{-\frac{(x-\mu)^2}{2\sigma^2}}\,\mathrm{d}x,$$

令 $\dfrac{x-\mu}{\sigma} = t$，并利用概率的规范性 $\int_{-\infty}^{+\infty} f(x)\,\mathrm{d}x = 1$，得

$$D(X) = \int_{-\infty}^{+\infty} \sigma^2 t^2 \frac{1}{\sqrt{2\pi}} e^{-\frac{t^2}{2}}\,\mathrm{d}t = -\int_{-\infty}^{+\infty} \frac{\sigma^2}{\sqrt{2\pi}} t\,\mathrm{d}\left(e^{-\frac{t^2}{2}}\right)$$

$$= -\frac{\sigma^2}{\sqrt{2\pi}} \left(t e^{-\frac{t^2}{2}}\right)\bigg|_0^{+\infty} + \sigma^2 \int_{-\infty}^{+\infty} \frac{1}{\sqrt{2\pi}} e^{-\frac{t^2}{2}}\,\mathrm{d}t = 0 + \sigma^2 = \sigma^2.$$

为了便于应用,现将几种重要的常见分布的期望和方差汇总于表 4-1.

表 4-1　常见分布的期望和方差

分布 名称	简略 记法	分布列或概率密度	期望	方差
两点分布	$B(1,p)$	$P\{X=0\}=q,P\{X=1\}=p$ $0<p<1,p+q=1$	p	pq
二项分布	$B(n,p)$	$P\{X=k\}=C_n^k p^k q^{n-k},k=0,1,2,\cdots,n$ $0<p<1,p+q=1$	np	npq
泊松分布	$P(\lambda)$	$P\{X=k\}=\dfrac{\lambda^k}{k!}\mathrm{e}^{-\lambda},k=0,1,2,\cdots;\lambda>0$	λ	λ
均匀分布	$R(a,b)$	$f(x)=\begin{cases}\dfrac{1}{b-a},&a\leqslant x\leqslant b\\[2mm]0,&\text{其他}\end{cases}$	$\dfrac{a+b}{2}$	$\dfrac{(b-a)^2}{12}$
指数分布	$E(\lambda)$	$f(x)=\begin{cases}\lambda\mathrm{e}^{-\lambda x},&x\geqslant 0,\\0,&x<0,\end{cases}\lambda>0$	$\dfrac{1}{\lambda}$	$\dfrac{1}{\lambda^2}$
正态分布	$N(\mu,\sigma^2)$	$f(x)=\dfrac{1}{\sigma\sqrt{2\pi}}\mathrm{e}^{-\frac{(x-\mu)^2}{2\sigma^2}}$ $-\infty<x<+\infty,\sigma>0$	μ	σ^2

课堂练习

1. 设随机变量 X 的分布列为

X	-2	0	2
P	0.4	0.3	0.3

求 $D(X)$.

2. 设随机变量 X 的概率密度为

$$f(x)=\begin{cases}2x,&0<x<1,\\0,&\text{其他},\end{cases}$$

求 $D(X)$.

3. 设 X 为随机变量,且 $E(X)=2,D(X)=4$,则 $E(X^2)=$ _____.

4. 设 X 服从参数为 2 的泊松分布 $X\sim P(2)$,则 $E(X^2)=$ _____.

5. 设 $X_1, X_2, \cdots, X_n$ 为相互独立的随机变量,且 $D(X_1) = D(X_2) = \cdots = D(X_n) = \sigma^2$,令 $Y = \dfrac{1}{n}(X_1 + X_2 + \cdots + X_n)$,则 $D(Y) = $ _____.

6. 设两个随机变量 X 与 Y 相互独立,且 $X \sim B(16, 0.5)$,Y 服从参数为 9 的泊松分布,则 $D(X - 2Y + 1) = $ _____.

7. 设两个随机变量 X 与 Y 相互独立,且 $E(X) = E(Y) = 1$,$D(X) = 2$,$D(Y) = 3$,则 $D(XY) = $ _____.

8. 设二维随机变量 (X, Y) 的联合概率密度为

$$f(x, y) = \begin{cases} \dfrac{1}{2}, & 0 \leqslant x \leqslant 1, 0 \leqslant y \leqslant 2, \\ 0, & \text{其他}, \end{cases}$$

求 $D(X)$ 和 $D(Y)$.

习题 4-2

1. 设随机变量 X 的分布列为

X	−1	0	1	2
P	0.4	0.3	0.2	0.1

求 $D(X)$.

2. 设随机变量 X 的概率密度为

$$f(x) = \begin{cases} \dfrac{3}{8}x^2, & 0 < x < 2, \\ 0, & \text{其他}, \end{cases}$$

求 $D(X)$.

3. 设随机变量 X 的概率密度为

$$f(x) = \begin{cases} x, & 0 \leqslant x < 1, \\ 2 - x, & 1 \leqslant x \leqslant 2, \\ 0, & \text{其他}, \end{cases}$$

求 $D(X)$.

4. 设随机变量 X 的概率密度为

$$f(x) = \begin{cases} ax^2 + bx + c, & 0 < x < 1, \\ 0, & \text{其他}, \end{cases}$$

且 $E(X) = 0.5$,$D(X) = 0.15$,求常数 a, b, c 的值.

5. 设二维随机变量 (X, Y) 的联合分布列为

X \ Y	0	1	2
1	0.1	0.2	0.1
2	0.3	0.1	0.2

求 $D(X)$ 和 $D(Y)$.

6. 设二维随机变量 (X, Y) 的联合概率密度为

$$f(x,y) = \begin{cases} 4xy, & 0 \leqslant x \leqslant 1, 0 \leqslant y \leqslant 1, \\ 0, & \text{其他}, \end{cases}$$

求 $D(X)$ 和 $D(Y)$.

7. 设二维随机变量 (X,Y) 的联合概率密度为

$$f(x,y) = \begin{cases} 12y^2, & 0 \leqslant y \leqslant x \leqslant 1, \\ 0, & \text{其他}, \end{cases}$$

求 $D(X)$ 和 $D(Y)$.

8. 设二维连续型随机变量 (X,Y) 服从圆域 $G: x^2 + y^2 \leqslant R^2$ 上的均匀分布,令 $Z = \sqrt{X^2 + Y^2}$,求 $D(Z)$.

9. 设随机变量 X, Y 相互独立,它们的概率密度分别为

$$f_X(x) = \begin{cases} 2e^{-2x}, & x > 0, \\ 0, & x \leqslant 0, \end{cases} \qquad f_Y(y) = \begin{cases} 4e^{-4y}, & y > 0, \\ 0, & y \leqslant 0, \end{cases}$$

求 $D(X+Y)$ 和 $E(2X - 3Y^2)$.

+·+—+·+—+·+—+·+—+·+—+·+—+·+—+·+—+·+—+·+—+·+—+·+—+·+—+·+—+·+—+·+—+·+

*第三节 协方差与相关系数

对于二维随机变量 (X,Y),期望与方差只是反映了 X,Y 各自的平均值与各自相对于其均值的偏离程度,没有反映出 X 与 Y 之间的相互联系,本节就来讨论反映二维随机变量相互关系的协方差与相关系数.

一、协方差

定义 4.4(协方差) 设 (X,Y) 为二维随机变量,若 $E\{[X-E(X)][Y-E(Y)]\}$ 存在,则称它为随机变量 X 与 Y 的**协方差**,记作 $\mathrm{Cov}(X,Y)$,即

$$\mathrm{Cov}(X,Y) = E\{[X-E(X)][Y-E(Y)]\}.$$

特别地,当 $X = Y$ 时,有

$$\mathrm{Cov}(X,X) = E\{[X-E(X)][X-E(X)]\} = D(X),$$

可见,方差是协方差的特例.

协方差的计算通常采用下面的公式

$$\mathrm{Cov}(X,Y) = E(XY) - E(X)E(Y).$$

证 $\mathrm{Cov}(X,Y) = E\{[X-E(X)][Y-E(Y)]\}$

$= E[XY - XE(Y) - YE(X) + E(X)E(Y)]$

$= E(XY) - E(X)E(Y) - E(Y)E(X) + E(X)E(Y)$

$= E(XY) - E(X)E(Y).$

例 1(计算协方差) 已知二维随机变量 (X,Y) 的联合分布列为

X \ Y	1	2	3
0	0.1	0.1	0.3
1	0.25	0	0.25

求 $\mathrm{Cov}(X,Y)$.

解 $E(X) = 0 \times 0.1 + 0 \times 0.1 + 0 \times 0.3 + 1 \times 0.25 + 1 \times 0 + 1 \times 0.25 = 0.5$,

$E(Y) = 1 \times 0.1 + 1 \times 0.25 + 2 \times 0.1 + 2 \times 0 + 3 \times 0.3 + 3 \times 0.25 = 2.2$,

$E(XY) = 0 \times 1 \times 0.1 + 0 \times 2 \times 0.1 + 0 \times 3 \times 0.3 + 1 \times 1 \times 0.25 + 1 \times 2 \times 0 + 1 \times 3 \times 0.25 = 1$,

$\mathrm{Cov}(X,Y) = E(XY) - E(X)E(Y) = 1 - 0.5 \times 2.2 = -0.1$.

例 2（计算协方差） 设 (X,Y) 的联合概率密度为

$$f(x,y) = \begin{cases} 8xy, & 0 \leq y \leq x, 0 \leq x \leq 1, \\ 0, & \text{其他}, \end{cases}$$

求 $\mathrm{Cov}(X,Y)$.

解 $E(X) = \int_{-\infty}^{+\infty} \int_{-\infty}^{+\infty} xf(x,y)\,\mathrm{d}x\mathrm{d}y = \int_0^1 \left(\int_0^x x \cdot 8xy\,\mathrm{d}y \right) \mathrm{d}x = \dfrac{4}{5}$,

$E(Y) = \int_{-\infty}^{+\infty} \int_{-\infty}^{+\infty} yf(x,y)\,\mathrm{d}x\mathrm{d}y = \int_0^1 \left(\int_0^x y \cdot 8xy\,\mathrm{d}y \right) \mathrm{d}x = \dfrac{8}{15}$,

$E(XY) = \int_{-\infty}^{+\infty} \int_{-\infty}^{+\infty} xyf(x,y)\,\mathrm{d}x\mathrm{d}y = \int_0^1 \left(\int_0^x xy \cdot 8xy\,\mathrm{d}y \right) \mathrm{d}x = \dfrac{4}{9}$,

$\mathrm{Cov}(X,Y) = E(XY) - E(X)E(Y) = \dfrac{4}{9} - \dfrac{4}{5} \cdot \dfrac{8}{15} = \dfrac{4}{225}$.

协方差具有下列性质：

性质 1 $\mathrm{Cov}(X,Y) = \mathrm{Cov}(Y,X)$.

性质 2 设 C 为常数，则 $\mathrm{Cov}(X,C) = 0$.

性质 3 $\mathrm{Cov}(k_1 X, k_2 Y) = k_1 k_2 \mathrm{Cov}(X,Y)$.

上述三条性质不难由定义直接证明，请有兴趣的读者自证.

性质 4 $\mathrm{Cov}(X_1 + X_2, Y) = \mathrm{Cov}(X_1, Y) + \mathrm{Cov}(X_2, Y)$.

证 $\mathrm{Cov}(X_1 + X_2, Y) = E[(X_1 + X_2)Y] - E(X_1 + X_2)E(Y)$

$\qquad = E(X_1 Y + X_2 Y) - [E(X_1) + E(X_2)]E(Y)$

$\qquad = E(X_1 Y) + E(X_2 Y) - E(X_1)E(Y) - E(X_2)E(Y)$

$\qquad = [E(X_1 Y) - E(X_1)E(Y)] + [E(X_2 Y) - E(X_2)E(Y)]$

$\qquad = \mathrm{Cov}(X_1, Y) + \mathrm{Cov}(X_2, Y)$.

性质 5 若随机变量 X 与 Y 相互独立，则 $\mathrm{Cov}(X,Y) = 0$.

证 若 X 与 Y 相互独立，则 $E(XY) = E(X)E(Y)$，从而

$$\mathrm{Cov}(X,Y) = E(XY) - E(X)E(Y) = 0.$$

性质 6 设 X, Y 为任意的两个随机变量，则 $D(X+Y) = D(X) + D(Y) + 2\mathrm{Cov}(X,Y)$.

证 $D(X+Y) = E[X+Y-E(X+Y)]^2$

$\qquad = E\{[X-E(X)] + [Y-E(Y)]\}^2$

$\qquad = E[X-E(X)]^2 + E[Y-E(Y)]^2 + 2E\{[X-E(X)][Y-E(Y)]\}$

$\qquad = D(X) + D(Y) + 2\mathrm{Cov}(X,Y)$.

利用方差和协方差性质,显然有 $D(X-Y)=D(X)+D(Y)-2\mathrm{Cov}(X,Y)$.

例 3(利用协方差性质求方差) 设 X,Y 为任意的两个随机变量,且 $D(X)=4,D(Y)=3$, $\mathrm{Cov}(X,Y)=1$,求 $D(2X-5Y+7)$.

解 $\begin{aligned}[t] D(2X-5Y+7)&=D(2X-5Y)\\ &=4D(X)+25D(Y)+2\cdot 2\cdot(-5)\mathrm{Cov}(X,Y)\\ &=16+75-20=71. \end{aligned}$

二、相关系数

定义 4.5(相关系数) 设 $\mathrm{Cov}(X,Y)$ 存在,且 $D(X)>0,D(Y)>0$,称 $\dfrac{\mathrm{Cov}(X,Y)}{\sqrt{D(X)}\sqrt{D(Y)}}$ 为随机变量 X 与 Y 的**相关系数**,记作 ρ_{XY},即

$$\rho_{XY}=\frac{\mathrm{Cov}(X,Y)}{\sqrt{D(X)}\sqrt{D(Y)}}.$$

由定义可见,相关系数与协方差有同正、同负、同为零及同不为零等同步特征,所以它们的某些性质是相通的.另外,协方差是有量纲的,而相关系数是没有量纲的,所以它在科技领域应用广泛.

事实上,相关系数就是 X 与 Y 分别标准化之后的协方差.这是因为,若

$$X^*=\frac{X-E(X)}{\sqrt{D(X)}},Y^*=\frac{Y-E(Y)}{\sqrt{D(Y)}},$$

则 $E(X^*)=0,E(Y^*)=0$,从而

$$\mathrm{Cov}(X^*,Y^*)=E(X^*Y^*)=\frac{E\{[X-E(X)][Y-E(Y)]\}}{\sqrt{D(X)}\sqrt{D(Y)}}=\rho_{XY},$$

因此相关系数也称为标准化的协方差.

例 4 计算例 3 中 X,Y 的相关系数 ρ_{XY}.

解 $\rho_{XY}=\dfrac{\mathrm{Cov}(X,Y)}{\sqrt{D(X)}\sqrt{D(Y)}}=\dfrac{1}{2\sqrt{3}}=\dfrac{\sqrt{3}}{6}$.

例 5 已知 $D(X)=4,D(Y)=1,\rho_{XY}=0.6$,求 $D(X+Y)$ 和 $D(3X-2Y)$.

解 $\begin{aligned}[t] D(X+Y)&=D(X)+D(Y)+2\mathrm{Cov}(X,Y)\\ &=D(X)+D(Y)+2\rho_{XY}\cdot\sqrt{D(X)}\cdot\sqrt{D(Y)}\\ &=4+1+2\times 0.6\times 2\times 1=7.4, \end{aligned}$

$\begin{aligned}[t] D(3X-2Y)&=D(3X)+D(2Y)-2\mathrm{Cov}(3X,2Y)\\ &=9D(X)+4D(Y)-12\rho_{XY}\cdot\sqrt{D(X)}\cdot\sqrt{D(Y)}\\ &=36+4-12\times 0.6\times 2\times 1=25.6. \end{aligned}$

定义 4.6(不相关) 若 $\rho_{XY}=0$,则称随机变量 X,Y **不相关**.

由前面的讨论知,当随机变量 X 与 Y 相互独立时,协方差 $\mathrm{Cov}(X,Y)=0$,则 $\rho_{XY}=0$,即 X 与 Y 不相关.但反过来,当 X 与 Y 不相关时,X 与 Y 未必相互独立,即相互独立只是不相关的充分条件而非充要条件.

例 6(不相关但也不相互独立的例子) 设 X 在区间 $[-1,1]$ 上服从均匀分布,其概率密度为

$$f(x)=\begin{cases} \dfrac{1}{2}, & -1\leqslant x\leqslant 1, \\ 0, & \text{其他}, \end{cases}$$

又 $Y=X^2$,证明 X 与 Y 不相关也不相互独立.

证 因为 $Y=X^2$,Y 的值由 X 的值所决定,所以 X 与 Y 不相互独立.但是

$$E(XY)=E(X^3)=\int_{-1}^{1}x^3\cdot\frac{1}{2}\mathrm{d}x=0,$$

$$E(X)=\int_{-1}^{1}x\cdot\frac{1}{2}\mathrm{d}x=0,$$

所以,

$$\mathrm{Cov}(X,Y)=E(XY)-E(X)E(Y)=0,\quad\rho_{XY}=0,$$

即 X 与 Y 不相关.

在本例中,Y 与 X 是存在某种关系的:$Y=X^2$,但经计算又说明 X 与 Y 不相关,那么 ρ_{XY} 到底反映的是 X 与 Y 之间什么样的"相关"关系呢? 事实上,ρ_{XY} 刻画的只是随机变量之间**线性相关**的程度.

线性相关系数具有如下性质:

性质 1 对任意的随机变量 X 与 Y,有 $|\rho_{XY}|\leqslant 1$.

性质 2 $|\rho_{XY}|=1$ 的充要条件是 $P\{Y=kX+c\}=1(k,c$ 为常数,且 $k\neq 0)$.

证明略.

从上述两个性质可以看出 $0\leqslant|\rho_{XY}|\leqslant 1$,当 $|\rho_{XY}|=1$ 时 X 与 Y 的取值几乎呈线性关系:$Y=kX+c$.当 $\rho_{XY}=0$ 时 X 与 Y 不相关.当 $0<|\rho_{XY}|<1$ 时,意味着 X 与 Y 的取值具有一定的线性关系,$|\rho_{XY}|$ 越接近 1,表明 X 与 Y 的取值线性相关程度越高;$|\rho_{XY}|$ 越接近 0,表明 X 与 Y 的取值线性相关程度越低.

需要指出的是,若 (X,Y) 服从二维正态分布,即 $(X,Y)\sim N(\mu_1,\mu_2;\sigma_1^2,\sigma_2^2;\rho)$,可以证明 X 与 Y 的相关系数恰为第五个参数 ρ,从而二维正态随机变量 X 与 Y 不相关的充要条件是第五个参数 $\rho=0$.前面章节已经介绍:二维正态分布中 X 与 Y 相互独立的充要条件是参数 $\rho=0$.因此,二维正态随机变量 X 与 Y 相互独立与不相关是等价的.

三、矩

数学期望和方差可以归结到一个更一般的概念范畴之内,那就是随机变量的矩.

定义 4.7(原点矩和中心矩) 设 X 为一随机变量,k 为正整数,如果 $E(X^k)$ 存在,则称 $E(X^k)$ 为 X 的 k 阶原点矩,记作 ν_k,即

$$\nu_k = E(X^k).$$

如果 $E[X-E(X)]^k$ 存在,则称 $E[X-E(X)]^k$ 为 X 的 k **阶中心矩**,记作 μ_k,即

$$\mu_k = E[X-E(X)]^k.$$

显然,一阶原点矩就是数学期望 $\nu_1 = E(X)$,二阶中心矩就是方差 $\mu_2 = D(X)$.

定义 4.8(混合原点矩和混合中心矩) 设 X,Y 为随机变量,k,l 为自然数,如果 $E(X^kY^l)$ 存在,则称它为 X,Y 的 $k+l$ **阶混合原点矩**,记作 ν_{k+l},即

$$\nu_{k+l} = E(X^kY^l).$$

如果 $E\{[X-E(X)]^k[Y-E(Y)]^l\}$ 存在,则称它为 X,Y 的 $k+l$ **阶混合中心矩**,记作 μ_{k+l},即

$$\mu_{k+l} = E\{[X-E(X)]^k[Y-E(Y)]^l\}.$$

显然,二阶混合中心矩就是协方差 $\mathrm{Cov}(X,Y) = \mu_{1+1}$.

课堂练习

1. 设 (X,Y) 的联合概率密度为

$$f(x,y) = \begin{cases} \dfrac{1}{2}, & 0<x<1, 0<y<2, \\ 0, & \text{其他}, \end{cases}$$

求 $\mathrm{Cov}(X,Y)$ 和 ρ_{XY}.

2. 证明:$D(X-Y) = D(X) + D(Y) - 2\mathrm{Cov}(X,Y)$.

3. 已知 $D(X) = 25, D(Y) = 1, \rho_{XY} = 0.4$,则 $\mathrm{Cov}(X,Y) = $ _____;$D(X+Y) = $ _____;$D(X-Y) = $ _____.

4. 设 (X,Y) 为二维连续型随机变量,则 X 与 Y 不相关的充要条件是_____.

A. X 与 Y 相互独立   B. $E(X+Y) = E(X) + E(Y)$

C. $E(XY) = E(X)E(Y)$ D. $(X,Y) \sim N(\mu_1, \mu_2; \sigma_1^2, \sigma_2^2; \rho)$

5. 如果 X 与 Y 满足 $D(X+Y) = D(X-Y)$,则必有_____.

A. X 与 Y 相互独立   B. X 与 Y 不相关

C. $D(Y) = 0$ D. $D(X) \cdot D(Y) = 0$

6. 设二维随机变量 $(X,Y) \sim N(1,1;4,9;0.5)$,则 $\mathrm{Cov}(X,Y) = $ _____;$E(X-Y)^2 = $ _____.

7. 设 $(X,Y) \sim N(\mu_1, \mu_2; \sigma_1^2, \sigma_2^2; \rho)$,若 X 与 Y 不相关,则 $\rho = $ _____;若 X 与 Y 相互独立,则 $\rho = $ _____.

8. 设 $(X,Y) \sim N(0,0;1,1;0)$,$\Phi(x)$ 为标准正态分布函数,则下列结论错误的是_____.

A. X 与 Y 都服从标准正态分布   B. X 与 Y 相互独立

C. $\mathrm{Cov}(X,Y) = 1$ D. (X,Y) 的分布函数为 $\Phi(x) \cdot \Phi(y)$

9. 设 (X,Y) 为二维正态随机变量,且 $E(X) = 0, E(Y) = 0, \mathrm{Cov}(X,Y) = 12, D(X) = 16, D(Y) = 25$,则 $(X,Y) \sim $ _____.

10. 已知随机变量 X 与 Y 的相关系数为 ρ,且 $X_1 = aX+b, X_2 = cY+d$,其中 a,b,c,d 为常数,$ac \neq 0$,则 X_1 与

X_2 的相关系数 $\rho_{X_1 X_2} =$ _____ .

习题 4-3

1. 设 (X,Y) 的联合分布列为

X \ Y	−1	1
−1	0.25	0.5
1	0	0.25

求 $\text{Cov}(X,Y)$, $D(X-2Y)$ 和 ρ_{XY}.

2. 设 (X,Y) 的联合概率密度为

$$f(x,y)=\begin{cases}\dfrac{1}{8}(x+y), & 0<x<2,0<y<2, \\ 0, & \text{其他},\end{cases}$$

求 $\text{Cov}(X,Y)$ 和 ρ_{XY}.

3. 设 (X,Y) 的联合概率密度为

$$f(x,y)=\begin{cases}\dfrac{3}{16}xy, & 0<x<2,0<y<x^2, \\ 0, & \text{其他},\end{cases}$$

求 $\text{Cov}(X,Y)$ 和 ρ_{XY}.

4. 设随机变量 X_1, X_2 相互独立, $X_1 \sim N(\mu,\sigma^2)$, $X_2 \sim N(\mu,\sigma^2)$. 令 $X=X_1+X_2$, $Y=X_1-X_2$, 求 $D(X)$, $D(Y)$ 和 ρ_{XY}.

5. 设二维随机变量 (X,Y) 的联合概率密度为

$$f(x,y)=\begin{cases}ye^{-x-y}, & x>0,y>0, \\ 0, & \text{其他},\end{cases}$$

求 ρ_{XY}.

6. 设随机变量 X 的分布列为

X	−1	0	1
P	0.3	0.4	0.3

记 $Y=X^2$, 求 $D(X)$, $D(Y)$ 和 ρ_{XY}.

7. 设 (X,Y) 服从单位圆上的均匀分布, 试证: X 与 Y 不相关, 但也不相互独立.

第五章 大数定律与中心极限定理

前面已经提到,大量的重复试验下随机现象呈现出统计规律性,而研究大量的随机现象的统计规律性,常常采用极限方法,由此导致对极限定理进行研究,从而为人们在实践中积累起来的频率稳定性以及独立同分布下随机变量和的极限分布是正态分布等直观认识提供了理论依据.这一课题涉及的范围相当宽广,本章主要介绍大数定律与中心极限定理.

第一节 大数定律

本节介绍切比雪夫不等式、伯努利大数定律和切比雪夫大数定律.

一、切比雪夫不等式

定理 5.1(切比雪夫不等式) 设随机变量 X 的期望 $E(X)$ 和方差 $D(X)$ 存在,则对任意正数 ε,有

$$P\{|X-E(X)|\geqslant\varepsilon\}\leqslant\frac{D(X)}{\varepsilon^2}.$$

证 仅就连续型情形给出证明.

设随机变量 X 的概率密度为 $f(x)$,则有

$$P\{|X-E(X)|\geqslant\varepsilon\}=\int_{|X-E(X)|\geqslant\varepsilon}f(x)\,\mathrm{d}x.$$

由于在积分区域 $|X-E(X)|\geqslant\varepsilon$ 上,$\dfrac{[X-E(X)]^2}{\varepsilon^2}\geqslant1$,于是有

$$
\begin{aligned}
P\{|X-E(X)|\geqslant\varepsilon\} &= \int_{|X-E(X)|\geqslant\varepsilon}f(x)\,\mathrm{d}x\\
&\leqslant \int_{|X-E(X)|\geqslant\varepsilon}\frac{[X-E(X)]^2}{\varepsilon^2}f(x)\,\mathrm{d}x\\
&\leqslant \int_{-\infty}^{+\infty}\frac{[X-E(X)]^2}{\varepsilon^2}f(x)\,\mathrm{d}x\\
&= \frac{1}{\varepsilon^2}\int_{-\infty}^{+\infty}[X-E(X)]^2f(x)\,\mathrm{d}x\\
&= \frac{D(X)}{\varepsilon^2}.
\end{aligned}
$$

切比雪夫不等式的等价形式是

$$P\{|X-E(X)|<\varepsilon\} \geqslant 1-\frac{D(X)}{\varepsilon^2}.$$

切比雪夫不等式表明,方差 $D(X)$ 越小,事件 $\{|X-E(X)|\geqslant\varepsilon\}$ 发生的概率就越小,反过来,X 落入小区间 $(E(X)-\varepsilon, E(X)+\varepsilon)$ 的概率就相当大.由此说明 X 的取值将集中在期望 $E(X)$ 的附近,这也说明方差是反映随机变量取值相对于期望的分散程度的数字特征.

切比雪夫不等式仅仅借助期望和方差就可以估计 X 落入区间 $(E(X)-\varepsilon, E(X)+\varepsilon)$ 的概率.

例 1(利用切比雪夫不等式估计事件的概率) 设某电站供电网有 10 000 盏灯,夜晚每一盏灯开灯的概率都是 0.7,而假定所有电灯开或关是彼此独立的,试用切比雪夫不等式估计夜晚同时开着的灯数在 6 800 与 7 200 之间的概率.

解 设 X 表示在夜晚同时开着的电灯数目.显然,$X \sim B(10\ 000, 0.7)$,于是有

$$E(X) = np = 10\ 000 \times 0.7 = 7\ 000,$$

$$D(X) = npq = 10\ 000 \times 0.7 \times 0.3 = 2\ 100,$$

$$P\{6\ 800 < X < 7\ 200\} = P\{|X-7\ 000|<200\} \geqslant 1-\frac{2\ 100}{200^2} \approx 0.95.$$

可见,只要有供应 7 000 盏灯的电力就能够以相当大的概率保证够用,即不必供应 10 000 盏灯的电力.

二、大数定律

定理 5.2(切比雪夫大数定律) 设 $X_1, X_2, \cdots, X_n, \cdots$ 是相互独立的随机变量序列,且方差一致有上界,即存在常数 c,使得 $D(X_i) \leqslant c, i=1,2,3,\cdots$,那么对任意正数 ε,有

$$\lim_{n\to\infty} P\left\{\left|\frac{1}{n}\sum_{i=1}^{n}X_i - \frac{1}{n}\sum_{i=1}^{n}E(X_i)\right| < \varepsilon\right\} = 1.$$

证 设 $Y = \frac{1}{n}\sum_{i=1}^{n}X_i$,由期望与方差的性质得

$$E(Y) = E\left(\frac{1}{n}\sum_{i=1}^{n}X_i\right) = \frac{1}{n}\sum_{i=1}^{n}E(X_i),$$

$$D(Y) = D\left(\frac{1}{n}\sum_{i=1}^{n}X_i\right) = \frac{1}{n^2}\sum_{i=1}^{n}D(X_i) \leqslant \frac{c}{n}.$$

对随机变量 Y,由切比雪夫不等式的等价形式,得

$$P\{|Y-E(Y)|<\varepsilon\} \geqslant 1-\frac{D(Y)}{\varepsilon^2}.$$

于是

$$1 - \frac{c}{n\varepsilon^2} \leqslant P\left\{\left|\frac{1}{n}\sum_{i=1}^{n}X_i - \frac{1}{n}\sum_{i=1}^{n}E(X_i)\right| < \varepsilon\right\} \leqslant 1.$$

由极限的夹逼准则,对任意正数 ε,有

$$\lim_{n\to\infty} P\left\{\left|\frac{1}{n}\sum_{i=1}^{n}X_i - \frac{1}{n}\sum_{i=1}^{n}E(X_i)\right| < \varepsilon\right\} = 1.$$

切比雪夫大数定律告诉我们:随机变量的算术平均有极大的可能性接近于它们的数学期望的平均.也就表明,在给定条件下随机变量的算术平均几乎是一个确定的常数,这为在实际工作中广泛使用的算术平均法则提供了理论依据.

> **定理 5.3(伯努利大数定律)** 设 X 是 n 重伯努利试验中事件 A 发生的次数,p 为每一次试验中事件 A 发生的概率,则对任意正数 ε,有
>
> $$\lim_{n\to\infty} P\left\{\left|\frac{X}{n}-p\right|<\varepsilon\right\}=1.$$

证 由于 $X\sim B(n,p)$,则 $E(X)=np$,$D(X)=npq$,其中 $q=1-p$.所以

$$E\left(\frac{X}{n}\right)=p,\quad D\left(\frac{X}{n}\right)=\frac{pq}{n}.$$

根据切比雪夫不等式,有

$$0\leqslant P\left\{\left|\frac{X}{n}-p\right|\geqslant\varepsilon\right\}\leqslant\frac{1}{\varepsilon^2}\cdot\frac{pq}{n},$$

从而

$$\lim_{n\to\infty}P\left\{\left|\frac{X}{n}-p\right|\geqslant\varepsilon\right\}=0.$$

由逆事件概率公式,得

$$\lim_{n\to\infty}P\left\{\left|\frac{X}{n}-p\right|<\varepsilon\right\}=1.$$

伯努利大数定律从理论上表明:当 n 充分大时"频率与概率的绝对偏差小于任意给定的正数 ε"几乎必然发生,事件 A 发生的频率 $\dfrac{X}{n}$ 将以概率 1 收敛于 A 的概率 p,这正是"概率是频率稳定值"的确切含义.于是,当 n 充分大时,频率可以作为概率的近似值.这样,频率的稳定性以及由此形成的概率的统计定义有了理论上的依据.大数定律是数理统计的重要理论基础.

 课堂练习

1. 设 $E(X)=-1,D(X)=4$,由切比雪夫不等式估计 $P\{-4<X<2\}\geqslant$ _____.

2. 设 $D(X)=2.5$,利用切比雪夫不等式估计 $P\{|X-E(X)|\geqslant7.5\}\leqslant$ _____.

3. 设随机变量 $X\sim R(0,1)$,由切比雪夫不等式可得 $P\left\{\left|X-\dfrac{1}{2}\right|\geqslant\dfrac{1}{\sqrt{3}}\right\}\leqslant$ _____.

4. 设随机变量 $X_1,X_2,\cdots,X_n,\cdots$ 相互独立且同分布,它们的期望为 μ,方差为 σ^2,令 $Y=\dfrac{1}{n}\sum_{i=1}^{n}X_i$,则对任意正数 ε,有 $\lim\limits_{n\to\infty}P\{|Y-\mu|<\varepsilon\}=$ _____.

习题 5-1

1. 设随机变量 X 的数学期望 $E(X)=\mu$,方差 $D(X)=\sigma^2$,利用切比雪夫不等式估计下列概率:

（1）$P\{\,|X-\mu|<2\sigma\}$；

（2）$P\{\,|X-\mu|<3\sigma\}$；

（3）$P\{\,|X-\mu|<4\sigma\}$.

2. 已知随机变量 X 的期望 $E(X)=100$，方差 $D(X)=10$，利用切比雪夫不等式估计 X 落在区间 $(80,120)$ 内的概率.

3. 在每次试验中，事件 A 发生的概率为 0.5，利用切比雪夫不等式估计，在 1 000 次独立试验中事件 A 发生的次数在 400 至 600 之间的概率.

4. 已知正常成人男性血液中，每一毫升含白细胞数平均为 7 300，均方差为 700.利用切比雪夫不等式估计每毫升血液中白细胞数在 5 200 至 9 400 之间的概率.

第二节　中心极限定理

本节将介绍独立同分布下的中心极限定理和拉普拉斯中心极限定理.

许多观察表明，如果大量独立的偶然因素对总和的影响是均匀的、微小的，即其中没有哪一项起特别突出的作用，那么就可以断定描述这些大量独立的偶然因素的总和的随机变量是近似服从正态分布的.在概率论中，把涉及大量独立随机变量和的极限分布论证为正态分布的定理统称为中心极限定理.

一、独立同分布的中心极限定理

定理 5.4（独立同分布的中心极限定理）　设 $X_1,X_2,\cdots,X_n,\cdots$ 是相互独立服从同一分布的随机变量序列，且 $E(X_i)=\mu,D(X_i)=\sigma^2>0(i=1,2,3,\cdots)$，则对任意实数 x，有

$$\lim_{n\to\infty}P\left\{\frac{\sum\limits_{i=1}^{n}X_i-n\mu}{\sigma\sqrt{n}}\leqslant x\right\}=\int_{-\infty}^{x}\frac{1}{\sqrt{2\pi}}e^{-\frac{t^2}{2}}\mathrm{d}t=\Phi(x).$$

其中，$\Phi(x)$ 是标准正态分布 $N(0,1)$ 的分布函数.

证明略.

该定理表明：

（1）当 n 充分大时，相互独立且服从同一分布，但不一定都服从正态分布的随机变量 X_1，$X_2,\cdots,X_n,\cdots$ 的 n 项和 $\sum\limits_{i=1}^{n}X_i$ 的分布近似于正态分布 $N(n\mu,n\sigma^2)$，其标准化量

$$\frac{\sum\limits_{i=1}^{n}X_i-n\mu}{\sigma\sqrt{n}}$$

近似地服从标准正态分布 $N(0,1)$.

（2）由期望和方差的性质，独立同分布的随机变量 $X_1,X_2,\cdots,X_n$ 的平均值 $\overline{X}=\frac{1}{n}\sum\limits_{i=1}^{n}X_i$，有

$$E(\overline{X}) = \frac{1}{n} \sum_{i=1}^{n} E(X_i) = \frac{1}{n} \cdot n\mu = \mu,$$

$$D(\overline{X}) = \frac{1}{n^2} \sum_{i=1}^{n} D(X_i) = \frac{1}{n^2} \cdot n\sigma^2 = \frac{\sigma^2}{n}.$$

由此可见,当 n 充分大时,独立同分布随机变量的平均值 $\overline{X} = \frac{1}{n} \sum_{i=1}^{n} X_i$ 近似服从正态分布 $N\left(\mu, \frac{\sigma^2}{n}\right)$,这是独立同分布中心极限定理的另一表达形式,它的标准化量 $\frac{\overline{X}-\mu}{\sigma/\sqrt{n}}$ 近似服从标准正态分布 $N(0,1)$.

例 1(利用独立同分布中心极限定理求概率)　设有 30 个电子元件 $L_1, L_2, \cdots, L_{30}$,它们的使用情况如下:L_1 损坏 L_2 立即使用,L_2 损坏 L_3 立即使用……依此类推.设元件 $L_i(i=1,2,\cdots,30)$ 的使用寿命(单位:h)均服从参数 $\lambda = 0.1$ 的指数分布,令 T 为 30 个元件使用的总计时间,问 T 超过 350 h 的概率是多少?

解　设 X_i 表示第 i 个元件的使用寿命, $i = 1,2,\cdots,30$,则 $T = \sum_{i=1}^{30} X_i$. 由已知得,

$$\mu = E(X_i) = \frac{1}{\lambda} = 10, \sigma^2 = D(X_i) = \frac{1}{\lambda^2} = 100,$$

从而

$$E(T) = 30\mu = 300, D(T) = 30\sigma^2 = 3\,000.$$

所求概率为

$$P\{T > 350\} = P\left\{\sum_{i=1}^{30} X_i > 350\right\} = P\left\{\frac{\sum_{i=1}^{30} X_i - 300}{10\sqrt{30}} > \frac{350-300}{10\sqrt{30}}\right\}$$

$$\approx 1 - \Phi\left(\frac{350-300}{10\sqrt{3}}\right) \approx 1 - \Phi(0.913)$$

$$= 1 - 0.818\,6 = 0.181\,4.$$

即 30 个元件使用的总计时间超过 350 h 的概率为 0.181 4.

二、棣莫弗-拉普拉斯中心极限定理

下面介绍另一个中心极限定理,它是定理 5.4 的特殊情况.

> **定理 5.5**(棣莫弗-拉普拉斯中心极限定理)　设随机变量 X 服从参数为 n,p 的二项分布,即 $X \sim B(n,p)$,则对任意实数 x,有
> $$\lim_{n \to \infty} P\left\{\frac{X-np}{\sqrt{npq}} \leqslant x\right\} = \int_{-\infty}^{x} \frac{1}{\sqrt{2\pi}} e^{\frac{t^2}{2}} dt = \Phi(x).$$
> 其中 $q = 1-p$, $\Phi(x)$ 为标准正态分布函数.

证　因为 $X \sim B(n,p)$,所以 X 可由 n 个相互独立且都服从参数为 p 的两点分布的随机变

量 $X_1, X_2, \cdots, X_n$ 之和表示,即 $X = \sum_{i=1}^{n} X_i$. 而

$$\mu = E(X_i) = p, \sigma^2 = D(X_i) = pq,$$

则

$$\frac{\sum_{i=1}^{n} X_i - n\mu}{\sigma\sqrt{n}} = \frac{X - np}{\sqrt{npq}}.$$

由定理 5.4 得

$$\lim_{n \to \infty} P\left\{\frac{X - np}{\sqrt{npq}} \leqslant x\right\} = \lim_{n \to \infty} P\left\{\frac{\sum_{i=1}^{n} X_i - n\mu}{\sigma\sqrt{n}} \leqslant x\right\}$$

$$= \int_{-\infty}^{x} \frac{1}{\sqrt{2\pi}} \mathrm{e}^{-\frac{t^2}{2}} \mathrm{d}t = \Phi(x).$$

该定理表明,在 n 充分大时,服从参数为 n, p 的二项分布的随机变量 X 近似服从正态分布 $N(np, npq)$,其标准化量 $\dfrac{X - np}{\sqrt{npq}}$ 近似服从标准正态分布 $N(0,1)$.

例 2(利用棣莫弗-拉普拉斯中心极限定理求概率)   设一个系统由 100 个相互独立起作用的部件组成,每个部件损坏的概率为 0.1,必须有 85 个以上的部件正常工作,才能保证系统正常运行,求整个系统正常工作的概率.

解   设 X 表示 100 个部件中正常工作的部件数目,由已知,$X \sim B(100, 0.9)$,则 $np = 90$, $\sqrt{npq} = 3$. 所求事件的概率为

$$P\{X > 85\} = P\left\{\frac{X - 90}{3} > \frac{85 - 90}{3}\right\}$$

$$\approx 1 - \Phi\left(\frac{85 - 90}{3}\right) = 1 - \Phi\left(-\frac{5}{3}\right) = \Phi\left(\frac{5}{3}\right)$$

$$\approx \Phi(1.67) = 0.952\ 5.$$

即整个系统正常工作的概率为 0.952 5.

例 3(棣莫弗-拉普拉斯中心极限定理的应用)   某单位内部有 1 000 台电话分机,每台分机有 5% 的时间使用外线通话,假定各个分机是否使用外线是相互独立的,试问该单位总机至少需要安装多少条外线,才能以 95% 以上的概率保证每台分机需要使用外线时不被占用.

解   设 X 表示 1 000 台分机中同时使用外线的分机数,则 $X \sim B(1\ 000, 0.05)$,且 $np = 50$, $\sqrt{npq} \approx 6.892$.

设 N 为满足条件的正整数,依题意有

$$P\{0 \leqslant X \leqslant N\} = P\left\{\frac{0 - 50}{6.892} \leqslant \frac{X - 50}{6.892} \leqslant \frac{N - 50}{6.892}\right\}$$

$$\approx \Phi\left(\frac{N - 50}{6.892}\right) - \Phi\left(\frac{0 - 50}{6.892}\right)$$

$$\approx \Phi\left(\frac{N-50}{6.892}\right) - \Phi(-7.255).$$

由于 $\Phi(-7.255) \approx 0$，从而

$$P\{0 \leqslant X \leqslant N\} \approx \Phi\left(\frac{N-50}{6.892}\right) \geqslant 0.95.$$

查标准正态分布表，得 $\Phi(1.645) = 0.95$，所以

$$\frac{N-50}{6.892} \geqslant 1.645.$$

故 $N \geqslant 61.3373$，即该单位总机至少应安装 62 条外线，才能以 95% 以上的概率保证每台分机需要使用外线时不被占用.

课堂练习

1. 填空题

（1）设 $X_1, X_2, \cdots, X_n, \cdots$ 是独立同分布的随机变量序列，且 $E(X_i) = \mu, D(X_i) = \sigma^2, i = 1, 2, 3, \cdots$，则当 n 充分大时，随机变量 $Z_n = \sum_{i=1}^{n} X_i$ 近似服从_____分布.

（2）设随机变量 $X_1, X_2, \cdots, X_n, \cdots$ 相互独立，且它们都服从参数为 0.5 的指数分布，则当 n 充分大时，随机变量 $Y = \frac{1}{n} \sum_{i=1}^{n} X_i$ 近似服从_____分布.

（3）设随机变量 $X_1, X_2, \cdots, X_n, \cdots$ 相互独立，且 $X_i \sim B(1, p)$，则 $\lim\limits_{n \to \infty} P\left\{\dfrac{\sum\limits_{i=1}^{n} X_i - np}{\sqrt{np(1-p)}} \leqslant 1\right\} = $ _____.

（4）设随机变量 $X \sim B(100, 0.2)$，则 $P\{X \geqslant 30\} = $ _____.

2. 设备零件的重量都是随机变量，它们相互独立，且服从相同的分布，其数学期望为 0.5 kg，标准差为 0.1 kg. 问 5 000 只零件的总重量超过 2 510 kg 的概率是多少?

3. 某工厂生产的一批零件，合格率为 95%. 今抽查其中 1 000 件，试求下列事件的概率:
（1）不合格的件数不少于 40;
（2）不合格的件数在 40 至 60 之间.

4. 某车间有同型号的机床 200 台，它们独立工作，每台开动的概率为 0.6，开动时耗电均为 1 kW，问供电部门至少要供给该车间多少电力，才能以 99% 的概率保证用电需要.

习题 5-2

1. 设 $X_1, X_2, \cdots, X_{50}$ 是相互独立的随机变量，且都服从参数 $\lambda = 0.03$ 的泊松分布，记 $Y = \sum_{i=1}^{50} X_i$，求 $P\{Y \geqslant 3\}$.

2. 已知相互独立的随机变量 $X_1, X_2, \cdots, X_{100}$ 都在区间 $[-1, 1]$ 上服从均匀分布，试求这些随机变量总和的绝对值不超过 10 的概率.

3. 有一批建筑房屋用的木柱，其中 80% 的长度不小于 3 m. 现从木柱中随机地取出 100 根，问其中至少有 30 根短于 3 m 的概率.

4. 在一家保险公司里有 10 000 人参加人寿保险,每人每年付 12 元保险费,在一年内一个人死亡的概率为 0.006,死亡者家属可向保险公司领取 1 000 元赔偿费. 求:

(1) 保险公司没有利润的概率为多大?

(2) 保险公司一年的利润不少于 60 000 元的概率为多大?

5. 某电站供应 10 000 户用电,假设用电高峰时,每户用电的概率为 0.9,利用中心极限定理计算:

(1) 同时用电户数在 9 030 以上的概率;

(2) 若每户用电 200 W,问电站至少应具有多大的发电量,才能以 95% 的概率保证供电.

6. 某螺丝钉厂的废品率为 0.01,问一盒中应装多少只螺丝钉才能使其中至少含有 100 个合格品的概率不小于 95%.

第六章 数理统计的基础知识

> 数理统计是数学的一个分支学科. 它研究怎样有效地收集、整理和分析带有随机性的数据,以对所考察的问题做出推断或预测,为采取的决策和行动提供依据和建议.

数理统计的研究内容概括起来大致可分为两大类:数据的收集和统计推断. 限于篇幅,本书只讨论统计推断这一类问题.

例如某钢筋厂日产某型号钢筋 1 万根,质量检验员每天只抽查 50 根的强度,于是提出以下问题:

(1) 如何从仅有的 50 根钢筋的强度数据估计整批 1 万根钢筋强度平均值?

(2) 若规定了这种型号钢筋的标准强度,从抽查得到的 50 个强度数据如何判断整批钢筋的平均强度与规定标准有无差异?

(3) 抽样数据有大有小,那么强度呈现的差异是由工艺不同造成的,还是仅仅由随机因素造成的呢?

(4) 如果钢筋的强度与某因素有关,如何通过抽样得到强度与影响因素相关的 50 组数据,得到整体钢筋强度与影响因素之间的关系?

问题(1) 估计期望值,估计某些数字特征,如期望、方差,在数理统计中称为参数估计.

问题(2) 中根据抽样数据检验强度分布特征与规定标准的差异,这里是检验数学期望.数理统计中解决这类问题的方法,先是作一个假设,然后利用概率反证法验证这一假设是否成立,这种方法称为假设检验.

问题(3) 中要分析造成数据误差的原因,这种分析方法称为方差分析.

问题(4) 是根据观测数据研究变量间的关系,这里研究强度与成分的关系,这种研究方法称为回归分析.

第一节 总体与样本

一、总体

在数理统计中,通常把所研究对象的全体称为**总体**,总体中的每个元素称为**个体**.在实际问题中,人们关心的往往是研究对象的某个数量指标,因此也可以把每个研究对象的这个数量指标看作个体,它们的全体看作总体.例如,研究某班学生的身高时,该班全体学生构成总体,其中每个学生都是一个个体;又如,一批灯管的全体就组成一个总体,其中每一只灯管就是一个个体.你能举出生活中总体与个体的实例吗?

在实际问题中我们往往关心的不是个体的一切方面,而是它的某个数量指标,例如灯管的寿命指标 X.

灯管的寿命在测试前不能确定,而每个灯管确实对应着一个寿命值,可以认为灯管的寿命 X 是个随机变量.

假设 X 的分布函数为 $F(x)$,如果我们只关心这个数量指标 X,可以把数量指标 X 的所有取值看作总体,并称这一总体为具有分布函数 $F(x)$ 的总体.这样,我们就把总体和随机变量联系在一起了.

今后常用"总体 X 服从什么分布"这样的术语,它实际上指总体的某个数量指标 X 服从什么分布规律,总体就是一个带有确定概率分布的随机变量.

按照总体中所包含的个体个数的不同,总体可分成有限总体与无限总体两大类.当个体个数很大时,通常把有限总体看作无限总体.

当我们打算从总体中抽取一个个体时,在抽到某个个体之前这个个体的数量指标是不能确定的,因而是一个随机变量,记作 X. X 取值的统计规律性反映了总体中各个个体的数量指标的规律.因此,把随机变量 X 的分布函数称为总体分布函数.当 X 为离散型随机变量时,称 X 的分布列为总体分布列;当 X 为连续型随机变量时,称 X 的概率密度函数为总体概率密度函数.今后我们把总体用与其相应的这个随机变量 X 来表示.

随机变量 X 服从什么分布事先是不清楚的,如果根据积累的资料认为 $X \sim N(\mu, \sigma^2)$,那么称 X 为服从正态分布 $N(\mu, \sigma^2)$ 的总体.正态总体有以下三种类型:

(1) μ 未知,但 σ^2 已知;

(2) μ 已知,但 σ^2 未知;

(3) μ 与 σ^2 均未知.

μ 与 σ^2 均已知的情形不属于数理统计研究的范畴.在实际问题中遇到的正态总体往往是第三种类型.

二、样本

在数理统计中,总体 X 的分布通常是未知的,或者在形式上是已知的,但含有未知参数.那么为了获得总体的分布信息,从理论上讲,需要对总体 X 中的所有个体进行观察测试,但这往往是做不到的.例如,由于测试炮弹的射程试验具有破坏性,一旦我们获得每个炮弹的射程数据,这批炮弹也就全部报废了.所以,我们不可能对所有个体逐一加以观察测试,而是从总体 X 中随机抽取若干个个体进行观察测试.从总体中抽取若干个个体的过程叫作**抽样**,抽取的若干个个体称为**样本**,样本中所含个体的数量称为**样本容量**.

抽取样本是为了研究总体的性质,为了保证所抽取的样本在总体中具有代表性,抽样方法必须满足以下两个条件:

(1) 随机性 每次抽取时,总体中每个个体被抽到的可能性相等.

(2) 独立性 每次抽取是相互独立的,即每次抽取的结果既不影响其他各次抽取的结果,也不受其他各次抽取结果的影响.

这种随机的、独立的抽样方法称为**简单随机抽样**,由此得到的样本称为**简单随机样本**.

对于有限总体而言,有放回抽样可以得到简单随机样本,但有放回抽样使用起来不方便.在实际应用中,当总体容量 N 很大而样本容量 n 较小时(一般当 $N \geqslant 10n$ 时),可将不放回抽样近似当作有放回抽样来处理. 对于无限总体而言,抽取一个个体不会影响它的分布,因此,通常采取不放回抽样得到简单随机样本.以后我们所涉及的抽样和样本都是指简单随机抽样和简单随机样本.

从总体 X 中抽取一个个体,就是对总体 X 进行一次随机试验.重复做 n 次试验后,得到了总体的一组数据 $(x_1, x_2, \cdots x_n)$,称为一个样本观测值,简称为**样本值**.由于抽样的随机性和独立性,每个 $x_i(i=1,2,\cdots,n)$ 可以看作是某个随机变量 $X_i(i=1,2,\cdots n)$ 的观测值,而 $X_i(i=1, 2,\cdots,n)$ 相互独立且与总体 X 具有相同的分布.习惯上称 n 维随机变量 $(X_1, X_2, \cdots, X_n)$ 为来自总体 X 的简单随机样本.

若总体 X 的分布函数为 $F(x)$, $X_1, X_2, \cdots, X_n$ 是总体 X 的容量为 n 的样本,则由样本的定义知, $X_1, X_2, \cdots, X_n$ 的联合分布函数为

$$F^*(x_1, x_2, \cdots, x_n) = \prod_{i=1}^{n} F(x_i).$$

若总体 X 是离散型随机变量,其分布列为 $p_i = P\{X = x_i\}$, $i = 1, 2, \cdots$,则 $X_1, X_2, \cdots, X_n$ 的联合分布列为

$$P\{X_1 = x_1, X_2 = x_2, \cdots, X_n = x_n\} = \prod_{i=1}^{n} P\{X_i = x_i\} = \prod_{i=1}^{n} p_i.$$

若总体 X 是连续型随机变量,其概率密度为 $f(x)$,则 $X_1, X_2, \cdots, X_n$ 的联合概率密度为

$$f^*(x_1, x_2, \cdots, x_n) = \prod_{i=1}^{n} f(x_i).$$

例 1　设总体 X 服从正态分布 $N(\mu, \sigma^2)$,其概率密度为

$$f(x) = \frac{1}{\sqrt{2\pi}\,\sigma} e^{-\frac{(x-\mu)^2}{2\sigma^2}}, \quad -\infty < x < +\infty.$$

则样本 $X_1, X_2, \cdots, X_n$ 的联合概率密度为

$$
\begin{aligned}
f^*(x_1, x_2, \cdots, x_n) &= \prod_{i=1}^{n} \frac{1}{\sigma\sqrt{2\pi}} e^{-\frac{1}{2}\left(\frac{x_i - \mu}{\sigma}\right)^2} \\
&= \left(\frac{1}{\sigma\sqrt{2\pi}}\right)^n e^{-\frac{1}{2\sigma^2}\sum\limits_{i=1}^{n}(x_i - \mu)^2}, \quad -\infty < x_i < +\infty, i = 1, 2, \cdots, n.
\end{aligned}
$$

在数理统计中,样本及其分布是解决一切问题的出发点.

*三、经验(样本)分布函数

设总体 X 的分布函数为 $F(x)$,从总体 X 中抽取容量为 n 的样本 $X_1, X_2, \cdots, X_n$,样本值为 $x_1, x_2, \cdots, x_n$.假设样本值 $x_1, x_2, \cdots, x_n$ 中有 k 个不相同的值,按由小到大的顺序依次记作

$$x_{(1)} \leqslant x_{(2)} \leqslant \cdots \leqslant x_{(k)},$$

并假设 $x_{(i)}$ 出现的频数为 n_i,那么 $x_{(i)}$ 出现的频率为

$$f_i = \frac{n_i}{n}, i = 1, 2, \cdots, k(k \leq n),$$

显然有

$$\sum_{i=1}^{k} n_i = n, \quad \sum_{i=1}^{k} f_i = 1.$$

设函数

$$F_n(x) = \begin{cases} 0, x < x_{(1)}, \\ \sum_{j=1}^{i} f_j, x_{(i)} \leq x < x_{(i+1)}, i = 1, 2, \cdots, k-1, \\ 1, x \geq x_{(k)} \end{cases}$$

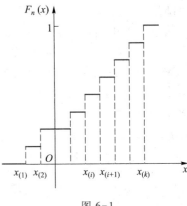

图 6-1

称之为总体 X 的**经验(样本)分布函数**,其图形为阶梯形曲线,如图 6-1 所示.

例 2 从总体 X 中随机抽取容量为 10 的样本进行观测,得到如下数据:1,3,2,1,1,4,5,3,2,6.求 X 的经验分布函数.

解 将观测数据由小到大排列为

$$x_1 = 1 < x_2 = 2 < x_3 = 3 < x_4 = 4 < x_5 = 5 < x_6 = 6,$$

计算频数,得

$$f_1 = \frac{3}{10}, f_2 = \frac{2}{10}, f_3 = \frac{2}{10}, f_4 = \frac{1}{10}, f_5 = \frac{1}{10}, f_6 = \frac{1}{10}.$$

经验分布函数为

$$F_{10}(x) = \begin{cases} 0, x < 1, \\ \dfrac{3}{10}, 1 \leq x < 2, \\ \dfrac{1}{2}, 2 \leq x < 3, \\ \dfrac{7}{10}, 3 \leq x < 4, \\ \dfrac{4}{5}, 4 \leq x < 5, \\ \dfrac{9}{10}, 5 \leq x < 6, \\ 1, x \geq 6. \end{cases}$$

根据经验分布函数的定义,易知 $F_n(x)$ 具有以下性质:

(1) $0 \leq F_n(x) \leq 1$;

(2) $F_n(x)$ 是单调不减函数;

(3) $F_n(x)$ 在每个观察值 $x_{(i)}$ 处是右连续的;

(4) $F_n(-\infty) = 0, F_n(+\infty) = 1.$

可见经验分布函数 $F_n(x)$ 与总体的分布函数具有相同的性质.

例3　把记录 1 min 内碰撞某装置的宇宙粒子个数看作一次试验,连续记录 40 min,依次得数据:

```
3   0   0   1   0   2   1   0   1   1
0   3   4   1   2   0   2   0   3   1
1   0   1   2   0   2   1   0   1   2
3   1   0   0   2   1   0   3   1   2
```

从这 40 个数据看到,它们只取 0,1,2,3,4 这 5 个值,列出表 6-1.

表 6-1

宇宙粒子个数 j	频数 n_j	频率 f_j
0	13	0.325
1	13	0.325
2	8	0.200
3	5	0.125
4	1	0.025

根据表 6-1 中给定数据的取值及出现的频率,确定经验分布函数

解

$$F_{40}(x) = \begin{cases} 0, & x<0, \\ 0.325, & 0 \leqslant x < 1, \\ 0.650, & 1 \leqslant x < 2, \\ 0.850, & 2 \leqslant x < 3, \\ 0.975, & 3 \leqslant x < 4, \\ 1, & x \geqslant 4. \end{cases}$$

对于固定的 x,经验分布函数是依赖于样本观测值的,由于样本的抽取是随机的,因而, $F_n(x)$ 也是随机的.当给定样本观测值 $x_1, x_2, \cdots, x_n$ 时, $F_n(x)$ 是 n 次独立重复试验中事件 $\{X \leqslant x\}$ 发生的频率.由于总体 X 的分布函数 $F(x)$ 是事件 $\{X \leqslant x\}$ 发生的概率,根据伯努利大数定律可知,当 $n \to \infty$ 时,对于任意给定的正数 ε,有

$$\lim_{n \to \infty} P\{|F_n(x) - F(x)| < \varepsilon\} = 1.$$

课堂练习

1. 设总体 $X \sim B(n,p)$, $X_1, X_2, \cdots, X_n$ 为来自总体 X 的样本,求 $X_1, X_2, \cdots, X_n$ 的联合分布列.

2. 从总体 X 中随机地抽取容量为 8 的样本进行观测,得到如下数据:

$$3, 2.5, 2.5, 3.5, 3, 2.7, 2.5, 2,$$

求 X 的经验分布函数.

习题 6–1

1. 设 $X_1, X_2, \cdots, X_8$ 是来自 $(0, \theta)$ 上服从均匀分布的总体的随机样本，$\theta > 0$ 为未知参数，求样本的联合概率密度函数．

2. 设总体 X 服从参数为 λ 的泊松分布，求样本 $X_1, X_2, \cdots, X_n$ 的联合概率分布．

3. 设有 N 个产品，其中有 M 个次品，进行放回抽样，定义 X_i 如下：

$$X_i = \begin{cases} 1, & \text{第 } i \text{ 次取得次品}, \\ 0, & \text{第 } i \text{ 次取得正品}. \end{cases}$$

求样本 $X_1, X_2, \cdots, X_n$ 的联合分布列．

4. 总体 X 的一组容量为 10 的样本观测值为

$$-0.7, 2, -0.1, -0.1, -0.1, 2, 1, 1, -0.7, -1,$$

求经验分布函数 $F_{10}(x)$．

第二节　统　计　量

样本来自总体并且代表和反映总体，但样本所含信息不能直接用于解决所要研究的问题，而需要把样本所含信息进行"浓缩"，从而解决我们的问题．在数理统计中往往通过构造一个合适的依赖于样本的函数——统计量，来实现这一目的．

定义 6.1 设 $(X_1, X_2, \cdots, X_n)$ 是取自总体 X 的一个样本，$g(X_1, X_2, \cdots, X_n)$ 为不含总体分布的任何未知参数，且取实值的一个函数，称 $g(X_1, X_2, \cdots, X_n)$ 为样本 $(X_1, X_2, \cdots, X_n)$ 的**统计量**，统计量都是随机变量．

例 1 设 (X_1, X_2, X_3, X_4) 是正态总体 $N(\mu, \sigma^2)$ 的一个样本，其中 μ 未知，但 σ^2 已知．

$\sum\limits_{i=1}^{4} X_i^2, \dfrac{1}{3}\sum\limits_{i=1}^{3} X_i, \dfrac{1}{\sigma}\sum\limits_{i=1}^{3}(X_i - \overline{X}), \max\{X_1, X_2, X_3, X_4\}$ 都是统计量；$\dfrac{1}{\sigma}\sum\limits_{i=1}^{3}(X_i - \mu)$ 不是统计量，因为它包含了总体分布中未知参数 μ．

思考：对于总体 $X \sim N(\mu, \sigma^2)$，其中 μ, σ^2 均为未知参数，$X_1, X_2, \cdots, X_n$ 为 X 的一个样本，则 $\dfrac{1}{2}(X_1 + X_2) - \mu, \dfrac{X_1}{\sigma}, X_1, X_2 + 1, X_1^2 - X_2^2, \dfrac{1}{n}\sum\limits_{i=1}^{n} X_i$ 哪些是统计量，哪些不是？

一、常用统计量

下面介绍几种常用的统计量，设 $X_1, X_2, \cdots, X_n$ 是来自总体 X 的一个样本，$x_1, x_2, \cdots, x_n$ 是相应的样本观测值．

1. 样本均值

称

$$\overline{X} = \frac{1}{n}\sum_{i=1}^{n} X_i$$

为样本均值,它的观测值为

$$\bar{x} = \frac{1}{n} \sum_{i=1}^{n} x_i.$$

若总体 X 具有均值 $E(X) = \mu$ 和方差 $D(X) = \sigma^2 > 0$,则 $E(X_i) = \mu, D(X_i) = \sigma^2, i = 1, 2, \cdots, n$,有 $E(\bar{X}) = \mu, D(\bar{X}) = \dfrac{\sigma^2}{n}$. 即样本均值的数学期望等于总体的均值,样本均值的方差等于总体方差的 $\dfrac{1}{n}$.

Excel 求解样本均值

对于简单的样本均值可以用公式——$\sum$ 自动求和 SUM(样本点1,样本点2,$\cdots$)来计算.范例:$\bar{x} = \dfrac{\text{SUM}(1,3,5)}{3} = 3$,说明样本1,3,5的样本均值为3.

Excel 计算样本均值可直接使用公式中的 AVERAGE 函数,其格式如下:

$$\text{AVERAGE}(\text{参数}1, \text{参数}2, \cdots, \text{参数}30)$$

范例:$\text{AVERAGE}(12.6, 13.4, 11.9, 12.8, 13.0) = 12.74$.

如果要计算单元格中 A1 到 B20 元素的样本均值,可用 $\text{AVERAGE}(A1:B20)$.

2. 样本方差

称

$$S_n^2 = \frac{1}{n} \sum_{i=1}^{n} (X_i - \bar{X})^2$$

为未修正样本方差,而称

$$S^2 = \frac{n}{n-1} S_n^2 = \frac{1}{n-1} \sum_{i=1}^{n} (X_i - \bar{X})^2 = \frac{1}{n-1} \left(\sum_{i=1}^{n} X_i^2 - n\bar{X}^2 \right)$$

为修正样本方差,它们的观测值分别为

$$s_n^2 = \frac{1}{n} \sum_{i=1}^{n} (x_i - \bar{x})^2,$$

$$s^2 = \frac{1}{n-1} \sum_{i=1}^{n} (x_i - \bar{x})^2 = \frac{1}{n-1} \left(\sum_{i=1}^{n} x_i^2 - n\bar{x}^2 \right).$$

可见 $E(S^2) = \sigma^2$,而 $E(S_n^2) \neq \sigma^2$(证明见定理 6.2),即修正样本方差的数学期望等于总体方差,而未修正样本方差的数学期望不等于总体的方差.因此,在数理统计中主要使用修正样本方差,并简称为**样本方差**.

Excel 计算样本方差、未修正样本方差

(1) 样本方差

$$s^2 = \frac{\sum (x_i - \bar{x})^2}{n-1}$$

Excel 计算样本方差使用 VAR.S 函数,格式如下:

$$\text{VAR. S(参数 1, 参数 2, \cdots, 参数 30)}$$

如果要计算单元格中 A1 到 B20 元素的样本方差,可用 VAR. S(A1:B20).

范例:VAR. S$(3,5,6,4,6,7,5)=1.809\,5$.

(2) 未修正样本方差

$$s_n^2 = \frac{\sum (x_i - \bar{x})^2}{n}$$

Excel 计算未修正样本方差使用 VAR. P 函数,格式如下:

$$\text{VAR. P(参数 1, 参数 2, \cdots, 参数 30)}$$

范例:VAR. P$(3,5,6,4,6,7,5)=1.551\,0$.

3. 样本标准差

称

$$S = \sqrt{S^2} = \sqrt{\frac{1}{n-1} \sum_{i=1}^{n} (X_i - \bar{X})^2}$$

为**样本标准差**,其观测值为

$$s = \sqrt{s^2} = \sqrt{\frac{1}{n-1} \sum_{i=1}^{n} (x_i - \bar{x})^2}.$$

Excel 计算样本标准差、未修正样本标准差

(1) 样本标准差

Excel 计算样本标准差采用**无偏估计式**,STDEV. S 函数格式如下:

$$\text{STDEV. S(参数 1, 参数 2, \cdots, 参数 30)}$$

范例:STDEV. S$(3,5,6,4,6,7,5)=1.345\,2$.

如果要计算单元格中 A1 到 B20 元素的样本标准差,可用 STDEVS. S(A1:B20).

(2) 未修正样本标准差

Excel 计算未修正样本标准差采用**有偏估计式**,计算公式为 $\sqrt{\dfrac{\sum\limits_{i=1}^{n} (x - \bar{x})^2}{n}}$,STDEV. P 函数格式如下:

$$\text{STDEV. P(参数 1, 参数 2, \cdots, 参数 30)}$$

范例:STDEV. P$(3,5,6,4,6,7,5)=1.245\,4$.

例 2 在对总体 X 抽取容量为 n 的样本进行检测时,得到 m 个互不相同的样本观测值 x_1, $x_2, \cdots, x_m$,它们出现的频率分别为 $f_1, f_2, \cdots, f_m$. 求样本均值、样本方差和样本标准差的观测值.

解 设 $x_1, x_2, \cdots, x_m$ 出现的频数分别为 $n_1, n_2, \cdots, n_m$,显然有 $n_1 + n_2 + \cdots + n_m = n$,所以,

$$\bar{x} = \frac{1}{n} \sum_{i=1}^{n} x_i = \frac{1}{n} \sum_{i=1}^{m} n_i x_i = \sum_{i=1}^{m} \frac{n_i}{n} x_i = \sum_{i=1}^{m} f_i x_i;$$

$$s^2 = \frac{1}{n-1} \sum_{i=1}^{m} n_i (x_i - \bar{x})^2$$

$$= \frac{n}{n-1} \sum_{i=1}^{m} \frac{n_i}{n} (x_i - \bar{x})^2$$

$$= \frac{n}{n-1} \sum_{i=1}^{m} f_i (x_i - \bar{x})^2;$$

$$s = \sqrt{s^2} = \sqrt{\frac{n}{n-1} \sum_{i=1}^{m} f_i (x_i - \bar{x})^2}.$$

例 3 设总体 X 服从参数为 λ 的指数分布,即 $X \sim E(\lambda)$,样本 $X_1, X_2, \cdots, X_n$ 来自总体 X, 求 $E(\bar{X}), E(S^2)$.

解 由于 $X \sim E(\lambda)$,所以

$$E(X) = \frac{1}{\lambda}, D(X) = \frac{1}{\lambda^2}.$$

由前面的讨论,有

$$E(\bar{X}) = E(X) = \frac{1}{\lambda}, E(S^2) = D(X) = \frac{1}{\lambda^2}.$$

4. 样本矩

称

$$A_k = \frac{1}{n} \sum_{i=1}^{n} X_i^k, k = 1, 2, \cdots$$

为**样本 k 阶原点矩**,它的观测值为

$$a_k = \frac{1}{n} \sum_{i=1}^{n} x_i^k, \quad k = 1, 2, \cdots.$$

显然,样本一阶原点矩就是样本均值,即 $A_1 = \bar{X}$.

称

$$B_k = \frac{1}{n} \sum_{i=1}^{n} (X_i - \bar{X})^k, \quad k = 1, 2, \cdots$$

为**样本 k 阶中心矩**,它的观测值为

$$b_k = \frac{1}{n} \sum_{i=1}^{n} (x_i - \bar{x})^k, k = 1, 2, \cdots.$$

显然,样本二阶中心矩就是未修正样本方差,即 $B_2 = S_n^2$.

二、正态总体的常用统计量的分布

统计量是一个随机变量,它的分布通常称为**抽样分布**.

定理 6.1 设 $X_1, X_2, \cdots, X_n$ 是来自正态总体 $X \sim N(\mu, \sigma^2)$ 的样本,$\bar{X}$ 为样本均值,则

$$\bar{X} \sim N\left(\mu, \frac{\sigma^2}{n}\right),$$

$$U = \frac{\bar{X} - \mu}{\sigma / \sqrt{n}} \sim N(0, 1).$$

证 由于 $X_1, X_2, \cdots, X_n$ 相互独立并且 $X_i \sim N(\mu, \sigma^2)$, $i = 1, 2, \cdots, n$, 因此, $\overline{X} = \dfrac{1}{n} \sum\limits_{i=1}^{n} X_i$ 也服从正态分布, 而 $E(\overline{X}) = \mu$, $D(\overline{X}) = \dfrac{\sigma^2}{n}$, 所以 $\overline{X} \sim N\left(\mu, \dfrac{\sigma^2}{n}\right)$. 将 $\overline{X}$ 标准化, 有

$$U = \frac{\overline{X} - \mu}{\sigma / \sqrt{n}} \sim N(0, 1).$$

例 4 在总体 $N(80, 20^2)$ 中随机抽取一容量为 100 的样本, 求样本均值 $\overline{X}$ 与总体均值之差的绝对值大于 3 的概率.

解 由定理 6.1 知

$$U = \frac{\overline{X} - 80}{20/10} = \frac{\overline{X} - 80}{2} \sim N(0, 1),$$

于是

$$P\{|\overline{X} - 80| > 3\} = P\left\{\frac{|\overline{X} - 80|}{2} > \frac{3}{2}\right\}$$

$$= 2\left(1 - P\left\{\frac{\overline{X} - 80}{2} \leqslant \frac{3}{2}\right\}\right)$$

$$= 2[1 - \Phi(1.5)] = 2(1 - 0.933\,2) = 0.133\,6$$

定理 6.2 设 $X_1, X_2, \cdots, X_n$ 是来自正态总体的样本, 记 $E(\overline{X}) = \mu$, $D(\overline{X}) = \sigma^2$, 那么, $E(S^2) = \sigma^2$, $E(S_n^2) = \dfrac{n-1}{n}\sigma^2$, $n \geqslant 2$.

证 由于

$$\sum_{i=1}^{n} (X_i - \overline{X})^2 = \sum_{i=1}^{n} (X_i^2 - 2X_i\overline{X} + \overline{X}^2) = \sum_{i=1}^{n} X_i^2 - n\overline{X}^2,$$

$$E\left(\sum_{i=1}^{n} (X_i - \overline{X})^2\right) = E\left(\sum_{i=1}^{n} X_i^2 - n\overline{X}^2\right)$$

$$= \sum_{i=1}^{n} [D(X_i) + (EX_i)^2] - n[D(\overline{X}) + (EX_i)^2]$$

$$= n(\sigma^2 + \mu^2) - n\left(\frac{\sigma^2}{n} + \mu^2\right)$$

$$= (n-1)\sigma^2,$$

从而得到

$$E(S^2) = \frac{1}{n-1} E\left(\sum_{i=1}^{n} X_i^2 - n\overline{X}^2\right) = \sigma^2,$$

$$E(S_n^2) = \frac{1}{n} E\left(\sum_{i=1}^{n} X_i^2 - n\overline{X}^2\right) = \frac{n-1}{n}\sigma^2.$$

由证明过程知,该结论对非正态总体的样本同样适用.

 **课堂练习**

若总体 $X \sim N(\mu, \sigma^2)$,其中 σ^2 已知,但 μ 未知,而 $X_1, X_2, \cdots, X_n$ 为 X 的样本,指出下列随机变量中哪些是统计量,哪些不是统计量.

(1) $\dfrac{1}{n} \sum\limits_{i=1}^{n} X_i$;　　(2) $\dfrac{1}{n} \sum\limits_{i=1}^{n} (X_i - \mu)^2$;　　(3) $\dfrac{1}{n-1} \sum\limits_{i=1}^{n} (X_i - \overline{X})^2$;

(4) $\dfrac{\overline{X} - 3}{\sigma} \sqrt{n}$;　　(5) $\dfrac{\overline{X} - \mu}{\sigma} \sqrt{n}$;　　(6) $\dfrac{\overline{X} - 5}{\sqrt{\dfrac{1}{n(n-1)} \sum\limits_{i=1}^{n} (X_i - \overline{X})^2}}$.

 习题 6-2

1. 设 X_1, X_2, X_3 是取自正态总体 $N(\mu, \sigma^2)$ 的一个样本,其中 μ 已知,σ^2 未知.试问,下列随机变量中哪些是统计量?哪些不是统计量?

(1) $\dfrac{1}{4}(2X_1 + X_2 + X_3)$;

(2) $\dfrac{1}{\sigma^2} \sum\limits_{i=1}^{3} (X_i - \overline{X})^2$,其中 $\overline{X} = \dfrac{1}{3} \sum\limits_{i=1}^{3} X_i$;

(3) $\sum\limits_{i=1}^{3} (X_i - \mu)^2$;

(4) $\min(X_1, X_2, X_3)$;

(5) 经验分布函数 $F_3(x)$ 在 $x = -1$ 处的取值 $F_3(-1)$.

2. 来自总体 X 的一组样本观测值为

x_i	30.7	30.5	29.9
n_i	4	3	3

求样本均值 $\bar{x}$,样本方差 s^2 和样本标准差 s.

3. 在总体 $N(52, 6.3^2)$ 中随机抽取一个容量为 36 的样本,求样本均值 $\overline{X}$ 在 50.8 到 53.8 之间的概率.

4. 设 X_1, X_2, X_3, X_4 是取自总体 X 的一个样本,在下列 3 种情形下,分别求出 $E(\overline{X}), D(\overline{X})$:

(1) $X \sim B(1, p)$;

(2) $X \sim E(\lambda)$;

(3) $X \sim R(0, \theta), \theta > 0$.

第三节　统计中的"三大分布"

数理统计研究的对象,大部分与正态分布有关.从本节开始我们介绍三个在数理统计中常用的来自正态总体的统计量及其分布.

一、χ^2分布

1. χ^2分布的定义

设 $X_1, X_2, \cdots, X_n$ 是来自标准正态总体 $N(0,1)$ 的样本,称统计量

$$\chi^2 = X_1^2 + X_2^2 + \cdots + X_n^2$$

服从**自由度为 n 的 χ^2分布**,记作 $\chi^2 \sim \chi^2(n)$.

这里自由度 n 是独立变量的个数.可以证明,若 $\chi^2 \sim \chi^2(n)$,则 χ^2 的概率密度为

$$f(x) = \begin{cases} \dfrac{1}{2^{n/2}\Gamma(n/2)} x^{\frac{n}{2}-1} e^{-\frac{x}{2}}, & x > 0, \\ 0, & x \leqslant 0, \end{cases}$$

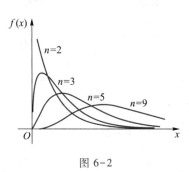

图 6-2

其中 $\Gamma\left(\dfrac{n}{2}\right)$ 是 $\Gamma(x) = \displaystyle\int_0^{+\infty} t^{x-1} e^{-t} dt$ 在 $x = \dfrac{n}{2}$ 处的值.

$\chi^2(n)$ 分布的概率密度 $f(x)$ 的图像如图 6-2 所示.

2. χ^2分布的性质

性质 1 若 $\chi^2 \sim \chi^2(n)$,则
$$E(\chi^2) = n, D(\chi^2) = 2n.$$

证 由于 $\chi^2 = \displaystyle\sum_{i=1}^n X_i^2$,其中 $X_i \sim N(0,1), i = 1, 2, \cdots, n$,且 $X_1, X_2, \cdots, X_n$ 相互独立,且 $E(X_i) = 0, D(X_i) = 1$,所以
$$E(X_i^2) = D(X_i) + [E(X_i)]^2 = 1, i = 1, 2, \cdots, n.$$
因此
$$E(\chi^2) = \sum_{i=1}^n E(X_i^2) = n.$$

又
$$E(X_i^4) = \int_{-\infty}^{+\infty} x^4 \varphi(x) dx = \frac{1}{\sqrt{2\pi}} \int_{-\infty}^{+\infty} x^4 e^{-\frac{x^2}{2}} dx = 3,$$
$$D(X_i^2) = E(X_i^4) - [E(X_i^2)]^2 = 3 - 1 = 2, i = 1, 2, \cdots, n.$$
所以
$$D(\chi^2) = \sum_{i=1}^n D(X_i^2) = 2n.$$

性质 2 若 $\chi_1^2 \sim \chi^2(n_1), \chi_2^2 \sim \chi^2(n_2)$,且 χ_1^2 和 χ_2^2 相互独立,则
$$\chi_1^2 + \chi_2^2 \sim \chi^2(n_1 + n_2).$$

证明 设 $X_1, X_2, \cdots, X_{n_1+n_2}$ 相互独立且都服从 $N(0,1)$. 由于 $\chi_1^2 \sim \chi^2(n_1)$, $\chi_2^2 \sim \chi^2(n_2)$, 所以 χ_1^2 与 $X_1^2+X_2^2+\cdots+X_{n_1}^2$ 同分布, χ_2^2 与 $X_{n_1+1}^2+X_{n_1+2}^2+\cdots+X_{n_1+n_2}^2$ 同分布. 再由 χ_1^2 与 χ_2^2 相互独立, 知 $\chi_1^2+\chi_2^2$ 与 $X_1^2+X_2^2+\cdots+X_{n_1+n_2}^2$ 同分布, 所以

$$\chi_1^2+\chi_2^2 \sim \chi^2(n_1+n_2) .$$

例 1 设 X_1, X_2, X_3, X_4 是来自总体 $X \sim N(0,4)$ 的一个样本, 问当 a, b 为何值时, $Y = a(X_1-2X_2)^2 + b(3X_3-4X_4)^2 \sim \chi^2(n)$, 并确定 n 的值.

解 由于 X_1, X_2, X_3, X_4 独立且服从正态分布 $N(0,4)$. 故

$$E(X_1-2X_2) = 0, E(3X_3-4X_4) = 0,$$

$$D(X_1-2X_2) = D(X_1)+(-2)^2 D(X_2) = 20,$$

$$D(3X_3-4X_4) = 3^2 D(X_3)+(-4)^2 D(X_4) = 100.$$

于是 $\dfrac{X_1-2X_2}{\sqrt{20}} \sim N(0,1)$, $\dfrac{3X_3-4X_4}{10} \sim N(0,1)$, 且 X_1-2X_2 与 $3X_3-4X_4$ 相互独立, 所以 $\dfrac{(X_1-2X_2)^2}{20} + \dfrac{(3X_3-4X_4)^2}{100} \sim \chi^2(2)$. 从而 $a=\dfrac{1}{20}, b=\dfrac{1}{100}, n=2$.

3. 关于 χ^2 分布的两个定理

定理 6.3 设 $X_1, X_2, \cdots, X_n$ 是来自总体 $X \sim N(\mu, \sigma^2)$ 的一个样本, 则随机变量

$$\frac{1}{\sigma^2} \sum_{i=1}^{n} (X_i - \mu)^2 \sim \chi^2(n).$$

证明 由于 $X_1, X_2, \cdots, X_n$ 相互独立且都服从正态分布 $N(\mu, \sigma^2)$, 所以 $\dfrac{X_1-\mu}{\sigma}, \dfrac{X_2-\mu}{\sigma}, \cdots, \dfrac{X_n-\mu}{\sigma}$ 也相互独立且都服从正态分布 $N(0,1)$, 据 χ^2 分布定义知

$$\frac{1}{\sigma^2} \sum_{i=1}^{n} (X_i - \mu)^2 = \sum_{i=1}^{n} \left(\frac{X_i - \mu}{\sigma}\right)^2 \sim \chi^2(n).$$

定理 6.4 设 $X_1, X_2, \cdots, X_n$ 是来自总体 $X \sim N(\mu, \sigma^2)$ 的一个样本, $\overline{X}$ 和 S^2 分别是样本均值和样本方差, 则有

(1) $\dfrac{(n-1)S^2}{\sigma^2} \sim \chi^2(n-1)$;

(2) $\overline{X}$ 与 S^2 相互独立.

证明略.

这里解释一下 $\dfrac{(n-1)S^2}{\sigma^2}$ 所服从的 χ^2 分布的自由度. 从表面上看, $\sum_{i=1}^{n}(X_i-\overline{X})^2$ 是 n 个正态随机变量 $X_i-\overline{X}$ 的平方和, 但实际上它们不是相互独立的, 它们之间有一个线性约束关系:

$$\sum_{i=1}^{n}(X_i - \overline{X}) = \sum_{i=1}^{n}X_i - n\overline{X} = 0.$$

这表明:当这 n 个正态随机变量中有 $n-1$ 个取值给定时,剩下一个的取值就跟着唯一确定了.

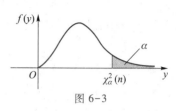

图 6-3

对于给定的正数 $\alpha(0<\alpha<1)$,称满足条件

$$P\{\chi^2 > \chi_\alpha^2(n)\} = \int_{\chi_\alpha^2(n)}^{+\infty} f(y)\,\mathrm{d}y = \alpha$$

的点 $\chi_\alpha^2(n)$ 为 $\chi^2(n)$ 分布的上侧 α 分位数(点),如图 6-3 所示.即当 $\chi^2 \sim \chi^2(n)$ 时,$P\{\chi^2 > \chi_\alpha^2(n)\} = \alpha$,其中 $0<\alpha<1$.$\chi_\alpha^2(n)$ 的值可以通过查附表 3 得到.例如,$\chi_{0.95}^2(20) = 10.851.$

💻 Excel 求解 χ^2 分布

打开 Excel,在公式—其他函数—统计中找到 CHISQ. 函数,其中 CHISQ.DIST 为 χ^2 分布,其格式为:

$$\text{CHISQ.DIST(数值,自由度,逻辑值)}$$

当逻辑值为 TRUE 时,结果为函数的累积分布,即 $P\{x<\text{数值}\}$;当逻辑值为 FALSE 时,结果为 χ^2 分布的概率密度函数.

范例:若 X 服从自由度为 12 的 χ^2 分布,求 $P\{X<5.226\}$ 的值.

输入公式“=CHISQ.DIST(5.226,12,TRUE)”,得到

$$0.049\,998\,903 \approx 0.05,\text{即} F(5.226) = 0.05.$$

若求临界值 $\chi_\alpha^2(n)$,则使用 CHISQ.INV.RT 函数,格式为

$$\text{CHISQ.INV.RT(上侧概率值 }\alpha\text{,自由度 }n)$$

二、t 分布

1. t 分布的定义

设 $X \sim N(0,1)$,$Y \sim \chi^2(n)$,且 X 和 Y 相互独立,称随机变量

$$t = \frac{X}{\sqrt{Y/n}}$$

服从**自由度为 n 的 t 分布**,记作 $t \sim t(n)$.

可以证明,$t(n)$ 分布的概率密度为

$$f(x) = \frac{\Gamma\left(\dfrac{n+1}{2}\right)}{\sqrt{n\pi}\,\Gamma\left(\dfrac{n}{2}\right)}\left(1+\frac{x^2}{n}\right)^{-\frac{n+1}{2}},\quad -\infty<x<+\infty,$$

并且当 $n\to\infty$ 时,$t(n)$ 分布将趋于标准正态分布 $N(0,1)$,即

$$\lim_{n\to\infty} f(x) = \frac{1}{\sqrt{2\pi}}\mathrm{e}^{-\frac{x^2}{2}},\quad -\infty<x<+\infty.$$

$f(x)$ 图像如图 6-4 所示,可以看出,$f(x)$ 的图像关于纵轴对称,并且 $f(x)$ 曲线的峰顶比标

准正态曲线峰顶要低,两端较标准正态曲线要高.

此外,可以证明,

$$E(t) = 0 \quad (n>1), \quad D(t) = \frac{n}{n-2} \quad (n>2).$$

例 2 设总体 X 和 Y 相互独立且都服从正态分布 $N(0,3^2)$,而样本 $X_1,X_2,\cdots,X_9$ 和 $Y_1,Y_2,\cdots,Y_9$ 分别来自 X 和 Y,求统计量

$$T = \frac{X_1+X_2+\cdots+X_9}{\sqrt{Y_1^2+Y_2^2+\cdots+Y_9^2}}$$

的分布.

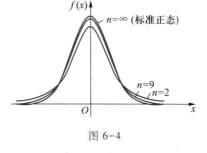

图 6-4

解 由于

$$\overline{X} = \frac{1}{9}\sum_{i=1}^{9} X_i \sim N(0,1),$$

$$\frac{Y_i}{3} \sim N(0,1), i=1,2,\cdots,9,$$

$$Y = \sum_{i=1}^{9}\left(\frac{Y_i}{3}\right)^2 = \frac{1}{9}\sum_{i=1}^{9} Y_i^2 \sim \chi^2(9),$$

并且 $\overline{X}$ 和 Y 相互独立,由 t 分布的定义知

$$T = \frac{\overline{X}}{\sqrt{Y/9}} = \frac{\sum\limits_{i=1}^{9} X_i}{\sqrt{\sum\limits_{i=1}^{9} Y_i^2}} \sim t(9).$$

2. 关于 t 分布的两个定理

定理 6.5 设总体 $X \sim N(\mu,\sigma^2)$,$X_1,X_2,\cdots,X_n$ 是来自总体 X 的样本,样本均值和样本方差分别为 $\overline{X}$ 和 S^2,则随机变量

$$T = \frac{\overline{X}-\mu}{S/\sqrt{n}} \sim t(n-1).$$

证 由定理 6.1 知

$$U = \frac{\overline{X}-\mu}{\sigma/\sqrt{n}} \sim N(0,1),$$

再由定理 6.4 知 $\overline{X}$ 与 S^2 相互独立,并且

$$V = \frac{n-1}{\sigma^2}S^2 \sim \chi^2(n-1),$$

根据 t 分布的定义

$$T = \frac{U}{\sqrt{\dfrac{V}{n-1}}} = \frac{\dfrac{\sqrt{n}\,(\overline{X}-\mu)}{\sigma}}{\sqrt{\dfrac{n-1}{\sigma^2} \times \dfrac{S^2}{n-1}}} = \frac{\overline{X}-\mu}{S/\sqrt{n}} \sim t(n-1).$$

定理 6.6 设两个正态总体 $X \sim N(\mu_1, \sigma^2)$ 和 $Y \sim N(\mu_2, \sigma^2)$,分别独立地从 X 和 Y 中抽取样本,样本容量分别为 n_1 和 n_2,样本均值分别为 $\overline{X}$ 和 $\overline{Y}$,样本方差分别为 S_1^2 和 S_2^2,记

$$S_w^2 = \frac{(n_1-1)S_1^2 + (n_2-1)S_2^2}{n_1 + n_2 - 2},$$

则随机变量

$$T = \frac{(\overline{X}-\overline{Y}) - (\mu_1 - \mu_2)}{S_w\sqrt{1/n_1 + 1/n_2}} \sim t(n_1 + n_2 - 2).$$

证 由定理 6.1 易知

$$\frac{(\overline{X}-\overline{Y}) - (\mu_1-\mu_2)}{\sigma\sqrt{1/n_1 + 1/n_2}} \sim N(0,1),$$

又

$$\frac{(n_1-1)S_1^2}{\sigma^2} \sim \chi^2(n_1-1),$$

$$\frac{(n_2-1)S_2^2}{\sigma^2} \sim \chi^2(n_2-1),$$

且 $\dfrac{(n_1-1)S_1^2}{\sigma^2}$ 与 $\dfrac{(n_2-1)S_2^2}{\sigma^2}$ 相互独立,根据 χ^2 分布的可加性,有

$$\frac{(n_1-1)S_1^2}{\sigma^2} + \frac{(n_2-1)S_2^2}{\sigma^2} \sim \chi^2(n_1+n_2-2),$$

所以由 t 分布的定义,有

$$T = \frac{\overline{X}-\overline{Y} - (\mu_1-\mu_2)}{S_w\sqrt{1/n_1 + 1/n_2}} \sim t(n_1+n_2-2).$$

对于给定的正数 $\alpha(0<\alpha<1)$,称满足条件

$$P\{T > t_\alpha(n)\} = \int_{t_\alpha(n)}^{+\infty} f(t)\,\mathrm{d}t = \alpha$$

的点 $t_\alpha(n)$ 为 $t(n)$ 分布的上侧 α 分位数(点),如图 6-5 所示.即当 $T \sim t(n)$ 时,$P\{T > t_\alpha(n)\} = \alpha$,其中 $0<\alpha<1$.当 $\alpha < \dfrac{1}{2}$ 时,对一些常用的 α,可以由附表 4 查得 $t_\alpha(n)$ 的值,当 $\alpha > \dfrac{1}{2}$ 时,可以利用公式

$$t_\alpha(n) = -t_{1-\alpha}(n)$$

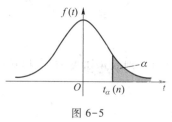

图 6-5

得到 $t_\alpha(n)$ 的值.

例如, $t_{0.05}(13) = 1.7709, t_{0.99}(25) = -t_{0.01}(25) = -2.4851$.

当 $n > 45$ 时, $t_\alpha(n) \approx u_\alpha$, 其中 u_α 是 $N(0,1)$ 的上侧 α 分位数.

▣ Excel 求解 t 分布

在 Excel 的公式—其他函数—统计中有关 t 分布的函数有 3 个,它们分别为
$$T.DIST, T.DIST.2T, T.DIST.RT,$$

参数格式类似于 χ^2 分布,区别在于 T.DIST 求的是 $P\{T < 数值\}$;T.DIST.2T: $P\{|T| > 数值\}$;T.DIST.RT: $P\{T > 数值\}$.

若求临界值 $t_\alpha(n)$,则使用 T.INV.2T 函数,格式为 T.INV.2T($2*$上侧概率值 α,自由度 n).

三、F 分布

1. F 分布的定义

设 $X \sim \chi^2(n_1), Y \sim \chi^2(n_2)$,且 X 和 Y 相互独立,称随机变量
$$F = \frac{X/n_1}{Y/n_2}$$

服从**自由度为 (n_1, n_2) 的 F 分布**,记为 $F \sim F(n_1, n_2)$.

可以证明,$F(n_1, n_2)$ 分布的概率密度为

$$f(x) = \begin{cases} \dfrac{\Gamma((n_1+n_2)/2)}{\Gamma(n_1/2)\Gamma(n_2/2)}\left(\dfrac{n_1}{n_2}\right)^{\frac{n_1}{2}} x^{\frac{n_1}{2}-1}\left(1+\dfrac{n_1}{n_2}x\right)^{-\frac{n_1+n_2}{2}}, & x > 0, \\ 0, & x \leq 0. \end{cases}$$

其图像如图 6-6 所示.

此外,可以证明,若 $F \sim F(n_1, n_2)$,则

$$E(F) = \frac{n_2}{n_2-2} \quad (n_2 > 2),$$

$$D(F) = \frac{2n_2^2(n_1+n_2-2)}{n_1(n_2-2)^2(n_2-4)} \quad (n_2 > 4).$$

例 3 已知 $T \sim t(n)$,求 T^2 的分布.

解 由 t 分布定义可知,随机变量 U 与 V 相互独立,使得
$$T = \frac{U}{\sqrt{V/n}},$$

其中 $U \sim N(0,1), V \sim \chi^2(n)$. 而
$$T^2 = \frac{U^2}{V/n} = \frac{U^2/1}{V/n},$$

并且 $U^2 \sim \chi^2(1)$,所以由 F 分布的定义知
$$T^2 = \frac{U^2}{V/n} \sim F(1, n),$$

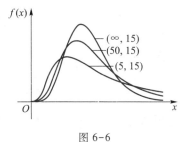

图 6-6

即 T^2 服从自由度为 $(1,n)$ 的 F 分布.

2. 关于 F 分布的两个定理

定理 6.7 设两个正态总体 $X \sim N(\mu_1, \sigma_1^2)$ 和 $Y \sim N(\mu_2, \sigma_2^2)$,分别独立地从 X 和 Y 中抽取样本 $X_1, X_2, \cdots, X_{n_1}$ 和 $Y_1, Y_2, \cdots, Y_{n_2}$,则随机变量

$$F = \frac{n_2}{n_1} \cdot \frac{\sigma_2^2}{\sigma_1^2} \cdot \frac{\sum\limits_{i=1}^{n_1} (X_i - \mu_1)^2}{\sum\limits_{i=1}^{n_2} (Y_i - \mu_2)^2} = \frac{\chi_1^2 / n_1}{\chi_2^2 / n_2} \sim F(n_1, n_2).$$

证 由 χ^2 分布定义知

$$\chi_1^2 = \sum_{i=1}^{n_1} \left(\frac{X_i - \mu_1}{\sigma_1} \right)^2 \sim \chi^2(n_1),$$

$$\chi_2^2 = \sum_{i=1}^{n_2} \left(\frac{Y_i - \mu_2}{\sigma_2} \right)^2 \sim \chi^2(n_2),$$

并且两个样本 $X_1, X_2, \cdots, X_{n_1}$ 和 $Y_1, Y_2, \cdots, Y_{n_2}$ 相互独立,所以,由 F 分布的定义,有

$$F = \frac{n_2}{n_1} \cdot \frac{\sigma_2^2}{\sigma_1^2} \cdot \frac{\sum\limits_{i=1}^{n_1} (X_i - \mu_1)^2}{\sum\limits_{i=1}^{n_2} (Y_i - \mu_2)^2} \sim F(n_1, n_2).$$

定理 6.8 设两个正态总体 $X \sim N(\mu_1, \sigma_1^2)$ 和 $Y \sim N(\mu_2, \sigma_2^2)$,分别独立地从 X 和 Y 中抽取样本,样本容量分别为 n_1 和 n_2,样本均值分别为 $\overline{X}$ 和 $\overline{Y}$,样本方差分别为 S_1^2 和 S_2^2,则随机变量

$$F = \frac{S_1^2 / S_2^2}{\sigma_1^2 / \sigma_2^2} \sim F(n_1 - 1, n_2 - 1).$$

证 由于

$$\chi_1^2 = \frac{(n_1 - 1) S_1^2}{\sigma_1^2} \sim \chi^2(n_1 - 1), \quad \chi_2^2 = \frac{(n_2 - 1) S_2^2}{\sigma_2^2} \sim \chi^2(n_2 - 1),$$

并且 χ_1^2 和 χ_2^2 相互独立,由 F 分布的定义知

$$F = \frac{S_1^2 / S_2^2}{\sigma_1^2 / \sigma_2^2} = \frac{\dfrac{\chi_1^2}{n_1 - 1}}{\dfrac{\chi_2^2}{n_2 - 1}} \sim F(n_1 - 1, n_2 - 1).$$

对于给定的正数 $\alpha (0 < \alpha < 1)$,称满足条件

$$P\{F > F_\alpha(n_1, n_2)\} = \int_{F_\alpha(n_1, n_2)}^{+\infty} f(y) \, dy = \alpha$$

的点 $F_\alpha(n_1, n_2)$ 为 $F(n_1, n_2)$ 分布的上侧 α 分位数(点),如图 6-7 所示.

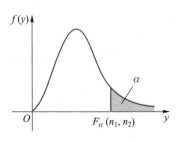

图 6-7

即当 $F \sim F(n_1, n_2)$ 时,

$$P\{F > F_\alpha(n_1, n_2)\} = \alpha,$$

其中 $0 < \alpha < 1$. 当 $\alpha < \dfrac{1}{2}$ 时,对一些常用的 α 可以由附表 5 查得 $F_\alpha(n_1, n_2)$ 的值;当 $\alpha > \dfrac{1}{2}$ 时,可以利用公式

$$F_\alpha(n_1, n_2) = \frac{1}{F_{1-\alpha}(n_2, n_1)}$$

得到 $F_\alpha(n_1, n_2)$ 的值. 这是因为,当 $F \sim F(n_1, n_2)$ 时,$\dfrac{1}{F} \sim F(n_2, n_1)$,

$$
\begin{aligned}
P\left\{F > \frac{1}{F_{1-\alpha}(n_2, n_1)}\right\} &= P\left\{\frac{1}{F} < F_{1-\alpha}(n_2, n_1)\right\} \\
&= 1 - P\left\{\frac{1}{F} \geqslant F_{1-\alpha}(n_2, n_1)\right\} \\
&= 1 - (1 - \alpha) \\
&= \alpha,
\end{aligned}
$$

这里用到了 $F_{1-\alpha}(n_2, n_1)$ 是 $\dfrac{1}{F}$ 的上侧 $1-\alpha$ 分位数.

例如,$F_{0.95}(12, 3) = \dfrac{1}{F_{0.05}(3, 12)} = \dfrac{1}{3.49} = 0.287$.

💻 Excel 求解 F 分布

Excel 采用 F.DIST 函数计算 F 分布的概率 $P\{F < \text{数值}\}$,格式如下:

$$\text{F.DIST}(\text{变量},\text{自由度}1,\text{自由度}2,\text{逻辑值})$$

而 F.DIST · RT 函数则为计算 $P\{F \geqslant \text{数值}\}$ 的值.

范例:设 X 服从自由度 $n_1 = 5$,$n_2 = 15$ 的 F 分布,求 $P\{X > 2.9\}$ 的值.输入公式

$$= \text{F.DIST.RT}(2.9, 5, 15)$$

得到值为 0.05,相当于临界值 α.

若求临界值 $F_\alpha(n_1, n_2)$,则使用 F.INV.RT 函数,格式为

F.INV.RT(上侧概率值 α,自由度1,自由度2)

范例:已知随机变量 X 服从 $F(9, 9)$ 分布,$\alpha = 0.05$,求其上侧 0.05 分位数 $F_{0.05}(9, 9)$.输入公式

$$= \text{F.INV.RT}(0.05, 9, 9)$$

得到值为 $3.178\,893$,即 $F_{0.05}(9, 9) = 3.178\,893$.

📖 课堂练习

1. 设随机变量 X 与 Y 相互独立,且 $X \sim N\left(\mu, \dfrac{\sigma^2}{n}\right)$,$\dfrac{Y}{\sigma^2} \sim \chi^2(n)$,证明 $t = \dfrac{X - \mu}{\sqrt{Y/n}} \sim t(n)$.

2. 若总体 X 有数学期望 $E(X)=\mu$ 和方差 $D(X)=\sigma^2$，取 X 的容量为 n 的样本，样本均值为 $\overline{X}$，问 n 多大时，有 $P\{|\overline{X}-\mu|<0.1\sigma\} \geqslant 0.95$.

习题 6-3

1. 设总体 X 和 Y 都服从正态分布 $N(\mu,2)$，并且 X 与 Y 相互独立，$\overline{X}$ 与 $\overline{Y}$ 分别是来自总体 X 和 Y 的容量都是 n 的样本均值，确定 n 的值，使 $P\{\overline{X}-\overline{Y}>1\} \leqslant 0.01$.

2. 设总体 $X \sim N(0,1)$，$X_1, X_2, \cdots, X_6$ 为 X 的一个样本，设 $Y=(X_1+X_2+X_3)^2+(X_4+X_5+X_6)^2$，求常数 c，使得 cY 服从 χ^2 分布.

3. 设 $X_1, X_2, \cdots, X_{10}$ 为来自总体 $N(0,0.09)$ 的样本，求 $P\left\{\sum_{i=1}^{10} X_i^2 > 1.44\right\}$.

4. 设 $X_1, X_2, \cdots, X_5$ 是总体 $X \sim N(0,1)$ 的一个样本，若统计量 $U=\dfrac{c(X_1+X_2)}{\sqrt{X_3^2+X_4^2+X_5^2}} \sim t(n)$，确定常数 c 与 n.

5. 已知随机变量 $Y \sim \chi^2(n)$，试求：

（1）$\chi_{0.99}^2(12)$，$\chi_{0.01}^2(12)$；

（2）已知 $n=10$，试问当 c 为何值时 $P\{Y>c\}=0.05$，并把 c 用分位数记号表示出来.

6. 已知随机变量 $T \sim t(n)$，试求：

（1）$t_{0.99}(12)$，$t_{0.01}(12)$；

（2）已知 $n=10$，试问当 c 为何值时 $P\{T>c\}=0.95$，并把 c 用分位数记号表示出来.

7. 已知随机变量 $F \sim F(n_1, n_2)$，试求：

（1）$F_{0.99}(10,12)$，$F_{0.01}(10,12)$；

（2）若 $n_1=n_2=10$，试问当 c 为何值时 $P\{F>c\}=0.05$，并把 c 用分位数记号表示出来.

第七章　参数估计

统计推断是数理统计的重要内容,它是指在总体的分布完全未知或形式已知而参数未知的情况下,通过抽取样本对总体的分布或性质做出推断.

在数理统计中,如果总体 X 的分布未知,X 的数字特征也是未知的,这些未知值通常称为**参数**.为了强调参数的未知性,可以冠上"未知"两字,称为**未知参数**.应当指出,数理统计中参数这个概念与概率论中的参数是有区别的.当总体 $X \sim N(\mu, \sigma^2)$ 时,只有在 μ, σ^2 都未知的情况下,μ, σ^2 才都是参数.如果 μ 已知而 σ^2 未知,那么 μ 便不是参数,因为它是一个已知值.

有一类未知参数应该引起特别的重视,它们是标记总体分布的未知参数,例如,已知总体 $X \sim B(1, p)$,其中 p 未知,这个 p 便是标记总体分布的未知参数,这类未知参数通常称为**总体参数**.当总体 X 的分布类型已知时,总体分布的未知因素就集中体现在总体参数上.标记总体分布的总体参数可以不止一个.例如,当 μ, σ^2 均未知时,正态总体 $N(\mu, \sigma^2)$ 中有两个总体参数 μ, σ^2.

总体参数虽然是未知的,但是它可能取值的范围却是已知的.称总体参数的取值范围为**参数空间**,记作 Θ.例如,已知 $X \sim P(\lambda)$,λ 未知.λ 是总体参数,参数空间 $\Theta = (0, \infty)$.又如,已知 $X \sim N(\mu, \sigma^2)$,μ, σ^2 均未知,参数空间 $\Theta = \{(\mu, \sigma) : \mu \in \mathbf{R}, \sigma > 0\}$,这是 $\mu O \sigma$ 平面的上半部分.

今后,在不必强调总体参数的特殊地位时,也简单地称它为参数或未知参数.

如何根据样本对未知参数进行估计? 这就是数理统计中的**参数估计问题**,参数估计的形式有两类:一类是**点估计**,另一类是**区间估计**.

点估计就是依据样本估计未知参数的某个值,这在数轴上表现为一个点.具体地说,假定要估计某个未知参数 θ,要求 θ 的点估计就是要设法根据样本 $(X_1, X_2, \cdots, X_n)$ 构造一个统计量 $h(X_1, X_2, \cdots, X_n)$,在通过抽样获得样本观测值 $(x_1, x_2, \cdots, x_n)$ 后,便用 $h(x_1, x_2, \cdots, x_n)$ 的值来估计未知参数 θ 的值,称 $h(X_1, X_2, \cdots, X_n)$ 为 θ 的**估计量**,记作 $\hat{\theta}(X_1, X_2, \cdots, X_n)$ 或 $\hat{\theta}$;称 $h(x_1, x_2, \cdots, x_n)$ 为 θ 的**估计值**,记作 $\hat{\theta}(x_1, x_2, \cdots, x_n)$ 或 $\hat{\theta}$.在不引起误解的情况下,估计量与估计值都可以称为(点)估计.当然,$\hat{\theta}$ 应该是参数空间 Θ 的某个值.

区间估计就是依据样本估计未知参数在一定范围内,这在数轴上往往表现为一个区间.具体地说,假定要估计某个未知参数 θ,要求 θ 的区间估计就是要设法根据样本 $(X_1, X_2, \cdots, X_n)$ 构造两个统计量 $h_1(X_1, X_2, \cdots, X_n)$,$h_2(X_1, X_2, \cdots, X_n)$,在通过抽样获得样本观测值 $(x_1, x_2, \cdots, x_n)$ 之后,便用一个具体的区间 $[h_1(x_1, x_2, \cdots, x_n), h_2(x_1, x_2, \cdots, x_n)]$ 来估计未知参数 θ 的取值范围.当然,这个区间 $[h_1, h_2]$ 应该是参数空间 Θ 的一个子集.

第一节　点　估　计

设总体 X 的分布类型已知,但其中含有未知参数 θ(θ 可以是向量).例如总体 X 服从正态分布 $N(\mu,\sigma^2)$,含有未知参数 $\theta=(\mu,\sigma^2)$,我们希望根据来自总体的样本 $(X_1,X_2,\cdots,X_n)$ 来对未知参数进行估计.所谓点估计,就是从样本出发构造适当的统计量 $\hat{\theta}=\hat{\theta}(X_1,X_2,\cdots,X_n)$ 作为 θ 的估计量.由于未知参数 θ 是数轴上的一个点,用 $\hat{\theta}$ 去估计 θ,等于用一个点去估计另外一个点,这样的方法叫作点估计,常用的点估计方法包括:矩估计法和极大似然估计法.

一、矩估计法

矩估计法是英国统计学家皮尔逊(K.Pearson)于 1894 年提出的,以样本矩作为总体矩的估计量,以样本矩的连续函数作为总体矩的连续函数的估计量,进而得到未知参数点估计量的方法称为**矩估计法**.

设 $X_1,X_2,\cdots,X_n$ 是总体 X 的一个样本,$E(X)=\mu$,$D(X)=\sigma^2$,μ,σ^2 未知,则 $\overline{X}$ 是未知参数 μ 的矩估计;S_n^2 是未知参数 σ^2 的矩估计,S_n 是未知参数 σ 的矩估计.

例 1　设总体 X 的概率密度为

$$f(x;\lambda)=\begin{cases}\lambda e^{-\lambda x}, & x>0,\\ 0, & x\leqslant 0,\end{cases}$$

其中 λ 为未知参数,$(X_1,X_2,\cdots,X_n)$ 是总体 X 的样本.试用矩估计法求 λ 的估计量 $\hat{\lambda}$.

解　由 $E(X)=\displaystyle\int_{-\infty}^{\infty}xf(x;\lambda)\mathrm{d}x=\frac{1}{\lambda}$ 得方程

$$\frac{1}{\lambda}=\frac{1}{n}\sum_{i=1}^{n}X_i,$$

解此方程,得到 λ 的矩估计量为

$$\hat{\lambda}=\frac{n}{\displaystyle\sum_{i=1}^{n}X_i}=\frac{1}{\overline{X}}.$$

若一组样本观测值,其样本均值为 $\bar{x}=0.5$,则 λ 的矩估计值为 $\hat{\lambda}=2$.

例 2　设总体 X 在 $[a,b]$ 上服从均匀分布,a,b 未知,$(X_1,X_2,\cdots,X_n)$ 为总体 X 的一个样本,试求 a,b 的矩估计量.

解　X 的概率密度为

$$f(x;a,b)=\begin{cases}\dfrac{1}{b-a}, & a\leqslant x\leqslant b,\\ 0, & \text{其他},\end{cases}$$

由

$$E(X)=\int_{a}^{b}x\cdot\frac{1}{b-a}\mathrm{d}x=\frac{a+b}{2},$$

$$E(X^2) = D(X) + [E(X)]^2$$

$$= \int_a^b \left(x - \frac{a+b}{2}\right)^2 \cdot \frac{1}{b-a}dx + \frac{(a+b)^2}{4},$$

$$= \frac{(b-a)^2}{12} + \frac{(a+b)^2}{4},$$

得方程组

$$\begin{cases} \dfrac{a+b}{2} = \overline{X}, \\ \dfrac{(b-a)^2}{12} + \dfrac{(a+b)^2}{4} = \dfrac{1}{n}\sum_{i=1}^n X_i^2. \end{cases}$$

解此方程组得 a,b 的矩估计量分别为

$$\begin{cases} \hat{a} = \overline{X} - \sqrt{\dfrac{3}{n}\sum_{i=1}^n (X_i - \overline{X})^2}, \\ \hat{b} = \overline{X} + \sqrt{\dfrac{3}{n}\sum_{i=1}^n (X_i - \overline{X})^2}. \end{cases}$$

矩估计法是一种经典的估计方法,它比较直观,使用也比较方便.使用矩估计法不需要对总体分布附加太多的条件.即使不知道总体分布究竟是哪一种类型,只要知道未知参数与总体各阶原点矩的关系就能使用矩估计法.因此,在实际问题中,矩估计法应用得相当广泛.

二、极大似然估计法

极大似然估计法是求点估计的另一种方法.它最早由高斯提出,后来由费希尔(R.A. Fisher)重新提出,并证明了这个方法的一些性质.极大似然法这一名称也是费希尔给出的.这是目前仍得到广泛使用的一种方法,它是建立在极大似然原理的基础上的一个统计方法.极大似然原理的直观想法是:一个随机试验有若干个可能的结果 $A,B,C,\cdots$,若在一次试验中结果 A 出现,则一般认为试验条件对 A 的出现有利,也即 A 出现的概率最大.

设 $X_1,X_2,\cdots,X_n$ 是取自总体 X 的一个样本,$x_1,x_2,\cdots,x_n$ 为样本值.如果总体 X 是离散型的,其分布列为 $p(x;\theta)$,θ 为未知参数,$\theta \in \Theta$.样本 $X_1,X_2,\cdots,X_n$ 的联合分布列为

$$P\{X_1=x_1, X_2=x_2, \cdots, X_n=x_n\} = \prod_{i=1}^n p(x_i;\theta),$$

容易看出,当样本值 $x_1,x_2,\cdots,x_n$ 固定时上式是参数 θ 的函数,当 θ 取固定值时,上式是事件 $\{X_1=x_1, X_2=x_2, \cdots, X_n=x_n\}$ 发生的概率,记

$$L(\theta) = L(x_1,x_2,\cdots,x_n;\theta) = \prod_{i=1}^n p(x_i;\theta),$$

并称 $L(\theta)$ 为样本的似然函数.若样本值 $x_1,x_2,\cdots,x_n$ 的函数 $\hat{\theta}=\hat{\theta}(x_1,x_2,\cdots,x_n) \in \Theta$ 满足

$$L(\hat{\theta}) = \max_{\theta \in \Theta}\{L(\theta)\},$$

则称 $\hat{\theta} = \hat{\theta}(x_1, x_2, \cdots, x_n)$ 为 θ 的**极大似然估计值**,其相应的统计量 $\hat{\theta}(X_1, X_2, \cdots, X_n)$ 称为 θ 的**极大似然估计量**.

如果总体 X 是连续型的,X 的概率密度为 $f(x; \theta)$,θ 为未知参数,$\theta \in \Theta$.随机点 $(X_1, X_2, \cdots, X_n)$ 落在点 $(x_1, x_2, \cdots, x_n)$ 的边长为 $\Delta x_1, \Delta x_2, \cdots, \Delta x_n$ 的邻域内的概率近似为 $\prod\limits_{i=1}^{n} f(x_i; \theta) \Delta x_i$.我们寻找使 $\prod\limits_{i=1}^{n} f(x_i; \theta) \Delta x_i$ 达到最大的 $\hat{\theta} = \hat{\theta}(x_1, x_2, \cdots, x_n)$,但 $\prod\limits_{i=1}^{n} \Delta x_i$ 与它无关,故可取样本的似然函数为

$$L(\theta) = L(x_1, x_2, \cdots, x_n; \theta) = \prod_{i=1}^{n} f(x_i; \theta).$$

类似地,若样本值 $x_1, x_2, \cdots, x_n$ 的函数 $\hat{\theta} = \hat{\theta}(x_1, x_2, \cdots, x_n) \in \Theta$ 满足

$$L(\hat{\theta}) = \max_{\theta \in \Theta} \{ L(\theta) \},$$

则称 $\hat{\theta} = \hat{\theta}(x_1, x_2, \cdots, x_n)$ 为 θ 的**极大似然估计值**,其相应的统计量 $\hat{\theta}(X_1, X_2, \cdots, X_n)$ 称为 θ 的**极大似然估计量**.

获得样本的似然函数后,为求出未知参数 θ 的极大似然估计量,可以利用微积分中求函数极值的方法.

假设 $f(x; \theta)$ 或 $p(x; \theta)$ 关于 θ 可微,由似然方程

$$\frac{\mathrm{d}L(\theta)}{\mathrm{d}\theta} = 0$$

或对数似然方程

$$\frac{\mathrm{d}\ln L(\theta)}{\mathrm{d}\theta} = 0,$$

可求出极大似然估计 θ.

例 3 设总体 $X \sim P(\lambda)$,求 λ 的极大似然估计量.

解 似然函数为
$$L(\lambda) = \prod_{i=1}^{n} \frac{\mathrm{e}^{-\lambda} \lambda^{x_i}}{x_i!},$$

对数似然函数为

$$\ln L(\lambda) = \ln \lambda \sum_{i=1}^{n} x_i - n\lambda - \sum_{i=1}^{n} \ln(x_i!),$$

令

$$\frac{\mathrm{d}\ln L(\lambda)}{\mathrm{d}\lambda} = \frac{\sum\limits_{i=1}^{n} x_i}{\lambda} - n = 0,$$

求得 λ 的极大似然估计值为

$$\hat{\lambda} = \frac{1}{n} \sum_{i=1}^{n} x_i = \bar{x},$$

所以极大似然估计量为

$$\hat{\lambda} = \frac{1}{n} \sum_{i=1}^{n} X_i = \bar{X}.$$

例 4 总体 $X \sim N(\mu, \sigma^2)$，求 μ, σ^2 的极大似然估计量.

解 似然函数为

$$L(\mu, \sigma^2) = \frac{1}{(2\pi\sigma^2)^{\frac{n}{2}}} \exp\left\{-\frac{1}{2\sigma^2}\sum_{i=1}^{n}(x_i - \mu)^2\right\},$$

对数似然函数为

$$\ln L(\mu, \sigma^2) = -\frac{n}{2}\ln(2\pi) - \frac{n}{2}\ln\sigma^2 - \frac{1}{2\sigma^2}\sum_{i=1}^{n}(x_i - \mu)^2,$$

分别求关于 μ 和 σ^2 的偏导数，得对数似然方程组

$$\begin{cases} \dfrac{\partial \ln L(\mu, \sigma^2)}{\partial \mu} = \dfrac{1}{\sigma^2}\sum_{i=1}^{n}(x_i - \mu) = 0, \\[3mm] \dfrac{\partial \ln L(\mu, \sigma^2)}{\partial \sigma^2} = -\dfrac{n}{2\sigma^2} + \dfrac{1}{2\sigma^4}\sum_{i=1}^{n}(x_i - \mu)^2 = 0. \end{cases}$$

解上述方程组得 μ 和 σ^2 的极大似然估计值分别为

$$\hat{\mu} = \frac{1}{n}\sum_{i=1}^{n}x_i = \bar{x}, \qquad \hat{\sigma}^2 = \frac{1}{n}\sum_{i=1}^{n}(x_i - \bar{x})^2,$$

因此 μ 和 σ^2 的极大似然估计量分别为

$$\hat{\mu} = \bar{X}, \qquad \hat{\sigma}^2 = \frac{1}{n}\sum_{i=1}^{n}(X_i - \bar{X})^2.$$

极大似然估计具有一个性质：如果 $\hat{\theta}$ 为总体 X 未知参数 θ 的极大似然估计，函数 $u = u(\theta)$ 具有单值反函数 $\theta = \theta(u)$，则 $\hat{u} = u(\hat{\theta})$ 为 $u = u(\theta)$ 的极大似然估计. 利用此性质，我们可获得例 4 中 σ 的极大似然估计量为 $\hat{\sigma} = \sqrt{\dfrac{1}{n}\sum_{i=1}^{n}(X_i - \bar{X})^2}$.

下面给出求极大似然估计的一般步骤：

（1）写出似然函数 $L(\theta)$，即由总体分布导出样本的联合分布列（或联合概率密度）；

（2）令 $\dfrac{\mathrm{d}L(\theta)}{\mathrm{d}\theta} = 0$ 或 $\dfrac{\partial L(\theta)}{\partial \theta_i} = 0 (i = 1, 2, \cdots, k)$，求出驻点（常转化为求对数似然函数 $\ln L(\theta)$ 的驻点，令 $\dfrac{\mathrm{d}\ln L(\theta)}{\mathrm{d}\theta} = 0$ 或 $\dfrac{\partial \ln L(\theta)}{\partial \theta_i} = 0 (i = 1, 2, \cdots, k)$）；

（3）得到参数的极大似然估计.

课堂练习

1. 设总体 X 服从参数为 λ 的泊松分布，$\lambda > 0$ 为未知参数，现有以下样本值

$$3, 4, 1, 5, 6, 3, 8, 7, 2, 0, 1, 5, 7, 9, 8.$$

试用一阶矩估计法求未知参数 λ 的估计值.

2. 设总体 $X \sim E(\lambda)$，求 λ 的极大似然估计量.

3. 设总体 X 服从 $[0, \theta]$ 上的均匀分布，$\theta > 0$，求 θ 的极大似然估计量.

习题 7–1

1. 设总体 X 服从参数为 N 和 p 的二项分布,$X_1, X_2, \cdots, X_n$ 为取自 X 的一个样本,试求参数 p 的矩估计量.

2. 设 $X_1, X_2, \cdots, X_n$ 为取自总体 X 的一个样本,X 的概率密度为

$$f(x;\theta) = \begin{cases} \dfrac{2x}{\theta^2}, & 0 < x < \theta, \\ 0, & \text{其他}, \end{cases}$$

其中 $\theta > 0$,求 θ 的矩估计.

3. 设 $X_1, X_2, \cdots, X_n$ 为总体 X 的一个样本,X 的概率密度为

$$f(x;\lambda) = \begin{cases} \lambda \alpha x^{\alpha-1} \mathrm{e}^{-\lambda x^{\alpha}}, & x > 0, \\ 0, & x \leqslant 0, \end{cases}$$

其中 $\lambda > 0$ 是未知参数,$\alpha > 0$ 是已知常数,求 λ 的极大似然估计.

4. 设总体 X 服从几何分布

$$P\{X = k\} = p(1-p)^{k-1}, k = 1, 2, \cdots, \quad 0 < p < 1,$$

试利用样本值 $x_1, x_2, \cdots, x_n$ 求参数 p 的矩估计和极大似然估计.

5. 设总体 X 的概率密度为 $f(x;\sigma) = \dfrac{1}{2\sigma} \mathrm{e}^{-\left|\frac{x}{\sigma}\right|}$,$\sigma > 0$ 为未知参数,$X_1, X_2, \cdots, X_n$ 为总体 X 的一个样本,求参数 σ 的极大似然估计.

6. 设总体 X 的概率密度为

$$f(x;\sigma^2) = \begin{cases} \dfrac{x}{\sigma^2} \mathrm{e}^{-\frac{x^2}{2\sigma^2}}, & x > 0, \\ 0, & \text{其他}, \end{cases}$$

$\sigma^2 > 0$ 为未知参数,$X_1, X_2, \cdots, X_n$ 为总体 X 的一个样本,求参数 σ^2 的矩估计量和极大似然估计量.

7. 设总体 X 的分布列为

X	0	1	2	3
P	θ^2	$2\theta(1-\theta)$	θ^2	$1-2\theta$

其中 θ 未知,$0 < \theta < \dfrac{1}{2}$.从总体中抽取样本观测值为

$$3, 1, 3, 0, 3, 1, 2, 3,$$

试求 θ 的矩估计值与极大似然估计值.

第二节   估计量优劣评价

对于总体 X 的一个样本 $X_1, X_2, \cdots, X_n$,对于同一个参数,可以有许多不同的估计;在这些估计中,我们希望挑选一个最"优"的点估计.因此,有必要建立评价估计量优劣的标准.下面介绍两个常用的标准:无偏估计和有效估计.

一、无偏估计

对于不同的样本值来说,由估计量 $\hat{\theta}=\hat{\theta}(X_1,X_2,\cdots,X_n)$ 得出的估计值一般是不相同的,这些估计只是在参数 θ 真实值的两旁随机地摆动.要确定估计量 $\hat{\theta}$ 的好坏,要求某一次抽样所得的估计值等于参数 θ 的真实值是没有意义的,但我们希望 $E(\hat{\theta})=\theta$,这是估计量应该具有的一种良好性质,称之为无偏性,它是衡量估计量好坏的一个标准.

> **定义 7.1**　如果未知参数 θ 的估计量 $\hat{\theta}=\hat{\theta}(X_1,X_2,\cdots,X_n)$ 的数学期望 $E(\hat{\theta})$ 存在,且对任意 $\theta\in\Theta$,都有
> $$E(\hat{\theta})=\theta,$$
> 则称 $\hat{\theta}$ 是 θ 的**无偏估计量**.

在科学技术中,称 $E(\hat{\theta})-\theta$ 是以 $\hat{\theta}$ 作为 θ 估计的系统误差.无偏估计的实际意义就是无系统误差.

例 1　设总体 X 的均值 μ 和方差 σ^2 都存在,证明:未修正样本方差 $S_n^2=\dfrac{1}{n}\sum_{i=1}^{n}(X_i-\overline{X})^2$ 不是 σ^2 的无偏估计量.

证　在第六章第二节中,我们证明了 $E(S^2)=\sigma^2$,$E(S_n^2)=\dfrac{n-1}{n}\sigma^2$,因此,修正的样本方差 $S^2=\dfrac{1}{n-1}\sum_{i=1}^{n}(X_i-\overline{X})^2$ 是 σ^2 的无偏估计量,也就是说,S_n^2 不是 σ^2 的无偏估计量.

我们以后一般取 S^2 作为 σ^2 的估计量.

例 2　设总体 $X\sim P(\lambda)$,$X_1,X_2,\cdots,X_n$ 是 X 的一个样本,S^2 为样本方差,$0\le\alpha\le1$,证明:$L=\alpha\overline{X}+(1-\alpha)S^2$ 是参数 λ 的无偏估计量.

证　易见 $E(\overline{X})=E(X)=\lambda$,$E(S^2)=D(X)=\lambda$,

$$
\begin{aligned}
E(L) &=\alpha E(\overline{X})+(1-\alpha)E(S^2)\\
&=\alpha\lambda+(1-\alpha)\lambda\\
&=\lambda,
\end{aligned}
$$

因此,估计量 $L=\alpha\overline{X}+(1-\alpha)S^2$ 是 λ 的无偏估计.

例 3　设 $X_1,X_2,\cdots,X_n$ 是取自总体 X 的一个样本,$X\sim R(0,\theta)$,其中 θ 未知,$\theta>0$.求证 θ 的矩估计 $2\overline{X}$ 为 θ 的无偏估计.

证　按照无偏估计的定义计算 θ 的矩估计 $2\overline{X}$ 的期望值

$$E(2\overline{X})=\frac{2}{n}\sum_{i=1}^{n}E(X_i)=\frac{2}{n}\cdot n\cdot\frac{\theta}{2}=\theta,$$

因此 $2\overline{X}$ 是 θ 的无偏估计.

二、有效估计

同一个参数可以有多个无偏估计量,那么用哪一个更好呢? 设参数 θ 有两个无偏估计量

$\hat{\theta}_1$ 和 $\hat{\theta}_2$,在样本容量 n 相同的情况下,$\hat{\theta}_1$ 的观测值都集中在 θ 的真值附近,而 $\hat{\theta}_2$ 的观测值较远离 θ 的真值,即 $\hat{\theta}_1$ 的方差较 $\hat{\theta}_2$ 的方差小,我们认为 $\hat{\theta}_1$ 较 $\hat{\theta}_2$ 好,由此有如下的定义:

定义 7.2 设 $\hat{\theta}_1 = \hat{\theta}_1(X_1, X_2, \cdots, X_n)$ 和 $\hat{\theta}_2 = \hat{\theta}_2(X_1, X_2, \cdots, X_n)$ 都是参数 θ 的无偏估计量,若对任意 $\theta \in \Theta$,都有

$$D(\hat{\theta}_1) \leq D(\hat{\theta}_2),$$

且至少存在一个 $\theta_0 \in \Theta$ 使得上式中的不等号成立,则称 $\hat{\theta}_1$ 较 $\hat{\theta}_2$ **有效**.

例 4 设 $X_1, X_2, \cdots, X_n$ 是总体 X 的一个样本,X 的均值 μ 和方差 σ^2 都存在,且 $\sigma^2 > 0$,记 $\hat{\theta}_k = \dfrac{1}{k} \sum\limits_{i=1}^{k} X_i, k = 1, \cdots, n$. 易见,

$$E(\hat{\theta}_k) = \frac{1}{k} \sum_{i=1}^{k} E(X_i) = \frac{1}{k} \cdot k\mu = \mu, \quad k = 1, \cdots, n.$$

因此,这些估计量都是 μ 的无偏估计量. 由于

$$D(\hat{\theta}_k) = \frac{1}{k^2} \sum_{i=1}^{k} D(X_i) = \frac{1}{k^2} \cdot k\sigma^2 = \frac{\sigma^2}{k},$$

从而 $\hat{\theta}_n = \overline{X}$ 最有效.

例 5 设 X_1, X_2 是正态总体 $X \sim N(\mu, \sigma^2)$ 的一个样本,X_1, X_2 相互独立,μ 的估计量 $\mu_1 = \dfrac{1}{2}X_1 + \dfrac{1}{2}X_2, \mu_2 = \dfrac{1}{3}X_1 + \dfrac{2}{3}X_2$ 中,

(1) 无偏估计量是哪一个?

(2) 无偏估计量中较有效的是哪一个?

解 (1) 由于 X_1, X_2 是正态总体 $X \sim N(\mu, \sigma^2)$ 的一个样本,

$$\begin{aligned} E(\mu_1) &= E\left(\frac{1}{2}X_1 + \frac{1}{2}X_2\right) \\ &= \frac{1}{2}E(X_1) + \frac{1}{2}E(X_2) \\ &= \frac{1}{2}\mu + \frac{1}{2}\mu \\ &= \mu, \end{aligned}$$

故统计量 μ_1 是 μ 的无偏估计量.

$$\begin{aligned} E(\mu_2) &= E\left(\frac{1}{3}X_1 + \frac{2}{3}X_2\right) \\ &= \frac{1}{3}E(X_1) + \frac{2}{3}E(X_2) \\ &= \frac{1}{3}\mu + \frac{2}{3}\mu \\ &= \mu, \end{aligned}$$

故统计量 μ_2 是 μ 的无偏估计量.

（2）由于 X_1,X_2 是正态总体 $X \sim N(\mu,\sigma^2)$ 的一个样本,且 X_1,X_2 相互独立,则有

$$D(\mu_1) = D\left(\frac{1}{2}X_1 + \frac{1}{2}X_2\right)$$
$$= \frac{1}{4}D(X_1) + \frac{1}{4}D(X_2)$$
$$= \frac{1}{2}\sigma^2,$$

$$D(\mu_2) = D\left(\frac{1}{3}X_1 + \frac{2}{3}X_2\right)$$
$$= \frac{1}{9}D(X_1) + \frac{4}{9}D(X_2)$$
$$= \frac{5}{9}\sigma^2,$$

得 $D(\mu_1) < D(\mu_2)$,由有效估计的定义知统计量 μ_1 比 μ_2 更有效.

 **课堂练习**

设 $X_1,X_2,\cdots,X_n$ 是总体 X 的一个样本,总体 X 的 k 阶原点矩记为 $\mu_k = E(X^k)$,样本的 k 阶原点矩为 $A_k = \frac{1}{n}\sum_{i=1}^{n} X_i^k$,证明: A_k 是 μ_k 的无偏估计量.

习题 7-2

1. 设总体 X 的概率密度为 $f(x;\sigma) = \frac{1}{2\sigma}e^{-\left|\frac{x}{\sigma}\right|}$, $\sigma>0$ 为未知参数, $X_1,X_2,\cdots,X_n$ 为总体 X 的一个样本,求参数 σ 的极大似然估计,同时证明该极大似然估计量为 σ 的无偏估计量.

2. 设总体 $X \sim N(\mu,\sigma^2)$, μ 已知, σ 为未知参数, $X_1,X_2,\cdots,X_n$ 为 X 的一个样本, $\hat{\sigma} = c\sum_{i=1}^{n}|X_i-\mu|$,求参数 c,使 $\hat{\sigma}$ 为 σ 的无偏估计.

3. 设总体 $X \sim N(\mu,\sigma^2)$, X_1,X_2,X_3 是来自 X 的样本,试证:估计量

$$\hat{\mu}_1 = \frac{1}{5}X_1 + \frac{3}{10}X_2 + \frac{1}{2}X_3,$$

$$\hat{\mu}_2 = \frac{1}{3}X_1 + \frac{1}{4}X_2 + \frac{5}{12}X_3,$$

$$\hat{\mu}_3 = \frac{1}{3}X_1 + \frac{1}{6}X_2 + \frac{1}{2}X_3$$

都是 μ 的无偏估计,并指出它们中哪一个最有效.

第三节 区 间 估 计

前两节讨论了参数的点估计问题.点估计,即用适当的统计量去估计未知参数,这些选定的统计量都在一定意义下是被估参数 θ 的优良估计.对给定的样本观测值 $(x_1, \cdots, x_n)$ 算得估计值 $\hat{\theta}(x_1, \cdots, x_n)$ 是被估参数 θ 的良好近似.但近似程度如何?误差范围多大?可信程度如何?这些问题都是点估计无法回答的.本节将要介绍的区间估计则在一定意义下回答了上述问题.

一、置信区间

> **定义 7.3** 设 $X_1, X_2, \cdots, X_n$ 是取自总体 X 的一个样本,θ 为总体分布中所含的未知参数,$\theta \in \Theta$.对于给定的 α,$0 < \alpha < 1$,若存在两个统计量 $\underline{\theta} = \underline{\theta}(X_1, X_2, \cdots, X_n)$ 和 $\overline{\theta} = \overline{\theta}(X_1, X_2, \cdots, X_n)$,使得
>
> $$P\{\underline{\theta} < \theta < \overline{\theta}\} = 1 - \alpha,$$
>
> 则称随机区间 $(\underline{\theta}, \overline{\theta})$ 是 θ 的置信水平为 $1-\alpha$ 的**置信区间**,$\underline{\theta}$ 和 $\overline{\theta}$ 分别称为 θ 的**置信下限**和**置信上限**,$1-\alpha$ 称为**置信水平**.

定义 7.3 表明置信区间 $(\underline{\theta}, \overline{\theta})$ 包含 θ 的真值的概率为 $1-\alpha$,它的两个端点是只依赖 X_1, $X_2, \cdots, X_n$ 的随机变量.设 $x_1, x_2, \cdots, x_n$ 为一个样本值,我们获得一个普通的区间 $(\underline{\theta}(x_1, x_2, \cdots, x_n), \overline{\theta}(x_1, x_2, \cdots, x_n))$ 称之为置信区间 $(\underline{\theta}, \overline{\theta})$ 的一个实现,在不致引起误解的情形下,也简称为置信区间.对于一个实现,只有两种可能,它要么包含 θ 的真值,要么不包含 θ 的真值.在重复取样下(各次取样的样本容量均为 n),我们获得许多不同的实现,根据伯努利大数定律,这些不同的实现中大约有 $100(1-\alpha)\%$ 的实现包含 θ 的真值,而有 $100\alpha\%$ 的实现不包含 θ 的真值.当取置信水平 $1-\alpha = 0.95$ 时,参数 θ 的 0.95 置信区间的意思是:取 100 组容量为 n 的样本观测值所确定的 100 个置信区间 $(\underline{\theta}, \overline{\theta})$ 中,约有 95 个区间含有 θ 的真值,约有 5 个区间不含有 θ 的真值,或者说由一个样本 $X_1, X_2, \cdots, X_n$ 所确定的一个置信区间 $(\underline{\theta}(X_1, X_2, \cdots, X_n), \overline{\theta}(X_1, X_2, \cdots, X_n))$ 中含有 θ 的真值的可能性为 95%.

二、单个正态总体均值与方差的置信区间

以下将讨论正态总体的均值与方差的置信区间.
设 $X \sim N(\mu, \sigma^2)$,$X_1, X_2, \cdots, X_n$ 是取自总体 X 的一个样本.

1. 单个正态总体均值 μ 的置信区间
关于参数 μ 的置信区间,我们分方差 σ^2 已知和 σ^2 未知两种情形讨论.
(1) 总体方差 σ^2 已知的情形
由定理 6.1 知,样本函数

视频

$$U = \frac{\overline{X} - \mu}{\sigma / \sqrt{n}} \sim N(0,1).$$

一般来说,对于已给的置信水平 $1-\alpha$,可以用不同的方法确定未知参数的置信区间.考虑到置信区间的长度表示估计的精确程度,置信区间越短,估计越精确.因为标准正态分布的分布曲线对称于纵坐标轴,不难证明,对称于原点的置信区间是最短的,所以,我们应当选取区间 $(-u_{\alpha/2}, u_{\alpha/2})$(图 7-1),使得

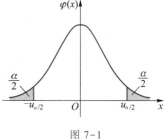

图 7-1

$$P\{|U| < u_{\alpha/2}\} = 1-\alpha,$$

即

$$P\left\{\frac{|\overline{X} - \mu|}{\sigma / \sqrt{n}} < u_{\alpha/2}\right\} = 1-\alpha,$$

即

$$P\left\{|\overline{X} - \mu| < \frac{\sigma u_{\alpha/2}}{\sqrt{n}}\right\} = 1-\alpha,$$

即

$$P\left\{\overline{X} - \frac{\sigma u_{\alpha/2}}{\sqrt{n}} < \mu < \overline{X} + \frac{\sigma u_{\alpha/2}}{\sqrt{n}}\right\} = 1-\alpha.$$

由此可见,总体均值 μ 的置信水平为 $1-\alpha$ 的置信区间是

$$\left(\overline{X} - \frac{\sigma u_{\alpha/2}}{\sqrt{n}}, \overline{X} + \frac{\sigma u_{\alpha/2}}{\sqrt{n}}\right).$$

下面列出了几个常用的正态分布的上侧 α 分位数 u_α 的值,见表 7-1.

表 7-1 常用正态分布的上侧 α 分位数表

α	0.15	0.1	0.05	0.025	0.01	0.005	0.001
u_α	1.036	1.282	1.645	1.960	2.326	2.576	3.090

例 1 已知某产品的质量(单位:g)$X \sim N(\mu, \sigma^2)$,其中 $\sigma = 8$,μ 未知,现从中随机抽取 9 个样品,其平均质量为 $\overline{x} = 575.2$ g,试求该产品的均值 μ 的置信水平为 95% 的置信区间.

解 μ 的置信水平为 $1-\alpha$ 的置信区间为

$$\left(\overline{x} - u_{\alpha/2}\frac{\sigma}{\sqrt{n}}, \overline{x} + u_{\alpha/2}\frac{\sigma}{\sqrt{n}}\right).$$

由 $\overline{x} = 575.2$,$n = 9$,$\sigma = 8$,$1-\alpha = 95\%$,$\alpha = 0.05$,$u_{\alpha/2} = 1.96$ 算得

$$\overline{x} - u_{\alpha/2}\frac{\sigma}{\sqrt{n}} = 575.2 - 1.96 \times \frac{8}{\sqrt{9}} \approx 569.97,$$

$$\bar{x} + u_{\alpha/2} \frac{\sigma}{\sqrt{n}} = 575.2 + 1.96 \times \frac{8}{\sqrt{9}} \approx 580.43,$$

所以,μ 的一个置信水平为 95% 的置信区间为 $(569.97, 580.43)$.

例 2 设总体 $X \sim N(\mu, 0.09)$,测得一组样本观测值为

$$12.6 \qquad 13.4 \qquad 12.8 \qquad 13.2$$

试求总体均值 μ 的置信水平为 0.95 的置信区间.

解 因为 $\sigma^2 = 0.09, n = 4, 1 - \alpha = 0.95, \dfrac{\alpha}{2} = 0.025$,查表 7-1 得 $u_{\alpha/2} = u_{0.025} = 1.96$,将

$$u_{\alpha/2} \frac{\sigma}{\sqrt{n}} = 1.96 \times \frac{0.3}{\sqrt{4}} = 0.294,$$

$$\bar{x} = \frac{1}{4}(12.6 + 13.4 + 12.8 + 13.2) = 13$$

代入置信区间表达式得 μ 的置信水平为 0.95 的置信区间为: $(12.706, 13.294)$.

Excel 计算例 2

第 1 步:在一个矩形区域内输入观测数据,例如在矩形区域 B1:E1 内输入 4 个样本数据.

第 2 步:输入 "= AVERAGE(B1:E1)" 计算均值;样本方差已知,为 0.09;输入 "= sqrt(B3)" 计算标准差;调出 "公式—其他函数—统计" 中的 CONFIDENCE.NORM,输入各参数,计算得 $u_{\alpha/2} \dfrac{\sigma}{\sqrt{n}}$ 值.如图 7-2 所示.

图 7-2

第 3 步:计算置信区间上、下限

输入" = B2-B5"计算置信下限;输入" = B2+B5"计算置信上限,见图 7-3.

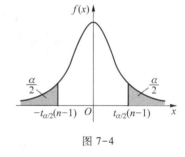

图 7-3

于是,确定 μ 的置信水平为 0.95 的置信区间为 $(12.706,13.294)$.

(2) 总体方差 σ^2 未知的情形

由于 $U = \dfrac{\overline{X}-\mu}{\sigma/\sqrt{n}}$ 中含有未知参数 σ,又 S^2 是 σ^2 的无偏估计量,因此,选取随机变量 $T = \dfrac{\overline{X}-\mu}{S/\sqrt{n}}$ 作为统计量.由定理 6.5 可知 $T \sim t(n-1)$,对于给定的置信水平 $1-\alpha$,由图 7-4 有

$$P\left\{-t_{\alpha/2}(n-1) < \frac{\overline{X}-\mu}{S/\sqrt{n}} < t_{\alpha/2}(n-1)\right\} = 1-\alpha,$$

即

$$P\left\{\overline{X}-t_{\alpha/2}(n-1)\frac{S}{\sqrt{n}} < \mu < \overline{X}+t_{\alpha/2}(n-1)\frac{S}{\sqrt{n}}\right\} = 1-\alpha,$$

因此,μ 的置信水平为 $1-\alpha$ 的置信区间为

$$\left(\overline{X}-t_{\alpha/2}(n-1)\frac{S}{\sqrt{n}}, \overline{X}+t_{\alpha/2}(n-1)\frac{S}{\sqrt{n}}\right),$$

简记为 $\left(\overline{X} \pm t_{\alpha/2}(n-1)\dfrac{S}{\sqrt{n}}\right)$.

$t_{\alpha/2}(n-1)$ 的值可通过查附表 4 得到.

图 7-4

Excel 计算方差 σ^2 未知,参数 μ 的置信区间

首先,在一个矩形区域内输入观测数据,例如在矩形区域 B3:G4 内输入样本数据.

其次,计算置信下限和置信上限.t 分布的置信区间用 CONFIDENCE.T 命令计算 $t_{\alpha/2}(n-1) \cdot \dfrac{S}{\sqrt{n}}$ 的值.

用 AVERAGE(B3:G5)±CONFIDENCE 计算置信上限和置信下限.

例 3 假设轮胎的寿命 $X \sim N(\mu,\sigma^2)$.为估计它的平均寿命,现随机抽取 12 只,测得它们

的寿命为(单位:10^4 km)

4.68	4.85	4.32	4.85	4.61	5.02
5.20	4.60	4.58	4.72	4.38	4.70

求 μ 的置信水平为 0.95 的置信区间.

解　$n=12, \bar{x} \approx 4.709\ 2, s^2 \approx 0.061\ 5, 1-\alpha=95\%, \alpha=0.05,$
$t_{0.025}(11)=2.201\ 0,$ 算得 μ 的置信水平为 0.95 的置信区间为

$$\left(\bar{x}-t_{0.025}(11)\frac{s}{\sqrt{n}}, \bar{x}+t_{0.025}(11)\frac{s}{\sqrt{n}} \right) = (4.551\ 6, 4.866\ 8).$$

Excel2010 求解例 3

在 Excel 中输入各点数据,不妨设 B3:G4.

$$\bar{x} = \text{AVERAGE(B3:G4)}$$
$$s^2 = \text{VAR.S(B3:G4)}$$
$$s = \text{SQRT(B6)}$$

再利用 CONFIDENCE.T 计算,结果见图 7-5 所示.

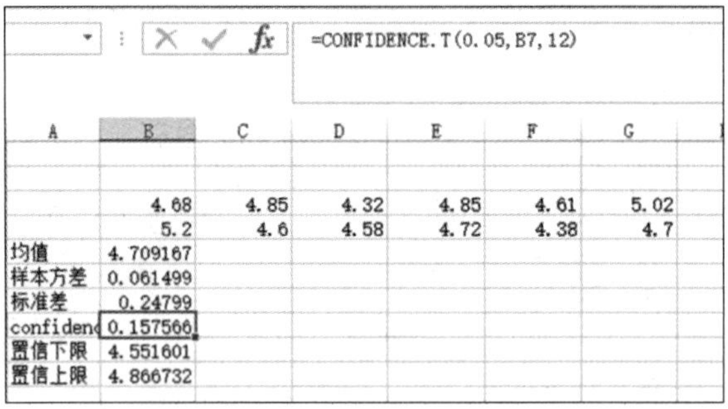

	:	$\times$ $\checkmark$ f_x	=CONFIDENCE.T(0.05,B7,12)			
A	B	C	D	E	F	G
	4.68	4.85	4.32	4.85	4.61	5.02
	5.2	4.6	4.58	4.72	4.38	4.7
均值	4.709167					
样本方差	0.061499					
标准差	0.24799					
confiden	0.157566					
置信下限	4.551601					
置信上限	4.866732					

图 7-5

算得 μ 的置信水平为 0.95 的置信区间为 $(4.551\ 6, 4.866\ 7).$

用 Excel 与用公式算得的数值有稍微差别,是由舍入误差引起的.

2. 单个正态总体方差 σ^2 的置信区间

(1) 总体均值 μ 已知的情形

由于 $X_i \sim N(\mu, \sigma^2)$ $(i=1,2,\cdots,n)$,即 $\dfrac{X_i-\mu}{\sigma} \sim N(0,1)$,所以

$$\sum_{i=1}^{n} \frac{(X_i-\mu)^2}{\sigma^2} \sim \chi^2(n).$$

我们选取随机变量 $\dfrac{1}{\sigma^2}\sum_{i=1}^{n}(X_i-\mu)^2$ 作为统计量,对于给定的置信水平 $1-\alpha$,由图 7-6 有

$$P\left\{ \chi_{1-\alpha/2}^2(n) < \frac{1}{\sigma^2}\sum_{i=1}^{n}(X_i-\mu)^2 < \chi_{\alpha/2}^2(n) \right\} = 1-\alpha,$$

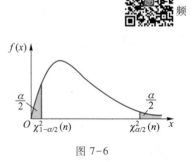

视频

图 7-6

即

$$P\left\{\frac{\sum\limits_{i=1}^{n}(X_i-\mu)^2}{\chi^2_{\alpha/2}(n)}<\sigma^2<\frac{\sum\limits_{i=1}^{n}(X_i-\mu)^2}{\chi^2_{1-\alpha/2}(n)}\right\}=1-\alpha.$$

因此,σ^2 的置信水平为 $1-\alpha$ 的置信区间为

$$\left(\frac{\sum\limits_{i=1}^{n}(X_i-\mu)^2}{\chi^2_{\alpha/2}(n)},\frac{\sum\limits_{i=1}^{n}(X_i-\mu)^2}{\chi^2_{1-\alpha/2}(n)}\right).$$

我们也得到 σ 的置信水平为 $1-\alpha$ 的置信区间为

$$\left(\sqrt{\frac{\sum\limits_{i=1}^{n}(X_i-\mu)^2}{\chi^2_{\alpha/2}(n)}},\sqrt{\frac{\sum\limits_{i=1}^{n}(X_i-\mu)^2}{\chi^2_{1-\alpha/2}(n)}}\right).$$

（2）总体均值 μ 未知的情形

由于 $\chi^2=\dfrac{1}{\sigma^2}\sum\limits_{i=1}^{n}(X_i-\overline{X})^2=\dfrac{(n-1)S^2}{\sigma^2}\sim\chi^2(n-1)$,选取随机变量 χ^2 作为统计量,类似地,我们

得到 σ^2 的置信水平为 $1-\alpha$ 的置信区间为

$$\left(\frac{\sum\limits_{i=1}^{n}(X_i-\overline{X})^2}{\chi^2_{\alpha/2}(n-1)},\frac{\sum\limits_{i=1}^{n}(X_i-\overline{X})^2}{\chi^2_{1-\alpha/2}(n-1)}\right),$$

即

$$\left(\frac{(n-1)S^2}{\chi^2_{\alpha/2}(n-1)},\frac{(n-1)S^2}{\chi^2_{1-\alpha/2}(n-1)}\right),$$

σ 的置信水平为 $1-\alpha$ 的置信区间为

$$\left(\sqrt{\frac{\sum\limits_{i=1}^{n}(X_i-\overline{X})^2}{\chi^2_{\alpha/2}(n-1)}},\sqrt{\frac{\sum\limits_{i=1}^{n}(X_i-\overline{X})^2}{\chi^2_{1-\alpha/2}(n-1)}}\right),$$

即

$$\left(\frac{\sqrt{n-1}\,S}{\sqrt{\chi^2_{\alpha/2}(n-1)}},\frac{\sqrt{n-1}\,S}{\sqrt{\chi^2_{1-\alpha/2}(n-1)}}\right).$$

$\chi^2_{\alpha/2}(n)$ 和 $\chi^2_{\alpha/2}(n-1)$ 的值可通过查附表 3 得到.

例 4 在例 3 中,求 σ^2 的置信水平为 0.95 的置信区间.

解 例 3 为总体均值未知情形,$n=12$,$s^2\approx0.0615$,$(n-1)s^2=0.6765$,

$$1-\alpha=95\%,\alpha=0.05,\quad\chi^2_{0.975}(11)=3.816,\quad\chi^2_{0.025}(11)=21.920,$$

算得 σ^2 的置信水平为 0.95 的置信区间为（0.0309,0.1773）.

Excel 计算参数 σ^2 的置信区间

首先,在一个矩形区域内输入观测数据,例如在矩形区域 B3:F4 内输入样本数据.

其次,计算置信下限和置信上限.可以在数据区域 B3:F4 以外的任意两个单元格内分别输入如下两个表达式:

(1) 均值 μ 已知的情形

=COUNT(B3:F4) * VAR.P(B3:F4)/CHISQ.INV.RT(α/2,COUNT(B3:F4)) (置信下限);

=COUNT(B3:F4) * VAR.P(B3:F4)/CHISQ.INV.RT($1-\alpha$/2,COUNT(B3:F4) (置信上限).

(2) 均值 μ 未知的情形

=(COUNT(B3:F4)−1) * VAR.S(B3:F4)/CHISQ.INV.RT(α/2,COUNT(B3:F4)−1)
(置信下限);

=(COUNT(B3:F4)−1) * VAR.S(B3:F4)/CHISQ.INV.RT($1-\alpha$/2,COUNT(B3:F4)−1)
(置信上限).

例5 从一批火箭推力装置中随机抽取 10 个进行试验,它们的燃烧时间(单位:s)如下:

    50.7   54.9   54.3   44.8   42.2   69.8   53.4   66.1   48.1   34.5

设燃烧时间近似地服从正态分布,试求总体方差 σ^2 的置信水平为 0.9 的置信区间.

解 Excel 操作步骤见图 7-7:

① 在单元格 B3:C7 分别输入样本数据;

② 在单元格 C9 中输入样本数或输入公式 = COUNT(B3:C7);

③ 在单元格 C10 中输入置信水平 0.1.

④ 计算样本方差:在单元格 C11 中输入公式 = VAR.S(B3:C7)

⑤ 计算两个查表值:在单元格 C12 中输入公式 = CHISQ.INV.RT(C10/2,C9−1),在单元格 C13 中输入公式 =CHISQ.INV.RT(1−C10/2,C9−1)

	A	B	C	D	E
1	总体均值未知,求总体方差的置信区间				
2					
3		50.7	69.8		
4		54.9	53.4		
5		54.3	66.1		
6		44.8	48.1		
7		42.2	34.5		
8					
9	样本数		10		
10	置信水平		0.1		
11	样本方差		111.3551		
12	查表值1		16.91898		
13	查表值2		3.325113		
14	置信下限		59.23502		
15	置信上限		301.4021		
16					

图 7-7

⑥ 计算置信下限:在单元格 C14 中输入公式 =(C9−1) * C11/C12

⑦ 计算置信上限:在单元格 C15 中输入公式 =(C9−1) * C11/C13.

三、单侧置信区间

前面讨论的参数 θ 的置信区间$(\underline{\theta},\overline{\theta})$ 是双侧置信区间,即有置信上限 $\overline{\theta}$ 和置信下限 $\underline{\theta}$.有时在一些实际问题中,我们只关心参数 θ 的上限或下限,因此有必要讨论参数 θ 的单侧置信区间.

定义 7.4 设 $X_1,\cdots,X_n$ 是取自总体 X 的一个样本,θ 为总体分布中所含的未知参数,$\theta \in \Theta$.对于给定的 $\alpha(0<\alpha<1)$,若存在统计量 $\underline{\theta}=\underline{\theta}(X_1,\cdots,X_n)$ 或 $\overline{\theta}=\overline{\theta}(X_1,\cdots,X_n)$,使得

$$P\{\theta>\underline{\theta}\} = 1-\alpha$$

或

$$P\{\theta<\overline{\theta}\} = 1-\alpha.$$

则称随机区间$(\underline{\theta},+\infty)$(或$(-\infty,\overline{\theta})$)是 θ 的置信水平为 $1-\alpha$ 的**单侧置信区间**,$\underline{\theta}$ 称为 θ 的**单侧置信下限**($\overline{\theta}$ 称为 θ 的**单侧置信上限**).

求参数 θ 的单侧置信区间的方法与求 θ 的置信区间$(\underline{\theta},\overline{\theta})$ 的方法是类似的.

双侧置信区间和单侧置信区间的详细的结果见表 7-2，表 7-3.

表 7-2　正态总体均值、方差的双侧置信区间

待估参数	条件	统计量及分布	双侧置信区间
μ	σ^2 已知	$\dfrac{\overline{X}-\mu}{\sigma/\sqrt{n}}\sim N(0,1)$	$\left(\overline{X}-u_{\alpha/2}\dfrac{\sigma}{\sqrt{n}},\overline{X}+u_{\alpha/2}\dfrac{\sigma}{\sqrt{n}}\right)$
μ	σ^2 未知	$\dfrac{\overline{X}-\mu}{S/\sqrt{n}}\sim t(n-1)$	$\left(\overline{X}-t_{\alpha/2}(n-1)\dfrac{S}{\sqrt{n}},\overline{X}+t_{\alpha/2}(n-1)\dfrac{S}{\sqrt{n}}\right)$
σ^2	μ 已知	$\sum\limits_{i=1}^{n}\dfrac{(X_i-\mu)^2}{\sigma^2}\sim\chi^2(n)$	$\left(\dfrac{\sum\limits_{i=1}^{n}(X_i-\mu)^2}{\chi^2_{\alpha/2}(n)},\dfrac{\sum\limits_{i=1}^{n}(X_i-\mu)^2}{\chi^2_{1-\alpha/2}(n)}\right)$
σ^2	μ 未知	$\dfrac{(n-1)S^2}{\sigma^2}\sim\chi^2(n-1)$	$\left(\dfrac{(n-1)S^2}{\chi^2_{\alpha/2}(n-1)},\dfrac{(n-1)S^2}{\chi^2_{1-\alpha/2}(n-1)}\right)$

（左侧合并表头：一个正态总体）

表 7-3　正态总体均值、方差的单侧置信上、下限

待估参数	条件	单侧置信下限	单侧置信上限
μ	σ^2 已知	$\overline{X}-u_{\alpha}\dfrac{\sigma}{\sqrt{n}},$	$\overline{X}+u_{\alpha}\dfrac{\sigma}{\sqrt{n}}$
μ	σ^2 未知	$\overline{X}-t_{\alpha}(n-1)\dfrac{S}{\sqrt{n}}$	$\overline{X}+t_{\alpha}(n-1)\dfrac{S}{\sqrt{n}}$
σ^2	μ 已知	$\dfrac{\sum\limits_{i=1}^{n}(X_i-\mu)^2}{\chi^2_{\alpha}(n)}$	$\dfrac{\sum\limits_{i=1}^{n}(X_i-\mu)^2}{\chi^2_{1-\alpha}(n)}$
σ^2	μ 未知	$\dfrac{(n-1)S^2}{\chi^2_{\alpha}(n-1)}$	$\dfrac{(n-1)S^2}{\chi^2_{1-\alpha}(n-1)}$

（左侧合并表头：一个正态总体）

 **课堂练习**

在例 2 中，求 μ 的置信水平为 0.95 的单侧置信下限.

习题 7-3

1. 从大批灯管中随机抽取 100 只,其平均寿命为 10 000 h,可以认为灯管的寿命 X 服从正态分布.已知标准差 $\sigma = 40$ h,在置信水平 0.95 下求出这批灯管平均寿命的置信区间.

2. 设随机地调查 26 年投资的年利润率(%),得样本标准差 $s = 15\%$,设投资的年利润率 X 服从正态分布,求它的方差的区间估计(置信水平为 0.95).

3. 从一批钉子中抽取 16 枚,测得其长度(单位:cm)为

$$2.14,\quad 2.10,\quad 2.13,\quad 2.15,\quad 2.13,\quad 2.12,\quad 2.13,\quad 2.10,$$
$$2.15,\quad 2.12,\quad 2.14,\quad 2.10,\quad 2.13,\quad 2.11,\quad 2.14,\quad 2.11.$$

设钉子的长度 X 服从正态分布,试求总体均值 μ 的置信水平为 0.90 的置信区间.

4. 生产一个零件所需时间(单位:s)$X \sim N(\mu, \sigma^2)$,观察 25 个零件的生产时间得 $\bar{x} = 5.5, s = 1.73$.试求 μ 和 σ^2 的置信水平为 0.95 的置信区间.

5. 产品的某一指标 $X \sim N(\mu, \sigma^2)$,已知 $\sigma = 0.04, \mu$ 未知.现从这批产品中抽取 n 只对该指标进行测定,问 n 需要多大,才能以 95% 的可靠性保证 μ 的置信区间长度不大于 0.01?

6. 从自动机床加工的同类零件中随机抽取 16 件,测得长度(单位:mm)为

$$12.15 \quad 12.12 \quad 12.01 \quad 12.28 \quad 12.08 \quad 12.16 \quad 12.03 \quad 12.01$$
$$12.06 \quad 12.13 \quad 12.07 \quad 12.11 \quad 12.08 \quad 12.01 \quad 12.03 \quad 12.06$$

设零件长度 $X \sim N(\mu, \sigma^2)$,试求 μ 与 σ^2 的置信水平为 0.95 的置信区间.

第八章 假设检验

统计推断的另一个问题——假设检验,所谓假设检验就是对总体的分布形式(类型)或分布的某些参数,提出某种假设,并利用样本(提供的信息)对假设的正确性作出检验(判断).假设检验在数理统计的理论研究和实际应用中都占有重要的地位.本章介绍假设检验的基本概念以及正态总体参数的显著性检验.

第一节 假设检验的基本概念

一、假设检验的思想与方法

下面我们通过例子说明假设检验的基本思想和方法.

例1 某化肥厂用自动打包机包装化肥,其均值为 100 kg. 根据经验知每包净重 X(单位:kg)是一个随机变量,它服从正态分布,标准差为 0.1 kg.某日为检验自动打包机工作是否正常,随机地抽取 9 包,称得净重如下:

$$99.3,98.7,100.5,101.2,98.3,99.7,99.5,102.1,100.5.$$

试问这一天自动打包机工作是否正常?

本例的问题是如何根据样本值来判断自动打包机是否工作正常,即要看总体均值 μ 是否为 100 kg.为此,我们给出假设

$$H_0:\mu=\mu_0=100.$$

现用样本值来检验假设 H_0 是否成立,H_0 成立意味着自动打包机工作正常,否则认为自动打包机工作不正常.在假设检验问题中,我们把与总体有关的假设称为**统计假设**,把待检验的假设称为**原假设**,记为 H_0,与原假设 H_0 相对立的假设称为**备择假设**,记为 H_1.本例中的备择假设为 $H_1:\mu\neq100$.用样本值来检验假设 H_0 成立,称为**接受 H_0**(即拒绝 H_1),否则称为**接受 H_1**(即拒绝 H_0).

如何检验 $H_0:\mu=100$ 成立与否? 我们知道,样本均值 $\overline{X}$ 是 μ 的无偏估计,自然地希望用 $\overline{X}$ 这一统计量来进行判断,在 H_0 为真的条件下,$\overline{X}$ 的观测值 $\overline{x}$ 应在 100 附近,即 $|\overline{x}-100|$ 比较小,也就是说,要选取一个适当的常数 k,使得 $\left\{\left|\dfrac{\overline{x}-\mu_0}{\sigma/\sqrt{n}}\right|\geqslant k\right\}$ 是一个小概率事件.我们称这样的小概率为**显著性水平**,记为 $\alpha(0<\alpha<1)$.一般地,α 取 0.10,0.05,0.01 等.注意到当 H_0 为真时,统计量

$$U=\frac{\overline{X}-\mu_0}{\sigma/\sqrt{n}}\sim N(0,1).$$

对于给定的显著性水平 α,令

$$P\{|U| \geqslant k\} = P\left\{\left|\frac{\overline{X}-\mu_0}{\sigma/\sqrt{n}}\right| \geqslant k\right\} = \alpha,$$

于是 $k = u_{\alpha/2}$. 设统计量 $U = \dfrac{\overline{X}-\mu_0}{\sigma/\sqrt{n}}$ 的观测值为 $u = \dfrac{\overline{x}-100}{\sigma/\sqrt{n}}$,如果 $|u| \geqslant u_{\alpha/2}$,则意味着概率为 α 的小概率事件发生了,根据实际推断原理(一个小概率事件在一次试验中几乎不可能发生),我们拒绝 H_0,否则接受 H_0. 在本例中,若取 $\alpha = 0.05$,$u_{\alpha/2} = u_{0.025} = 1.96$,

$$|u| = \left|\frac{\overline{x}-100}{\sigma/\sqrt{n}}\right| = \left|\frac{99.98-100}{0.1/\sqrt{9}}\right| = 0.6 < 1.96,$$

因此,接受原假设 H_0,即自动打包机工作正常.

从本例可以看出,假设检验的基本思想是:为验证原假设 H_0 是否成立,我们首先假定 H_0 是成立的,然后在 H_0 成立的条件下,利用观测到的样本提供的信息,如果能导致一个不合理的现象出现,即一个概率很小的事件在一次试验中发生了,我们有理由认为事先的假定是不正确的,从而拒绝 H_0,因为实际推断原理认为,一个小概率事件在一次试验中是几乎不可能发生的. 如果没有出现不合理的现象,则样本提供的信息并不能否定事先假定的正确性,从而我们没有理由拒绝 H_0,即接受 H_0.

为了利用提供的信息,我们需要适当地构造一个统计量,称之为**检验统计量**,如例 1 的检验统计量是 $U = \dfrac{\overline{X}-\mu_0}{\sigma/\sqrt{n}}$. 利用检验统计量,我们可以确定一个由小概率事件对应的检验统计量的取值范围,称这一范围为假设检验的**拒绝域**,记为 W,如例 1 的拒绝域为 $W = \{|u| \geqslant u_{\alpha/2}\}$. 当 $u \in W$ 时,我们拒绝 H_0;当 $u \notin W$ 时,接受 H_0.

二、假设检验的两类错误

由于假设检验是依据实际推断原理和一个样本值作出判断的,因此,所作的判断可能出现错误. 如原假设 H_0 客观上是真的,我们仍有可能以 α 的概率作出拒绝 H_0 的判断,从而犯了"弃真"的错误,这种错误称为**第一类错误**,犯这个错误的概率不超过给定的显著性水平 α,为简单起见,记

$$P\{\text{拒绝 } H_0 | H_0 \text{ 成立}\} = \alpha.$$

另外,当原假设 H_0 客观上是假的,由于随机性而接受 H_0,这就犯了"取伪"的错误,这种错误称为**第二类错误**. 犯第二类错误的概率记为 β,即

$$P\{\text{接受 } H_0 | H_1 \text{ 成立}\} = \beta.$$

在检验一个假设时,人们总是希望犯这两类错误的概率都尽量小. 但当样本容量 n 确定后,不可能同时做到犯这两类错误的概率都很小,因此,通常我们的做法是利用事先给定的显著性水平 α 来限制第一类错误,力求使犯第二类错误的概率 β 尽量小,这类假设检验称为**显著性检验**.

为明确起见,我们把两类错误列于表 8-1 中:

表 8-1 假设检验的两类错误

判断	真实情况	
	H_0 成立	H_1 成立
拒绝 H_0	犯第一类错误	判断正确
接受 H_0	判断正确	犯第二类错误

显著性水平只保证犯第一类错误的概率不超过 α,而没有对犯第二类错误的概率大小作出数量表示.因此,使用显著性检验时,最终结论为拒绝 H_0 时,结论比较可靠;最终判断接受 H_0 则不太可信.然而,一般地计算犯第二类错误的概率需要较深的概率统计知识.

三、假设检验的步骤

从例 1 中可以看出假设检验的一般步骤为:

(1) 根据实际问题提出原假设 H_0 和备择假设 H_1;

(2) 确定检验统计量 Z;

(3) 对于给定的显著性水平 α,并在 H_0 为真的假定下利用检验统计量确定拒绝域 W;

(4) 由样本值算出检验统计量的观测值 z,当 $z \in W$ 时,拒绝 H_0;当 $z \notin W$ 时,接受 H_0.

需要说明的是:原假设和备择假设的建立主要根据具体问题来决定.通常把没有把握不能轻易肯定的命题作为备择假设,而把没有充分理由不能轻易否定的命题作为原假设.

在对参数 θ 的假设检验中,形如 $H_0: \theta = \theta_0$, $H_1: \theta \neq \theta_0$ 的假设检验称为**双侧检验**.在实际问题中,有些被检验的参数,如电子元件的寿命越大越好,而一些指标如原材料的消耗越低越好,因此,需要讨论如下形式的假设检验:

$$H_0: \theta \leq \theta_0, \quad H_1: \theta > \theta_0 \tag{8.1}$$

或

$$H_0: \theta \geq \theta_0, \quad H_1: \theta < \theta_0. \tag{8.2}$$

我们称(8.1)为**右侧检验**,(8.2)为**左侧检验**;左侧检验和右侧检验统称为**单侧检验**.

 **课堂练习**

在正常情况下,某炼钢厂的铁水含碳量(%) $X \sim N(\mu, 0.09)$.某日测得 5 炉铁水含碳量如下:4.48,4.40,4.42,4.45,4.47,在显著性水平 $\alpha = 0.05$ 下,试问该日铁水含碳量的均值是否有明显变化.

 习题 8-1

根据某地环境保护法规定,倾入河流的废物中某种有毒化学物质含量不得超过 3ppm.设该有毒化学物质含量 X 服从正态分布 $N(3, \sigma^2)$.该地区环保组织对某厂连日倾入河流的废物中该物质的含量的记录为 $x_1, x_2, \cdots, x_{15}$,经计算得知 $\sum_{i=1}^{15} x_i = 48$, $\sum_{i=1}^{15} x_i^2 = 156.26$.试判断该厂是否符合环保法的规定(显著性水平 $\alpha = 0.05$).

第二节 正态总体参数的假设检验

设 $X_1, X_2, \cdots, X_n$ 是来自正态总体 $N(\mu, \sigma^2)$ 的一个样本,样本均值为 $\overline{X}$,样本方差为 S^2.

一、单个正态总体的假设检验

1. 单个正态总体均值的假设检验

(1) σ^2 已知时,关于 μ 的假设检验

为检验假设

视频

$$H_0: \mu = \mu_0, \quad H_1: \mu \neq \mu_0,$$

构造检验统计量

$$U = \frac{\overline{X} - \mu_0}{\sigma/\sqrt{n}}.$$

当 H_0 为真时,$U \sim N(0,1)$.检验统计量 U 的观测值 $u = \dfrac{\overline{x} - \mu_0}{\sigma/\sqrt{n}}$ 不应偏大或偏小,故对给定的显著性水平 α,令

$$P\left\{ \left| \frac{\overline{X} - \mu_0}{\sigma/\sqrt{n}} \right| \geq u_{\alpha/2} \right\} = \alpha,$$

得拒绝域为

$$W = \{ |u| \geq u_{\alpha/2} \},$$

当 U 的观测值满足 $|u| \geq u_{\alpha/2}$ 时,拒绝 H_0,即认为均值 μ 与 μ_0 有显著差异;否则接受 H_0,即认为 μ 与 μ_0 无显著差异.

对假设

$$H_0: \mu \leq \mu_0, H_1: \mu > \mu_0,$$

选取检验统计量为

$$U = \frac{\overline{X} - \mu_0}{\sigma/\sqrt{n}},$$

可得此假设检验的拒绝域为

$$W = \{ u \geq u_{\alpha} \}.$$

类似地,我们可得假设检验

$$H_0: \mu \geq \mu_0, \quad H_1: \mu < \mu_0$$

的拒绝域为

$$W = \{ u \leq -u_{\alpha} \}.$$

在上述检验中,我们都用到统计量 $U = \dfrac{\overline{X} - \mu_0}{\sigma/\sqrt{n}}$ 来确定检验的拒绝域,这种方法称为 U 检验

或 Z 检验.

💻 **Excel 计算 σ^2 已知时 μ 的假设检验**

用 Z.TEST 函数,格式为 Z.TEST(观测数组,μ_0,σ).得到 U 检验的单尾概率

$$P\left\{X > \frac{\bar{x}-\mu_0}{\sigma/\sqrt{n}}\right\},$$

比较此值和 α 的大小,若结果小于 α,则拒绝原假设.

例 1　（**Excel 计算 σ^2 已知时 μ 的 U 检验**）外地一良种作物,其亩（1 亩 ≈ 166.7 m^2）产量（单位:kg）服从 $N(800,50^2)$,引入本地试种,收获时任取 5 块地,其亩产量（单位:kg）分别是 800,850,780,900,820,假定引种后亩产量 X 也服从正态分布,试问:若方差不变,本地平均产量 μ 与原产地的平均产量 $\mu_0 = 800$ kg 有无显著变化（显著性水平 $\alpha = 0.05$）.

解　操作步骤和函数表示如图 8-1 所示:

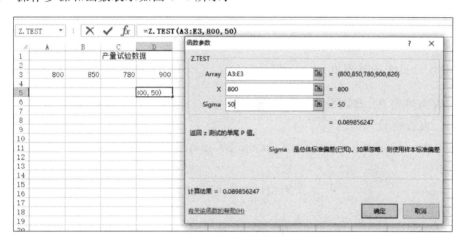

图 8-1

检验假设

$$H_0:\mu = 800,\ H_1:\mu \neq 800$$

为双侧检验.求得概率值约为 $2 \times 0.09 = 0.18 > 0.05 = \alpha$,故接受原假设,即本地平均产量与原产地平均产量无显著差异.

例 2　设某厂生产的一种电子元件的寿命（单位:h）$X \sim N(\mu,40\ 000)$,从过去较长一段时间的生产情况来看,此电子元件的平均寿命不超过 1 500 h,现在采用新工艺后,在所生产的电子元件中抽取 25 只,测得平均寿命 $\bar{x} = 1\ 675$ h.问采用新工艺后,电子元件的寿命是否有显著提高（显著性水平 $\alpha = 0.05$）?

解　建立假设

$$H_0:\mu \leqslant \mu_0 = 1\ 500,\ H_1:\mu > 1\ 500.$$

已知 $n = 25$,$\sigma = 200$,$\bar{x} = 1\ 675$,$\alpha = 0.05$,$u_\alpha = u_{0.05} = 1.645$,$U$ 的观测值为

$$u = \frac{\bar{x}-\mu_0}{\sigma/\sqrt{n}} = 4.375 > u_{0.05} = 1.645,$$

因此,拒绝 H_0,接受 H_1,即认为采用新工艺后,电子元件的寿命有显著提高.

(2) σ^2 未知时,关于 μ 的假设检验

作单个总体均值的 U 检验,要求总体标准差已知,但在实际应用中 σ^2 往往并不知道,我们自然想到用 σ^2 的无偏估计 S^2 代替它,构造检验统计量为

$$T = \frac{\overline{X} - \mu_0}{S/\sqrt{n}}.$$

考虑假设检验

$$H_0 : \mu = \mu_0, \quad H_1 : \mu \neq \mu_0.$$

当 H_0 为真时,$T \sim t(n-1)$.对给定的显著性水平 α,有

$$P\left\{ \left| \frac{\overline{X} - \mu_0}{S/\sqrt{n}} \right| \geqslant t_{\alpha/2}(n-1) \right\} = \alpha,$$

因此,检验的拒绝域为

$$W = \{ |t| \geqslant t_{\alpha/2}(n-1) \}.$$

当检验统计量 T 的观测值 $t = \dfrac{\overline{x} - \mu_0}{s/\sqrt{n}}$ 满足 $|t| \geqslant t_{\alpha/2}(n-1)$,则拒绝 H_0,即认为均值 μ 与 μ_0 有显著差异,否则接受 H_0,即认为 μ 与 μ_0 无显著差异.

类似地,假设检验

$$H_0 : \mu \geqslant \mu_0, \quad H_1 : \mu < \mu_0$$

的拒绝域为

$$W = \{ t \leqslant -t_{\alpha}(n-1) \};$$

假设检验

$$H_0 : \mu \leqslant \mu_0, \quad H_1 : \mu > \mu_0$$

的拒绝域为

$$W = \{ t \geqslant t_{\alpha}(n-1) \}.$$

称上述检验方法为 t **检验**.

Excel 计算 σ^2 未知时 μ 的假设检验

用 Z.TEST 函数,当函数缺省 σ 值,即 Z.TEST(观测数组,μ_0)得到 t 检验的单尾概率

$$P\left\{ X > \frac{\overline{x} - \mu_0}{s/\sqrt{n}} \right\},$$

比较此值与 α 的大小,若结果小于 α,则拒绝原假设.

例 3(Excel 计算 σ^2 未知 μ 的 t 检验) 某一发动机制造商新生产某种发动机,将生产的发动机装入汽车内进行速度测试,得到行驶速度(单位:km/h)如下:

$$250 \quad 238 \quad 265 \quad 242 \quad 248 \quad 258 \quad 255 \quad 236 \quad 245 \quad 261$$
$$254 \quad 256 \quad 246 \quad 242 \quad 247 \quad 256 \quad 258 \quad 259 \quad 262 \quad 263$$

该发动机制造商宣称发动机的平均速度高于 250 km/h,请问样本数据在显著性水平为 0.025

时,是否和他的声明相符.

操作步骤和函数表示如图 8-2 所示:

▼	:	✕	✓	f_x	=Z.TEST(A3:E6,250)		
A	B	C		D	E	F	
	发动机速度测试						
250	238	265		242	248		
258	255	236		245	261		
254	256	246		242	247		
256	258	259		262	263		
				0.144375			

图 8-2

检验假设

$$H_0:\mu=250, H_1:\mu>250$$

为单侧假设检验,求得概率值为 0.144 375>0.025,故接受原假设,即不能认为平均速度高于 250 km/h.

例 4　健康成年男子脉搏平均为 72 次/分,高考体检时,某校参加体检的 26 名男生的脉搏平均为 74.2 次/min,标准差为 6.2 次/min,问此 26 名男生每分钟脉搏次数与一般成年男子有无显著差异($\alpha=0.05$)?

解　建立假设

$$H_0:\mu=\mu_0=72, H_1:\mu\neq72.$$

已知

$$n=26, \overline{x}=74.2, s=6.2, \alpha=0.05, t_{\alpha/2}(25)=t_{0.025}(25)=2.0595,$$

计算 T 的观测值 $t=\dfrac{\overline{x}-\mu_0}{s/\sqrt{n}}=1.81$. 由于 $|1.81|<2.0595$,故接受 H_0,即认为此 26 名男生每分钟脉搏次数与一般成年男子无显著差别.

2. 单个正态总体方差的假设检验

(1)μ 已知时,关于 σ^2 的假设检验

为检验假设

$$H_0:\sigma^2=\sigma_0^2, H_1:\sigma^2\neq\sigma_0^2,$$

视频

选取检验统计量为

$$\chi^2=\frac{1}{\sigma_0^2}\sum_{i=1}^{n}(X_i-\mu)^2.$$

当 H_0 为真时,$\chi^2\sim\chi^2(n)$. 检验统计量 χ^2 不应偏大或偏小,即对给定的显著性水平 α,有

$$P\{(\chi^2\leqslant k_1)\cup(\chi^2\geqslant k_2)\}=\alpha.$$

一般地,取 $k_1=\chi_{1-\alpha/2}^2(n), k_2=\chi_{\alpha/2}^2(n)$,其拒绝域为

$$W=\{\chi^2\leqslant\chi_{1-\alpha/2}^2(n) \text{ 或 } \chi^2\geqslant\chi_{\alpha/2}^2(n)\}.$$

类似地,我们可以讨论左侧检验

$$H_0:\sigma^2\geqslant\sigma_0^2, H_1:\sigma^2<\sigma_0^2$$

和右侧检验

$$H_0:\sigma^2\leqslant\sigma_0^2, H_1:\sigma^2>\sigma_0^2.$$

（2）μ 未知时，关于 σ^2 的假设检验

欲检验假设

$$H_0:\sigma^2=\sigma_0^2, H_1:\sigma^2\neq\sigma_0^2,$$

选取检验统计量为

$$\chi^2=\frac{(n-1)S^2}{\sigma_0^2}.$$

当 H_0 为真时，$\chi^2\sim\chi^2(n-1)$. 检验统计量 χ^2 不应偏大或偏小，即对给定的显著性水平 α，有

$$P\{(\chi^2\leqslant k_1)\cup(\chi^2\geqslant k_2)\}=\alpha.$$

一般地，取 $k_1=\chi_{1-\alpha/2}^2(n-1)$，$k_2=\chi_{\alpha/2}^2(n-1)$，其拒绝域为

$$W=\{\chi^2\leqslant\chi_{1-\alpha/2}^2(n-1) \text{ 或 } \chi^2\geqslant\chi_{\alpha/2}^2(n-1)\}.$$

以上的检验方法称为 χ^2 **检验**.

*二、两个正态总体均值差与方差比的假设检验

1. 两个正态总体均值差的假设检验

设 $X\sim N(\mu_1,\sigma_1^2)$，$Y\sim N(\mu_2,\sigma_2^2)$，从总体 X 和 Y 中分别独立地取出样本 $X_1,X_2,\cdots,X_{n_1}$ 和 $Y_1,Y_2,\cdots,Y_{n_2}$，样本均值依次记为 $\overline{X}$ 和 $\overline{Y}$，样本方差依次记为 S_1^2 和 S_2^2.

（1）σ_1^2 与 σ_2^2 已知时，关于 $\mu_1-\mu_2$ 的假设检验

为检验假设

$$H_0:\mu_1-\mu_2=\delta, H_1:\mu_1-\mu_2\neq\delta.$$

由定理 6.1 易证，在 H_0 成立的条件下，取检验统计量

$$U=\frac{\overline{X}-\overline{Y}-\delta}{\sqrt{\sigma_1^2/n_1+\sigma_2^2/n_2}}\sim N(0,1).$$

给定显著性水平 α，使

$$P\left\{\frac{|\overline{X}-\overline{Y}-\delta|}{\sqrt{\sigma_1^2/n_1+\sigma_2^2/n_2}}\geqslant u_{\alpha/2}\right\}=\alpha,$$

可得拒绝域为

$$W=\{|u|\geqslant u_{\alpha/2}\}.$$

常用的情况是 $\delta=0$，即原假设为 $H_0:\mu_1=\mu_2$.

例 5（Excel 计算 σ_1^2 与 σ_2^2 已知时，关于 $\mu_1-\mu_2$ 的假设检验） 某班 20 人进行了数学测验，第 1 组和第 2 组测验结果如下：

第 1 组：91 88 76 98 94 92 90 87 100 69

第 2 组：90 91 80 92 92 94 98 78 86 91

设这两个样本相互独立，且分别来自正态总体 $N(\mu_1,57)$ 和 $N(\mu_2,53)$，取 $\alpha=0.05$，可否认为两

组学生的成绩有差异?

操作步骤:

① 建立如图 8-3 所示工作表;

② 选取"数据"—"数据分析";

③ 选定"z-检验:双样本平均差检验";

④ 选择"确定",显示一个"z-检验:双样本平均差检验"对话框;

⑤ 在"变量 1 的区域"框输入 A2:A11;

⑥ 在"变量 2 的区域"框输入 B2:B11;

⑦ 在"输出区域"框输入 D1,表示输出结果放置于 D1 右方的单元格中;

	A	B	C	D	E	F
1	第一组	第二组		z-检验:双样本均值分析		
2	91	90				
3	88	91			变量 1	变量 2
4	76	80		平均	88.5	89.2
5	98	92		已知协方差	57	53
6	94	92		观测值	10	10
7	92	94		假设平均差	0	
8	90	98		z	-0.21106	
9	87	78		P(Z<=z) 单尾	0.416421	
10	100	86		z 单尾临界	1.644853	
11	69	91		P(Z<=z) 双尾	0.832842	
12				z 双尾临界	1.959961	
13						

图 8-3

⑧ 在显著性水平"α"框输入 0.05;

⑨ 在"假设平均差"框输入 0;

⑩ 在"变量 1 的方差"框输入 57;

⑪ 在"变量 2 的方差"框输入 53;

⑫ 选择"确定",计算结果如图 8-3 所示.

计算结果得到 z 值为 $-0.211\ 06$(即 U 统计量的观测值),其绝对值小于"z 双尾临界"值 $1.959\ 961$,故接受原假设,表示无充分证据表明两组学生数学测验成绩有差异.

例 6　某苗圃采用两种育苗方案作育苗试验,已知苗高服从正态分布.在两组育苗试验中,苗高的标准差分别为 $\sigma_1 = 18, \sigma_2 = 20$.现都取 60 株苗作为样本,测得样本均值分别为 $\bar{x} = 59.34$ cm 和 $\bar{y} = 49.16$ cm.取显著性水平为 $\alpha = 0.05$,试判断这两种育苗方案对育苗的高度有无显著影响.

解　建立假设

$$H_0 : \mu_1 = \mu_2, H_1 : \mu_1 \neq \mu_2.$$

由题中给出的数据,我们算出统计量 $U = \dfrac{\bar{X} - \bar{Y}}{\sqrt{\sigma_1^2/n_1 + \sigma_2^2/n_2}}$ 的观测值为

$$u = \frac{59.34 - 49.16}{\sqrt{18^2/60 + 20^2/60}} = 2.93.$$

另 $\alpha = 0.05, u_{\alpha/2} = u_{0.025} = 1.96$,因 $|u| = 2.93 > 1.96$,故拒绝 $H_0 : \mu_1 = \mu_2$,认为这两种育苗方案对育苗的高度有显著影响.

(2) σ_1^2 与 σ_2^2 未知但 $\sigma_1^2 = \sigma_2^2 = \sigma^2$ 时,关于 $\mu_1 - \mu_2$ 的假设检验

为检验假设

$$H_0 : \mu_1 - \mu_2 = \delta, H_1 : \mu_1 - \mu_2 \neq \delta.$$

由第六章定理 6.6 可知,在 H_0 成立的条件下,取检验统计量

$$T = \frac{\bar{X} - \bar{Y} - \delta}{S_w \sqrt{1/n_1 + 1/n_2}} \sim t(n_1 + n_2 - 2),$$

其中 $S_w^2 = \dfrac{(n_1-1)S_1^2 + (n_2-1)S_2^2}{n_1+n_2-2}$.给定显著性水平 α,使

$$P\{|T| \geqslant t_{\alpha/2}(n_1+n_2-2)\} = \alpha,$$

可得拒绝域为

$$W = \{|t| \geqslant t_{\alpha/2}(n_1+n_2-2)\}.$$

类似地,我们可得关于 $\mu_1-\mu_2$ 的单侧假设检验的拒绝域(见表 8-3).

例 7(**Excel 计算 σ_1^2 与 σ_2^2 未知但 $\sigma_1^2 = \sigma_2^2 = \sigma^2$ 时,关于 $\mu_1-\mu_2$ 的假设检验**) 已知某种玉米的产量服从正态分布,现有种植该玉米的两个试验区,各分为 10 个小区,各小区的面积相同,在这两个试验区中,除第一试验区施以磷肥外,其他条件相同,两试验区的玉米产量(单位:kg)如下:

第一试验区: 62 57 65 60 63 58 57 60 60 58

第二试验区: 56 59 56 57 58 57 60 55 57 55

试判断使用磷肥对玉米产量是否有影响($\alpha = 0.05$).

操作步骤:

① 建立如图 8-4 所示工作表:

	A	B	C	D	E	F
1	第一试验区	第二试验区		t-检验: 双样本等方差假设		
2	62	56				
3	57	59			变量 1	变量 2
4	65	56		平均	60	57
5	60	57		方差	7.111111	2.666667
6	63	58		观测值	10	10
7	58	57		合并方差	4.888889	
8	57	60		假设平均差	0	
9	60	55		df	18	
10	60	57		t Stat	3.033899	
11	58	55		P(T<=t) 单尾	0.003569	
12				t 单尾临界	1.734064	
13				P(T<=t) 双尾	0.007139	
14				t 双尾临界	2.100922	
15						
16						

图 8-4

② 选取"数据"—"数据分析";

③ 选定" t-检验:双样本等方差假设";

④ 选择"确定",显示一个"t-检验:双样本等方差假设"对话框;

⑤ 在"变量 1 的区域"框输入 A2:A11;

⑥ 在"变量 2 的区域"框输入 B2:B11;

⑦ 在"输出区域"框输入 D1;

⑧ 在显著性水平"α"框输入 0.05;

⑨ 在"假设平均差"框输入 0;

⑩ 选择"确定",计算结果如图 8-4 所示.

计算结果得到 t 值为 3.03,其绝对值大于"t 双尾临界"值 2.100 922,所以拒绝原假设,接受备择假设,即认为使用磷肥对提高玉米产量有显著影响.

例 8 在针织品漂白工艺中,要考虑温度对针织品断裂强度的影响,为比较 70℃ 和 80℃ 的影响有无显著性差异.在这两个温度下,分别重复做了 8 次试验,得到断裂强度的数据(单位:N)如下:

$$70℃:20.5,18.8,19.8,20.9,21.5,21.0,21.2,19.5$$
$$80℃:17.7,20.3,20.0,18.8,19.0,20.1,20.2,19.1$$

由长期生产的数据可知,针织品断裂强度服从正态分布,且方差不变,问这两种温度的断裂强度有无显著差异(显著性水平 $\alpha=0.05$).

解　设 X,Y 分别表示 70℃和 80℃的断裂强度,因此

$$X\sim N(\mu_1,\sigma^2)\,,Y\sim N(\mu_2,\sigma^2).$$

建立假设

$$H_0:\mu_1=\mu_2\,,H_1:\mu_1\neq\mu_2.$$

取 $T=\dfrac{(\overline{X}-\overline{Y})-(\mu_1-\mu_2)}{S_w\sqrt{1/n_1+1/n_2}}$ 为检验统计量,$n_1=n_2=8$,由题中给出的数据可以计算

$$\overline{x}=20.4\,,\ \overline{y}=19.4\,,\ s_w=0.925\,8,$$

检验统计量的观测值为

$$t=\frac{\overline{x}-\overline{y}}{s_w\sqrt{1/n_1+1/n_2}}=2.16.$$

又 $t_{\alpha/2}(n_1+n_2-2)=t_{0.025}(14)=2.144\,8$,因 2.16>2.144 8,故拒绝原假设,即认为这两种温度的断裂强度有显著差异.

2. 两个正态总体方差比的假设检验

设 $X\sim N(\mu_1,\sigma_1^2)$,$Y\sim N(\mu_2,\sigma_2^2)$,从总体 X 和 Y 中分别独立地取出样本 $X_1,X_2,\cdots,X_{n_1}$ 和 $Y_1,Y_2,\cdots,Y_{n_2}$,样本方差依次记为 S_1^2 和 S_2^2.

(1) μ_1 和 μ_2 已知时,检验假设 $H_0:\sigma_1^2=\sigma_2^2,H_1:\sigma_1^2\neq\sigma_2^2$

为检验假设

$$H_0:\sigma_1^2=\sigma_2^2,H_1:\sigma_1^2\neq\sigma_2^2.$$

由第六章的定理 6.7 可知,在 H_0 成立的条件下,取检验统计量

$$F=\frac{n_2\sum_{i=1}^{n_1}(X_i-\mu_1)^2}{n_1\sum_{i=1}^{n_2}(Y_i-\mu_2)^2}\ \sim\ F(n_1,n_2)\ ,$$

给定显著性水平 α,使

$$P\{(F\leq k_1)\cup(F\geq k_2)\}=\alpha.$$

一般地,取 $k_1=F_{1-\alpha/2}(n_1,n_2)$,$k_2=F_{\alpha/2}(n_1,n_2)$,注意到

$$F_{1-\alpha/2}(n_1,n_2)=\frac{1}{F_{\alpha/2}(n_2,n_1)},$$

因此拒绝域为

$$W=\left\{F\leq\frac{1}{F_{\alpha/2}(n_2,n_1)}或 F\geq F_{\alpha/2}(n_1,n_2)\right\}.$$

(2) μ_1 和 μ_2 未知时,检验假设 $H_0:\sigma_1^2=\sigma_2^2,H_1:\sigma_1^2\neq\sigma_2^2$

为检验假设

$$H_0:\sigma_1^2=\sigma_2^2,H_1:\sigma_1^2\neq\sigma_2^2.$$

由第六章的定理 6.8 可知,在 H_0 成立的条件下,取检验统计量

$$F=\frac{S_1^2}{S_2^2}\sim F(n_1-1,n_2-1),$$

给定显著性水平 α,使

$$P\{(F\leqslant k_1)\cup(F\geqslant k_2)\}=\alpha.$$

一般地,取 $k_1=F_{1-\alpha/2}(n_1-1,n_2-1)$,$k_2=F_{\alpha/2}(n_1-1,n_2-1)$,拒绝域为

$$W=\left\{F\leqslant\frac{1}{F_{\alpha/2}(n_2-1,n_1-1)}\text{或}F\geqslant F_{\alpha/2}(n_1-1,n_2-1)\right\}.$$

上述检验方法称为 F 检验.

例 9 根据例 8 的数据,检验 70℃ 和 80℃ 时针织品断裂强度的方差是否相等(显著性水平 $\alpha=0.05$)?

解 建立假设

$$H_0:\sigma_1^2=\sigma_2^2,H_1:\sigma_1^2\neq\sigma_2^2.$$

由已知数据,检验统计量的观测值为

$$F=\frac{s_1^2}{s_2^2}=\frac{0.885\ 7}{0.828\ 6}=1.07,$$

又

$$F_{\alpha/2}(n_1-1,n_2-1)=F_{0.025}(7,7)=4.99,$$

$$\frac{1}{F_{\alpha/2}(n_2-1,n_1-1)}=\frac{1}{F_{0.025}(7,7)}=\frac{1}{4.99}\approx0.20,$$

显然有 $\frac{1}{F_{0.025}(7,7)}=0.20<\frac{s_1^2}{s_2^2}=1.07<4.99=F_{0.025}(7,7)$,因此,接受 H_0,即认为 70℃ 和 80℃ 时针织品断裂强度的方差是相等的.

现把单个正态总体和两个正态总体参数的假设检验的各情况分别总结为表 8-2 和表 8-3.

表 8-2 单个正态总体参数的假设检验(显著性水平为 α)

		原假设 H_0	检验统计量	备择假设 H_1	拒绝域
单个正态总体	σ^2 已知	$\mu\leqslant\mu_0$	$U=\dfrac{\overline{X}-\mu_0}{\sigma/\sqrt{n}}$	$\mu>\mu_0$	$u\geqslant u_\alpha$
		$\mu\geqslant\mu_0$		$\mu<\mu_0$	$u\leqslant-u_\alpha$
		$\mu=\mu_0$		$\mu\neq\mu_0$	$\lvert u\rvert\geqslant u_{\alpha/2}$
	σ^2 未知	$\mu\leqslant\mu_0$	$T=\dfrac{\overline{X}-\mu_0}{S/\sqrt{n}}$	$\mu>\mu_0$	$t\geqslant t_\alpha(n-1)$
		$\mu\geqslant\mu_0$		$\mu<\mu_0$	$t\leqslant-t_\alpha(n-1)$
		$\mu=\mu_0$		$\mu\neq\mu_0$	$\lvert t\rvert\geqslant t_{\alpha/2}(n-1)$

续表

		原假设 H_0	检验统计量	备择假设 H_1	拒绝域
单个正态总体	μ 已知	$\sigma^2 \leqslant \sigma_0^2$ $\sigma^2 \geqslant \sigma_0^2$ $\sigma^2 = \sigma_0^2$	$\chi^2 = \dfrac{1}{\sigma_0^2} \sum_{i=1}^{n} (X_i - \mu)^2$	$\sigma^2 > \sigma_0^2$ $\sigma^2 < \sigma_0^2$ $\sigma^2 \neq \sigma_0^2$	$\chi^2 \geqslant \chi_\alpha^2(n)$ $\chi^2 \leqslant \chi_{1-\alpha}^2(n)$ $\chi^2 \leqslant \chi_{1-\alpha/2}^2(n)$ 或 $\chi^2 \geqslant \chi_{\alpha/2}^2(n)$
	μ 未知	$\sigma^2 \leqslant \sigma_0^2$ $\sigma^2 \geqslant \sigma_0^2$ $\sigma^2 = \sigma_0^2$	$\chi^2 = \dfrac{(n-1)S^2}{\sigma_0^2}$	$\sigma^2 > \sigma_0^2$ $\sigma^2 < \sigma_0^2$ $\sigma^2 \neq \sigma_0^2$	$\chi^2 \geqslant \chi_\alpha^2(n-1)$ $\chi^2 \leqslant \chi_{1-\alpha}^2(n-1)$ $\chi^2 \leqslant \chi_{1-\alpha/2}^2(n-1)$ 或 $\chi^2 \geqslant \chi_{\alpha/2}^2(n-1)$

表 8-3　两个正态总体参数的假设检验(显著性水平为 α)

		原假设 H_0	检验统计量	备择假设 H_1	拒绝域
两个正态总体	σ_1^2, σ_2^2 已知	$\mu_1 - \mu_2 \leqslant \delta$ $\mu_1 - \mu_2 \geqslant \delta$ $\mu_1 - \mu_2 = \delta$	$U = \dfrac{\overline{X} - \overline{Y} - \delta}{\sqrt{\dfrac{\sigma_1^2}{n_1} + \dfrac{\sigma_2^2}{n_2}}}$	$\mu_1 - \mu_2 > \delta$ $\mu_1 - \mu_2 < \delta$ $\mu_1 - \mu_2 \neq \delta$	$u \geqslant u_\alpha$ $u \leqslant -u_\alpha$ $|u| \geqslant u_{\alpha/2}$
	σ_1^2, σ_2^2 未知但相等	$\mu_1 - \mu_2 \leqslant \delta$ $\mu_1 - \mu_2 \geqslant \delta$ $\mu_1 - \mu_2 = \delta$	$T = \dfrac{\overline{X} - \overline{Y} - \delta}{S_w \sqrt{\dfrac{1}{n_1} + \dfrac{1}{n_2}}}$ $S_w = \dfrac{(n_1-1)S_1^2 + (n_2-1)S_2^2}{n_1 + n_2 - 2}$	$\mu_1 - \mu_2 > \delta$ $\mu_1 - \mu_2 < \delta$ $\mu_1 - \mu_2 \neq \delta$	$t \geqslant t_\alpha(n_1+n_2-2)$ $t \leqslant -t_\alpha(n_1+n_2-2)$ $|t| \geqslant t_{\alpha/2}(n_1+n_2-2)$
	μ_1, μ_2 已知	$\sigma_1^2 \leqslant \sigma_2^2$ $\sigma_1^2 \geqslant \sigma_2^2$ $\sigma_1^2 = \sigma_2^2$	$F = \dfrac{n_2 \sum_{i=1}^{n_1} (X_i - \mu_1)^2}{n_1 \sum_{i=1}^{n_2} (Y_i - \mu_2)^2}$	$\sigma_1^2 > \sigma_2^2$ $\sigma_1^2 < \sigma_2^2$ $\sigma_1^2 \neq \sigma_2^2$	$F \geqslant F_\alpha(n_1, n_2)$ $F \leqslant F_{1-\alpha}(n_1, n_2)$ $F \leqslant F_{1-\alpha/2}(n_1, n_2)$ 或 $F \geqslant F_{\alpha/2}(n_1, n_2)$
	μ_1, μ_2 未知	$\sigma_1^2 \leqslant \sigma_2^2$ $\sigma_1^2 \geqslant \sigma_2^2$ $\sigma_1^2 = \sigma_2^2$	$F = \dfrac{S_1^2}{S_2^2}$	$\sigma_1^2 > \sigma_2^2$ $\sigma_1^2 < \sigma_2^2$ $\sigma_1^2 \neq \sigma_2^2$	$F \geqslant F_\alpha(n_1-1, n_2-1)$ $F \leqslant F_{1-\alpha}(n_1-1, n_2-1)$ $F \leqslant F_{1-\alpha/2}(n_1-1, n_2-1)$ 或 $F \geqslant F_{\alpha/2}(n_1-1, n_2-1)$

课堂练习

某厂生产一种电子产品,此产品的某个指标服从正态分布 $N(\mu, \sigma^2)$,现从中抽取容量为 $n = 8$ 的一个样本,测得样本均值 $\overline{x} = 61.125$,样本方差 $s^2 = 93.268$.取显著性水平 $\alpha = 0.05$,试就 $\mu = 60$ 和 μ 未知这两种情况检验假设 $\sigma^2 = 8^2$.

习题 8-2

1. 某厂产品需用玻璃纸包装,按规定供应商供应的玻璃纸的横向延伸率不应低于65.已知该指标服从正态分布 $N(\mu, \sigma^2)$, $\sigma = 5.5$.从近期来货中抽查了100个样品,得样本均值 $\bar{x} = 55.06$,试问在 $\alpha = 0.05$ 水平上能否接受这批玻璃纸?

2. 某纺织厂进行轻浆试验,根据长期正常生产的累积资料,知道该厂单台布机的经纱断头率(每小时平均断经根数)的数学期望为 9.73 根,标准差为 1.60 根.现在把经纱上浆率降低20%,抽取 200 台布机进行试验,结果平均每台布机的经纱断头率为 9.89 根,如果认为上浆率降低后均方差不变,问断头率是否受到显著影响(显著性水平 $\alpha = 0.05$)?

3. 某厂用自动包装机装箱,在正常情况下,每箱质量服从正态分布 $N(100, \sigma^2)$.某日开工后,随机抽查 10 箱,质量(单位:kg)如下:

$$99.3, 98.9, 100.5, 100.1, 99.9, 99.7, 100.0, 100.2, 99.5, 100.9.$$

问包装机工作是否正常,即该日每箱质量的数学期望与100是否有显著差异?(显著性水平 $\alpha = 0.05$)

4. 某自动机床加工套筒的直径 X 服从正态分布.现从加工的这批套筒中任取 5 个,测得直径(单位:μm)分别为 $x_1, \cdots, x_5$,经计算得到

$$\sum_{i=1}^{5} x_i = 124, \qquad \sum_{i=1}^{5} x_i^2 = 3\ 139.$$

试问这批套筒直径的方差与规定的 $\sigma^2 = 7$ 有无显著差别(显著性水平 $\alpha = 0.01$)?

5. 甲、乙两台机床同时独立地加工某种轴,轴的直径分别服从正态分布 $N(\mu_1, \sigma_1^2)$, $N(\mu_2, \sigma_2^2)$(μ_1, μ_2 未知).今从甲机床加工的轴中随机地任取 6 根,测量它们的直径为 $x_1, \cdots, x_6$,从乙机床加工的轴中随机地任取 9 根,测量它们的直径为 $y_1, \cdots, y_9$,经计算得到

$$\sum_{i=1}^{6} x_i = 204.6, \qquad \sum_{i=1}^{6} x_i^2 = 6\ 978.9,$$

$$\sum_{i=1}^{9} y_i = 370.8, \qquad \sum_{i=1}^{9} y_i^2 = 15\ 280.2.$$

问在显著性水平 $\alpha = 0.05$ 下,两台机床加工的轴的直径方差是否有显著差异?

6. 某维尼龙厂根据长期正常生产积累的资料知道所生产的维尼龙纤度服从正态分布,它的标准差为 0.048.某日随机抽取 5 根纤维,测得其纤度为 1.32, 1.55, 1.36, 1.40, 1.44.问该日所生产的维尼龙纤度的标准差是否有显著变化(显著性水平 $\alpha = 0.1$)?

7. 某卷烟厂生产甲、乙两种香烟,分别对它们的尼古丁含量(单位:mg)作了 6 次测定,获得样本观察值为
$$甲:25, 28, 23, 26, 29, 22;$$
$$乙:28, 23, 30, 25, 21, 27.$$

假定这两种烟的尼古丁含量都服从正态分布,且方差相等,试问这两种香烟的尼古丁平均含量有无显著差异(显著性水平 $\alpha = 0.05$)? 对这两种香烟的尼古丁含量,检验它们的方差有无显著差异(显著性水平 $\alpha = 0.1$).

第九章

方差分析与回归分析

第一节　单因素试验的方差分析

方差分析是英国统计学家费希尔在 20 世纪 20 年代创立的.方差分析法首先应用于农业试验,其后应用于工业、生物学、医学等多个方面.方差分析的本质是关于多个具有方差齐性的正态总体,对其均值作检验与估计的统计方法.因其统计分析的依据是通过离差平方和给出的,故习惯上称为方差分析.

在统计学中我们把要考察的试验结果称为指标,把影响指标取值的可以控制的试验条件称为因素,因素常用大写英文字母 A,B,C 表示.每个因素在试验中所处的状态称为水平.如果因素 A 有 r 个水平,则用 $A_1,A_2,\cdots,A_r$ 表示.如果在一项试验中只有一个因素在变化,其他可控试验条件不变,则称这种试验为单因素试验.在单因素试验中只有两个水平,就是上一章讲过的两个总体均值的比较问题.超过两个水平,可用本节将要讨论的单因素试验方差分析方法来解决.

一、数学模型

单因素试验方差分析问题的一般提法:设在单因素试验中考察指标为 X,影响指标的因素 A 有 r 个水平,用 $A_1,A_2,\cdots,A_r$ 表示.A_i 水平对应总体 $X_i \sim N(\mu_i,\sigma^2)$,$i=1,2,\cdots,r$,其中 μ_i,σ^2 未知.但这 r 个总体的方差相同,这是方差分析的前提假设.从总体 X_i 中抽取容量为 n_i 的样本 $X_{i1},X_{i2},\cdots,X_{in_i}$,$i=1,2,\cdots,r$,设这 r 个样本相互独立,且 $X_{ij} \sim N(\mu_i,\sigma^2)$,$j=1,2,\cdots,n_i$.$X_{ij}$ 与 μ_i 的差值可以看成一个随机误差 ε_{ij},它是试验中无法控制的因素引起的.于是得到如下数据结构:

$$\begin{cases} X_{ij}=\mu_i+\varepsilon_{ij}, \\ \varepsilon_{ij} \sim N(0,\sigma^2), \quad j=1,2,\cdots,n_i;i=1,2,\cdots,r. \\ \varepsilon_{ij} \text{相互独立}, \end{cases} \tag{9.1}$$

由于因素 A 在不同水平下对我们所关心的指标的影响大小是通过 r 个均值 $\mu_i(i=1,2,\cdots,r)$ 来体现的,因此考察这种影响的差别是否显著,需要检验假设

$$H_0:\mu_1=\mu_2=\cdots=\mu_r,H_1:\mu_1,\mu_2,\cdots,\mu_r \text{ 不全相等}. \tag{9.2}$$

为便于讨论,记

$$n = \sum_{i=1}^{r} n_i, \quad \mu = \frac{1}{n} \sum_{i=1}^{r} n_i\mu_i,$$

称 n 为**样本总容量**, μ 为**样本总平均**. 又记

$$\alpha_i = \mu_i - \mu, \quad i = 1, 2, \cdots, r,$$

称 α_i 为因素 A 的第 i 个水平 A_i 对试验指标 X 的**效应**. 这 r 个效应满足

$$\sum_{i=1}^{r} n_i \alpha_i = \sum_{i=1}^{r} n_i (\mu_i - \mu) = 0,$$

且假设(9.2)等价于假设

$$H_0 : \alpha_1 = \alpha_2 = \cdots = \alpha_r = 0, \quad H_1 : \alpha_1, \alpha_2, \cdots, \alpha_r \text{ 不全为零.} \tag{9.3}$$

这样模型(9.1)可以表示为

$$\begin{cases} X_{ij} = \mu + \alpha_i + \varepsilon_{ij}, \\ \varepsilon_{ij} \sim N(0, \sigma^2), j = 1, 2, \cdots, n_i; i = 1, 2, \cdots, r. \\ \varepsilon_{ij} \text{ 相互独立,} \end{cases}$$

二、统计分析

为了导出假设检验问题(9.3)的检验统计量,我们首先来分析引起各观测值 X_{ij} 波动(有差异)的原因. 记

$$\overline{X} = \frac{1}{n} \sum_{i=1}^{r} \sum_{j=1}^{n_i} X_{ij},$$

其中 $\overline{X}$ 表示所有样本(观测值)的总平均,又记

$$S_T = \sum_{i=1}^{r} \sum_{j=1}^{n_i} (X_{ij} - \overline{X})^2,$$

称 S_T 为 X_{ij} 与 $\overline{X}$ 之间的**总离差平方和**,简称为**总平方和**. 它反映了全部观测数据之间的差异,即 X_{ij} 之间的波动程度. 若令

$$X_{i.} = \sum_{j=1}^{n_i} X_{ij}, \quad i = 1, 2, \cdots, r,$$

$$\overline{X}_{i.} = \frac{1}{n_i} \sum_{j=1}^{n_i} X_{ij}, \quad i = 1, 2, \cdots, r,$$

我们将 S_T 写成

$$S_T = S_A + S_E,$$

其中

$$S_A = \sum_{i=1}^{r} n_i (\overline{X}_{i.} - \overline{X})^2,$$

$$S_E = \sum_{i=1}^{r} \sum_{j=1}^{n_i} (X_{ij} - \overline{X}_{i.})^2.$$

称 $S_T = S_A + S_E$ 为平方和分解式. 这里 S_E 表示随机误差(因素)的影响,通常称为**误差平方和**或**组内离差平方和**. S_A 表示每个水平下样本均值与样本总平均的差异,通常称为因素 A 的**效应平方和**或**组间离差平方和**.

如何构造假设检验问题(9.3)的检验统计量呢? 通过考察 S_A, S_E 的数学期望 $E(S_A)$,

$E(S_E)$确定 S_A, S_E 与方差 σ^2 的关系,启发我们比较 S_A, S_E 的大小来检验 H_0.通过计算(直接利用期望计算公式)得

$$E(S_A) = (r-1)\sigma^2 + \sum_{i=1}^{r} n_i \alpha_i^2 ,$$

$$E(S_E) = (n-r)\sigma^2.$$

分析发现 $\dfrac{S_E}{n-r}$ 是 σ^2 的一个无偏估计;$\dfrac{S_A}{r-1}$ 是 H_0 成立时 σ^2 的无偏估计,$\dfrac{S_A}{r-1}$ 反映了因素 A 的各水平效应的影响.从直观来看,若 H_0 为真,则 $\dfrac{S_A/(r-1)}{S_E/(n-r)}$ 将接近于 1,这就启发我们比较 S_A, S_E 的大小来检验 H_0.

由 χ^2 分布性质可证,$\dfrac{S_E}{\sigma^2} \sim \chi^2(n-r)$,进一步还可证明,当 H_0 为真时,$\dfrac{S_A}{\sigma^2} \sim \chi^2(r-1)$.因此,$H_0$ 成立时,

$$F = \frac{S_A/(r-1)}{S_E/(n-r)} = \frac{S_A/\sigma^2}{r-1} \bigg/ \frac{S_E/\sigma^2}{n-r} \sim F(r-1,n-r).$$

于是,F 可作为 H_0 的检验统计量.对给定的显著性水平 α,由

$$P\{F \geqslant F_\alpha(r-1,n-r)\} = \alpha$$

得到检验拒绝域为

$$W = \{F \geqslant F_\alpha(r-1,n-r)\}.$$

若 $F > F_\alpha(r-1,n-r)$,则拒绝 H_0;反之,接受 H_0.

上述结果可总结成一个方差分析表,见表 9-1.

表 9-1 方差分析表

方差来源	平方和	自由度	均方	F 值	临界值	显著性
因素 A	S_A	$r-1$	$\bar{S}_A = \dfrac{S_A}{r-1}$			
误差	S_E	$n-r$	$\bar{S}_E = \dfrac{S_E}{n-r}$	$F = \dfrac{\bar{S}_A}{\bar{S}_E}$	$F_\alpha(r-1,n-r)$	
总和	S_T	$n-1$				

当 $F_{0.05}(r-1,n-r) \leqslant F < F_{0.01}(r-1,n-r)$ 时,称因素 A 的效应显著;

当 $F \geqslant F_{0.01}(r-1,n-r)$ 时,称因素 A 的效应高度显著.

为避免计算误差大,可以利用下列公式计算平方和:

$$S_T = \sum_{i=1}^{r} \sum_{j=1}^{n_i} X_{ij}^2 - \frac{1}{n} \Big(\sum_{i=1}^{r} \sum_{j=1}^{n_i} X_{ij} \Big)^2 ,$$

$$S_A = \sum_{i=1}^{r} \frac{1}{n_i} \Big(\sum_{j=1}^{n_i} X_{ij} \Big)^2 - \frac{1}{n} \Big(\sum_{i=1}^{r} \sum_{j=1}^{n_i} X_{ij} \Big)^2 ,$$

$$S_E = S_T - S_A.$$

当 $n_1 = n_2 = \cdots = n_r = s$ 时,称为等重复试验.

Excel 求解单因素试验的方差分析步骤

（1）打开加载项–"分析工具库–VBA"点击"转到（G）…"，如图 9-1 所示；

图 9-1

（2）选择分析工具库–VBA，点击确定，如图 9-2 所示；

图 9-2

（3）选择数据分析–单因素方差分析，如图 9-3 所示；

（4）设置参数：输入区域、置信区间、输出区域；

（5）结果分析.

　　例 1　某试验室对钢锭模进行选材试验时，将四种成分的生铁做成试样作热疲劳测定.其方法是将试样加热到 700℃后投入 20℃的水中急冷，这样反复进行直至试样断裂，最后看试样

图 9-3

经受的次数,显然经受次数越多,质量就越好.试样结果见表 9-2,试检验四种生铁的试样抗疲劳性能是否有显著差异.

表 9-2　四种生铁试样热疲劳试验数据及方差分析

		1	2	3	4	5	6	7	8	n_i	$\sum\limits_{j=1}^{n_i} X_{ij}$	$\sum\limits_{j=1}^{n_i} X_{ij}^2$
材料种类	1	160	161	165	168	170	172	180		7	1 176	197 854
	2	158	164	164	170	175				5	831	138 281
	3	146	155	160	162	164	166	174	182		1 309	215 037
	4	151	152	153	157	160	168			6	941	147 787
总和										26	4 257	

解　$H_0:\mu_1=\mu_2=\cdots=\mu_4$;$H_1:\mu_1,\mu_2,\cdots,\mu_4$ 不全相等.

(1)根据公式计算:$S_T \approx 1\,957.12$,$S_A=443.61$,$S_E=1\,513.51$;

(2)确定自由度:S_T 的自由度 $n-1=25$;S_A 的自由度 $r-1=3$;S_E 的自由度 $n-r=22$;

(3)$F=\dfrac{\overline{S_A}}{\overline{S_E}}=2.15$;

(4)由 $\alpha=0.05$,查表得 $F_{0.05}(3,22)=3.05$.

把上述步骤用方差分析表列出,见表 9-3:

表 9-3　四种生铁试样热疲劳试验数据方差分析表

方差来源	平方和	自由度	均方	F 值	临界值	显著性
因素 A	443.61	3	147.87	2.15	$F_{0.05}=3.05$	
误差	1 513.51	22	68.80			
总和	1 957.12	25				

$F<F_{0.05}=3.05$.故接受 H_0,认为四种生铁试样热疲劳性能无显著差异.

🖥 **Excel 求解例 1**

（1）导入/输入数据，如图 9-4 所示；

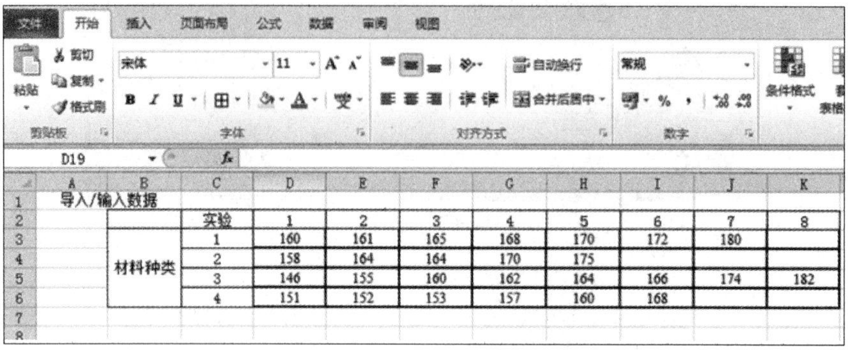

材料种类	实验	1	2	3	4	5	6	7	8
	1	160	161	165	168	170	172	180	
	2	158	164	164	170	175			
	3	146	155	160	162	164	166	174	182
	4	151	152	153	157	160	168		

图 9-4

（2）点击数据分析，如图 9-5 所示；

图 9-5

（3）参数设置，如图 9-6 所示；

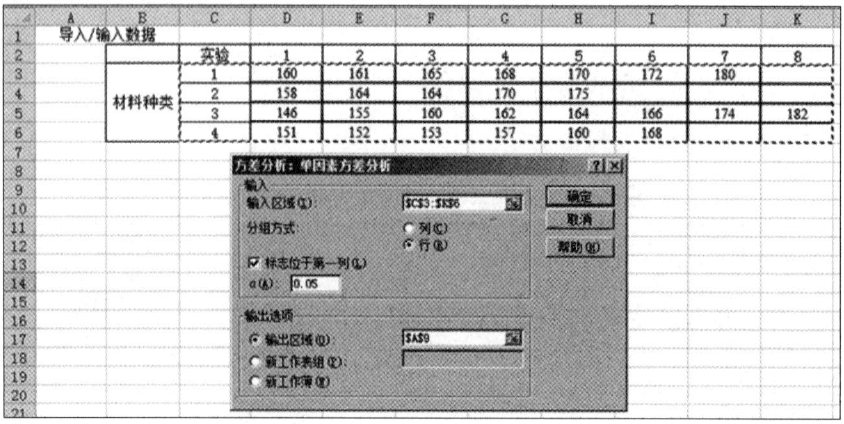

图 9-6

（4）结果分析,如图 9-7 所示.

9	方差分析：单因素方差分析						
10							
11	SUMMARY						
12	组	观测数	求和	平均	方差		
13	1	7	1176	168	47.66667		
14	2	5	831	166.2	42.2		
15	3	8	1309	163.625	121.6964		
16	4	6	941	156.8333	41.36667		
17							
18							
19	方差分析						
20	差异源	SS	df	MS	F	P-value	F crit
21	组间	443.6071	3	147.869	2.149389	0.122909	3.049125
22	组内	1513.508	22	68.79583			
23							
24	总计	1957.115	25				
25							

图 9-7

由于 $F = 2.149\,389 < F\text{ crit} = 3.049\,125$,故接受 H_0,认为四种生铁试样热疲劳性能无显著差异.

例 2（Excel 求解单因素试验）　检验某种激素对羊羔增重的效应.选用 3 个剂量进行试验,加上对照（不用激素）在内,每次试验要用 4 只羊羔,若进行 4 次重复试验,则共需 16 只羊羔.一种常用的试验方法,是将 16 只羊羔随机分配到 16 个试验单元.在试验单元间的试验条件一致的情况下,经过 200 天的饲养后,羊羔的增重（单位:kg）数据如表 9-4.

表 9-4　羊羔的增重数据

		剂量			
		1（对照）	2	3	4
试验	1	47	50	57	54
	2	52	54	53	65
	3	62	67	69	75
	4	51	57	57	59

试问不同剂量之间有无显著差异?

操作步骤:

（1）输入数据,如图 9-8 所示:

（2）选取"数据"—"数据分析";

（3）选定"方差分析:单因素方差分析";

（4）选定"确定",显示"单因子方差分析"对话框;

（5）在"输入区域"框输入数据矩阵（首坐标）:（尾坐标）,如上例为"A2:D6",其中第二行"第一组,…,第四组"作为标记行;

（6）在"分组方式"框选定"列";

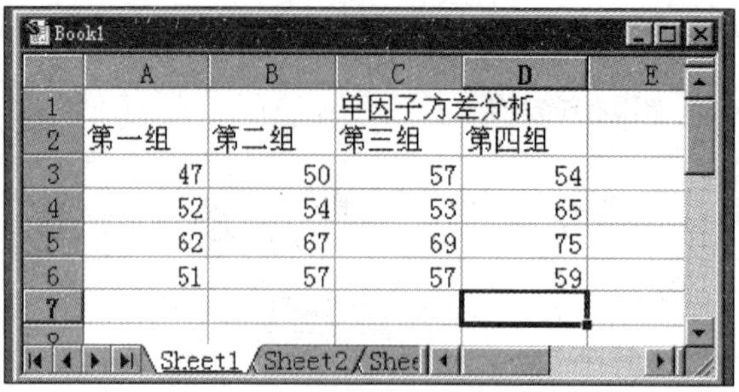

Book1

	A	B	C	D	E
1			单因子方差分析		
2	第一组	第二组	第三组	第四组	
3	47	50	57	54	
4	52	54	53	65	
5	62	67	69	75	
6	51	57	57	59	
7					

Sheet1 / Sheet2 / Shee

图 9-8

(7) 打开“分类轴标记行在第一行上”复选框.若关闭,则数据输入域应为 A3:D6.

(8) 指定显著水平 $\alpha=0.05$;

(9) 选择输出选项,本例选择“输出区域”紧接在数据区域下为“A7”;

(10) 选择“确定”,则得输出结果,如图 9-9 所示.

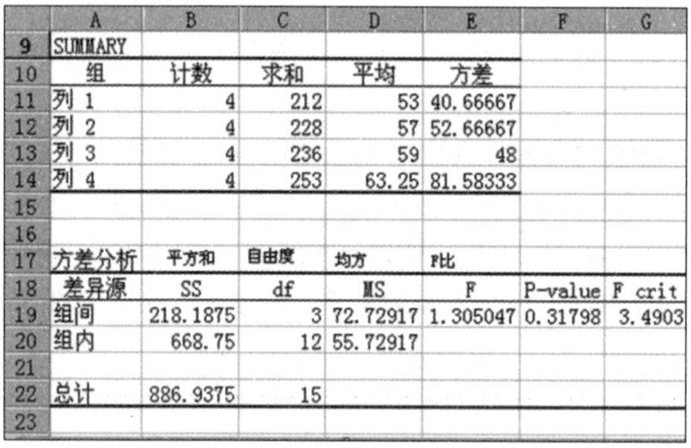

	A	B	C	D	E	F	G
9	SUMMARY						
10	组	计数	求和	平均	方差		
11	列 1	4	212	53	40.66667		
12	列 2	4	228	57	52.66667		
13	列 3	4	236	59	48		
14	列 4	4	253	63.25	81.58333		
15							
16							
17	方差分析	平方和	自由度	均方	F比		
18	差异源	SS	df	MS	F	P-value	F crit
19	组间	218.1875	3	72.72917	1.305047	0.31798	3.4903
20	组内	668.75	12	55.72917			
21							
22	总计	886.9375	15				
23							

图 9-9

结果分析:F crit = 3.490 3 是 $\alpha=0.05$ 的 F 统计量临界值,$F=1.305\ 047$ 是 F 统计量的计算值,

$$\text{P-value}=0.31\ 798=P\{F>1.305\ 047\}.$$

由于 1.305 047<3.490 3,因此接受原假设,即羊羔的增重无显著差异.

三、双因素试验的方差分析简介

假定要考察两个因素 A,B 对某项指标值的影响,不考虑两个因素 A,B 的交互作用.因素 A 取 a 种不同的水平 $A_1,A_2,\cdots,A_a$;因素 B 取 b 种不同的水平 $B_1,B_2,\cdots,B_b$.在每一对水平组合 (A_i,B_j) 下作 m 次试验,得数据 $x_{ij1},x_{ij2},\cdots,x_{ijm}$,$i=1,2,\cdots,a;j=1,2,\cdots,b$.记数据的总个数为 n,$n=abm$.

从抽样前情形看,设第 (i,j) 个样本 $X_{ij1},X_{ij2},\cdots,X_{ijm}$ 是取自正态总体 $N(\mu_{ij},\sigma^2)$ 的一个大小为 m 的样本,即

$$X_{ijk}=\mu_{ij}+\varepsilon_{ijk},k=1,2,\cdots,m;i=1,2,\cdots,a;j=1,2,\cdots,b,$$

其中 $\varepsilon_{111}, \cdots, \varepsilon_{abm}$ 是 n 个独立同分布的随机变量,且都服从 $N(0, \sigma^2)$. 这就是双因素方差分析的数学模型.

　　假定水平组合 (A_i, B_j) 的效应可以用水平 A_i 下的效应 α_i 与水平 B_j 下的效应 β_j 之和来表示,即

$$\mu_{ij} = \mu + \alpha_i + \beta_j,$$

其中 $\mu = \dfrac{1}{ab} \sum\limits_{i=1}^{a} \sum\limits_{j=1}^{b} \mu_{ij}, \sum\limits_{i=1}^{a} \alpha_i = \sum\limits_{j=1}^{b} \beta_i = 0.$ 于是,

$$\begin{cases} X_{ijk} = \mu + \alpha_i + \beta_j + \varepsilon_{ijk}, \\ \varepsilon_{ijk} \sim N(0, \sigma^2), & k = 1, 2, \cdots, m; i = 1, 2, \cdots, a; j = 1, 2, \cdots, b. \\ \varepsilon_{ijk} \text{相互独立}, \end{cases}$$

　　为了考察因素 A 对指标值的影响,需要检验

$$H_{0A} : \alpha_1 = \cdots = \alpha_a = 0;$$

为了考察因素 B 对指标值的影响,需要检验

$$H_{0B} : \beta_1 = \cdots = \beta_b = 0.$$

　　记 (i, j) 个样本均值为

$$\overline{X}_{ij\cdot} = \frac{1}{m} \sum_{k=1}^{m} X_{ijk}, \quad i = 1, 2, \cdots, a; j = 1, 2, \cdots, b;$$

记水平 A_i 下 bm 个样本的均值

$$\overline{X}_{i\cdot\cdot} = \frac{1}{bm} \sum_{j=1}^{b} \sum_{k=1}^{m} X_{ijk}, \quad i = 1, 2, \cdots, a;$$

记水平 B_j 下 am 个样本的均值为

$$\overline{X}_{\cdot j\cdot} = \frac{1}{am} \sum_{i=1}^{a} \sum_{k=1}^{m} X_{ijk}, \quad j = 1, 2, \cdots, b;$$

记全体样本的总均值为

$$\overline{X} = \frac{1}{n} \sum_{i=1}^{a} \sum_{j=1}^{b} \sum_{k=1}^{m} X_{ijk}.$$

引进统计量

$$SS_T = \sum_{i=1}^{a} \sum_{j=1}^{b} \sum_{k=1}^{m} (X_{ijk} - \overline{X})^2;$$

$$SS_A = bm \sum_{i=1}^{a} (\overline{X}_{i\cdot\cdot} - \overline{X})^2;$$

$$SS_B = am \sum_{j=1}^{b} (\overline{X}_{\cdot j\cdot} - \overline{X})^2;$$

$$SS_e = \sum_{i=1}^{a} \sum_{j=1}^{b} \sum_{k=1}^{m} (\overline{X}_{ijk} - \overline{X}_{i\cdot\cdot} - \overline{X}_{\cdot j\cdot} + \overline{X})^2.$$

可以证明下列平方和分解公式成立:

$$SS_T = SS_A + SS_B + SS_e.$$

　　下面给出双因素方差分析中的一条基本定理.

定理 9.1 SS_A, SS_B, SS_e 相互独立，且 $\dfrac{1}{\sigma^2}SS_e \sim \chi^2(n-a-b+1)$；当 $\alpha_1 = \cdots = \alpha_a = 0$ 时，$\dfrac{1}{\sigma^2}SS_A \sim$

$\chi^2(a-1)$；当 $\beta_1 = \cdots = \beta_b = 0$ 时，$\dfrac{1}{\sigma^2}SS_B \sim \chi^2(b-1)$.

由定理 9.1 推得，在显著性水平 α 下，当

$$F_A = \frac{SS_A/(a-1)}{SS_e/(n-a-b+1)} \geqslant F_\alpha(a-1, n-a-b+1)$$

时，拒绝 H_{0A}；当

$$F_B = \frac{SS_B/(b-1)}{SS_e/(n-a-b+1)} \geqslant F_\alpha(b-1, n-a-b+1)$$

时，拒绝 H_{0B}.

在具体计算时可以先算出方差分析表，见表 9-5.

表 9-5　双因素方差分析表

方差来源	平方和	自由度	均方	F 值
因素 A	$SS_A = bm\sum\limits_{i=1}^{a}(\overline{X}_{i\cdot\cdot} - \overline{X})^2$	$a-1$	$MS_A = \dfrac{SS_A}{a-1}$	$F_A = \dfrac{MS_A}{MS_e}$
因素 B	$SS_B = am\sum\limits_{j=1}^{b}(\overline{X}_{\cdot j\cdot} - \overline{X})^2$	$b-1$	$MS_B = \dfrac{SS_B}{b-1}$	$F_B = \dfrac{MS_B}{MS_e}$
误差	$SS_e = SS - SS_A - SS_B$	$n-a-b+1$	$MS_e = \dfrac{SS_e}{n-a-b+1}$	
总和	$SS_T = \sum\limits_{i=1}^{a}\sum\limits_{j=1}^{b}\sum\limits_{k=1}^{m}(X_{ijk} - \overline{X})^2$	$n-1$		

课堂练习

1. 有三台机器生产规格相同的铝合金薄板，为检验三台机器生产薄板的厚度是否相同，随机从每台机器生产的薄板中各抽取了 5 个样品，分别用 A_1, A_2, A_3, A_4, A_5 表示，测得结果如下，问：三台机器生产薄板的厚度是否有显著差异？

	厚度				
	A_1	A_2	A_3	A_4	A_5
1	0.236	0.238	0.248	0.245	0.243
2	0.257	0.253	0.255	0.254	0.261
3	0.258	0.264	0.259	0.267	0.262

2. 养鸡场要检验四种饲料配方对小鸡增重是否有影响，用每一种饲料分别喂养了 6 只同一品种同时孵

出的小鸡,分别用 A_1,A_2,A_3,A_4,A_5,A_6 表示,共饲养了 8 周,每只鸡增重数据(单位:g)如下,问:四种不同配方的饲料对小鸡增重是否相同?

	A_1	A_2	A_3	A_4	A_5	A_6
1	370	420	450	490	500	450
2	490	380	400	390	500	410
3	330	340	400	380	470	360
4	410	480	400	420	380	410

习题 9-1

1. 在某材料的配方中可添加两种元素 A 和 B,为考察这两种元素对材料强度的影响,分别取元素 A 的 5 个水平和元素 B 的 4 个水平进行试验,取得数据如下表所示.试在显著性水平 $\alpha=0.05$ 下检验元素 A 和元素 B 对材料强度的影响是否显著.

	B_1	B_2	B_3	B_4
A_1	323	332	308	290
A_2	341	336	345	260
A_3	345	365	333	288
A_4	361	345	358	285
A_5	355	364	322	294

2. 设有三个车间以不同的工艺生产同一种产品,分别用 A_1,A_2,A_3 表示,为考察不同工艺对产品产量的影响,现对每个车间各记录 5 天的日产量,问三个车间的日产量是否有显著差异(取 $\alpha=0.05$).

序号	产量		
	A_1	A_2	A_3
1	44	50	47
2	45	51	44
3	47	53	44
4	48	55	50
5	46	51	45

3. 今有某种型号的电池三批,它们分别为 1 厂、2 厂、3 厂三个工厂所生产的.为评比其质量,各随机抽取 5 只电池为样品,分别用 A_1,A_2,A_3,A_4,A_5 表示,经试验测得其寿命(单位:h)如下,试在显著性水平 $\alpha = 0.05$ 下检验电池的平均寿命有无显著的差异.

厂号	寿命				
	A_1	A_2	A_3	A_4	A_5
1	40	48	38	42	45
2	26	34	30	28	32
3	39	40	43	50	50

4. 一个年级有三个小班,他们进行了一次数学考试.现从各个班级随机抽取一些学生,记录其成绩如下,若各班学生成绩服从正态分布,且方差相等,试在显著性水平 $\alpha = 0.05$ 下检验各班级的平均分数有无显著差异.

班级	成绩														
	A_1	A_2	A_3	A_4	A_5	A_6	A_7	A_8	A_9	A_{10}	A_{11}	A_{12}	A_{13}	A_{14}	A_{15}
1	73	89	82	43	80	73	66	60	45	93	36	77			
2	88	78	48	91	51	85	74	56	77	31	78	62	76	96	80
3	68	79	56	91	71	71	87	41	59	68	53	79	15		

第二节 一元线性回归

回归分析是数理统计中的一个常用方法,用于研究变量与变量之间的相关关系.在自然科学、社会科学以及工程技术领域常要研究某些变量之间的关系.变量之间的关系一般说来可分为两类.一类是变量之间存在着确定关系,这种关系可以用函数形式来表达.例如,在电阻为 R 的一段电路里,加在电路两端的电压与电流 I 之间遵循欧姆定律,即

$$I = \frac{V}{R}.$$

对给定的电压 V,电流 I 的对应值由上式完全确定.变量中的这种关系就是微积分中所讨论的函数关系.另一类是变量之间不存在确定性关系,即这些变量之间有关系,但无法用函数表达.例如,人的体重与身高有关,一般而言较高的人体重较重,但同样身高的人体重一般不相同.又例如,炼钢厂冶炼某种钢时,炼钢炉中钢液的含碳量与冶炼时间这两个变量之间,也不存在确定性关系.虽然一般情况下,含碳量低冶炼时间长,但在不同的炉次中,对于相同的含碳量冶炼时间却常常不同.我们把上述关系称为相关关系,回归分析便是研究变量间相关关系的一种统

计方法.涉及两个变量的回归分析称为一元回归分析;涉及两个以上变量的回归分析称为多元回归分析.本节重点讨论一元回归分析:

（1）从一组观察（测量）数据出发,确定这类变量间的定量关系式;

（2）对这一类关系式的置信程度作统计检验;

（3）根据一个或几个变量的值去预测或控制可达到什么样的精度;

（4）进行因素分析,即对共同影响某一个量的许多变量之间,找出哪些是重要因素,哪些是次要因素,以及它们之间关系如何等;

（5）利用已求得的关系式对生产（或实验）过程作出预报或控制;

（6）根据回归分析方法,选择试验点,对试验进行某些设计.

一、一元线性回归的概念

一元线性回归实际上就是生产（或工程,或科研）中常遇到的配直线的问题.

设随机变量 Y 与普通变量 x（自变量）之间存在相互关系,这里 x 是可以测量和控制的非随机变量,当自变量每取一个值 x 时,因变量 Y 有一定的概率分布,此分布与 x 有关,所以 Y 的期望与 x 有关,是 x 的确定函数. Y 的期望 $\mu=\mu(x)$ 称为 Y 对 x 的回归函数. x 取 n 个不全相同的值 $x_1, x_2, \cdots, x_n$ 分别作独立试验,得到随机变量 Y 相应的观测值 $y_1, y_2, \cdots, y_n$. n 对数据 $(x_1, y_1), (x_2, y_2), \cdots, (x_n, y_n)$ 称为一组容量为 n 的样本.回归分析的基本问题就是,通过这组样本来估计回归函数;并利用此估计进行预测和控制,即对 x 的某个值 x_0,给出 Y_0 的预测区间;以及 Y 的一个指定范围,使得限定 x 在什么区间取值时,以一定的概率保证 Y 落入指定范围.

例1 合成纤维抽丝工段第一导丝盘速度对丝的质量很重要,今发现它和电流的周波有关系,由生产记录得到表 9-6 中 10 对数据.

表 9-6 合成纤维抽丝工段数据

周波 x_i	49.2	50.0	49.3	49.0	49.0	49.5	49.8	49.9	50.2	50.2
第一导丝盘速度 y_i	16.7	17.0	16.8	16.6	16.7	16.8	16.9	17.0	17.0	17.1

将每对数据 (x_i, y_i) 在直角坐标系中标出,得到图 9-10,这种图称为散点图.散点图可以帮助我们考虑用什么样的函数来估计随机变量 Y 的期望 $\mu=\mu(x)$ 更合适.从图 9-10 看出,第一导丝盘速度与周波大致呈线性关系,因此用 $a+bx$ 来估计回归函数 $\mu=\mu(x)$ 是适宜的.

用线性函数 $a+bx$ 来估计回归函数 $\mu=\mu(x)$,即用线性函数 $a+bx$ 来估计 Y 的期望,称为一元线性回归问题.

一般地,若已知变量 x, y 有 n 对观察（测量）值 (x_i, y_i), $1 \leq i \leq n$,我们用一元线性函数 $a+bx$ 作为 $\mu(x)=E(Y)$ 的估计值,并且对 x 的每一个值,假定 $Y \sim N(a+bx, \sigma^2)$,这里方差 σ^2 是不依赖于 x 的常数,记 $\varepsilon=Y-(a+bx)$,故可设数学模型为

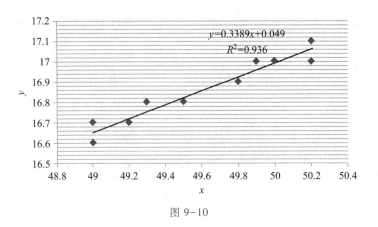

图 9-10

$$\begin{cases} Y = a + bx + \varepsilon, \\ \varepsilon \sim N(0, \sigma^2), \end{cases}$$

a, b, σ^2 均不依赖 x, 称为一元线性回归模型.

下面讨论如何由样本值 $(x_1, y_1), (x_2, y_2), \cdots, (x_n, y_n)$ 来估计 a, b. 当得到 a, b 的估计值 $\hat{a}$, $\hat{b}$ 后, 就得到了 $y = a + bx$ 的估计 $\hat{y} = \hat{a} + \hat{b}x$, 称为一元经验线性回归方程, 有时也简称为一元线性回归方程.

二、用最小二乘法估计参数 a, b

对每一个 x_i, 试验所得的样本值为 y_i, 而直线 $\mu = a + bx$ 上的纵坐标值为 $a + bx_i$, 于是 $|y_i - (a + bx_i)|$ 表示样本点与直线的偏差, 所有偏差平方和记为

$$Q(a, b) = \sum_{i=1}^{n} (y_i - a - bx_i)^2.$$

在上式中 x_i, y_i 固定, Q 与 a, b 有关, 要确定与样本点最接近的一条直线, 就是要确定 a, b 使得 Q 达到最小值. 由微积分中多元函数求极值的必要条件可知

$$\frac{\partial Q}{\partial a} = -2 \sum_{i=1}^{n} (y_i - a - bx_i) = 0,$$

$$\frac{\partial Q}{\partial b} = -2 \sum_{i=1}^{n} (y_i - a - bx_i) x_i = 0,$$

化简得表达式

$$na + \left(\sum_{i=1}^{n} x_i \right) b = \sum_{i=1}^{n} y_i,$$

$$\left(\sum_{i=1}^{n} x_i \right) a + \left(\sum_{i=1}^{n} x_i^2 \right) b = \sum_{i=1}^{n} x_i y_i.$$

记 $\bar{x} = \dfrac{1}{n} \sum_{i=1}^{n} x_i, \bar{y} = \dfrac{1}{n} \sum_{i=1}^{n} y_i$, 则有

$$\hat{a} = \bar{y} - \hat{b}\bar{x},$$

$$\hat{b} = \frac{\begin{vmatrix} n & \sum\limits_{i=1}^{n} y_i \\ \sum\limits_{i=1}^{n} x_i & \sum\limits_{i=1}^{n} x_i y_i \end{vmatrix}}{\begin{vmatrix} n & \sum\limits_{i=1}^{n} x_i \\ \sum\limits_{i=1}^{n} x_i & \sum\limits_{i=1}^{n} x_i^2 \end{vmatrix}} = \frac{\sum\limits_{i=1}^{n} (x_i - \bar{x})(y_i - \bar{y})}{\sum\limits_{i=1}^{n} (x_i - \bar{x})^2}.$$

使偏差平方和达到最小值的 $\hat{a}, \hat{b}$ 称为参数 a, b 的最小二乘估计,这种方法称为最小二乘法. $\hat{a}, \hat{b}$ 随样本发生变化,称为回归系数.

确定回归直线方程

$$\hat{y} - \bar{y} = \hat{b}(x - \bar{x}),$$

这里 $\hat{y}$ 表示对随机变量 Y 的期望 $\mu = a + bx$ 的估计.

由于点 $(\bar{x}, \bar{y})$ 必在回归直线上,故从力学观点来看点 $(\bar{x}, \bar{y})$ 就是 n 个散(布)点 (x_i, y_i) 的重心位置,即知回归直线必经过散点的重心.

在 $\hat{a}, \hat{b}$ 的实际计算时,常令

$$\begin{cases} l_{xx} = \sum\limits_{i=1}^{n} (x_i - \bar{x})^2 = \sum\limits_{i=1}^{n} x_i^2 - \dfrac{1}{n}\left(\sum\limits_{i=1}^{n} x_i\right)^2 = \sum\limits_{i=1}^{n} x_i^2 - n\bar{x}^2, \\[3mm] l_{xy} = \sum\limits_{i=1}^{n} (x_i - \bar{x})(y_i - \bar{y}) = \sum\limits_{i=1}^{n} x_i y_i - \dfrac{1}{n}\left(\sum\limits_{i=1}^{n} x_i\right)\left(\sum\limits_{i=1}^{n} y_i\right), \\[3mm] l_{yy} = \sum\limits_{i=1}^{n} (y_i - \bar{y})^2 = \sum\limits_{i=1}^{n} y_i^2 - \dfrac{1}{n}\left(\sum\limits_{i=1}^{n} y_i\right)^2 = \sum\limits_{i=1}^{n} y_i^2 - n\bar{y}^2, \end{cases}$$

则

$$\hat{b} = \frac{l_{xy}}{l_{xx}},$$

$$\hat{a} = \bar{y} - \hat{b}\bar{x}.$$

例 2　根据例 1 中给出的电流周波与第一导丝盘速度的 10 对数据,求线性回归方程.

解　先算出

$$\sum_{i=1}^{10} x_i = 496.1, \sum_{i=1}^{10} y_i = 168.6, \sum_{i=1}^{10} x_i^2 = 24\,613.51, \sum_{i=1}^{10} x_i y_i = 8\,364.92,$$

得

$$\begin{cases} l_{xx} = 1.989, \\ l_{xy} = 0.674, \end{cases}$$

于是

$$\begin{cases} \hat{b} = \dfrac{l_{xy}}{l_{xx}} = 0.339, \\ \hat{a} = \bar{y} - \hat{b}\bar{x} = 0.04, \end{cases}$$

所求线性回归方程为

$$\hat{y} = 0.04 + 0.339x.$$

Excel 解一元线性回归步骤

（1）仿照 Excel 求解单因素方差分析步骤设置"数据"—"数据分析"；

（2）在 Excel 中建立工作表，样本 X 数据存放在 A1：An，其中 A1 存放标记 X；样本 Y 数据存放在 B1：Bm，其中 B1 存放标记 Y；

（3）选取"数据"—"数据分析"，选定"回归"并"确定"；

（4）在"Y 值输入区域"框输入 B1：Bm；

（5）在"X 值输入区域"框输入 A1：An；

（6）关闭"常数为零"复选框，表示保留截距项，使其不为 0；

（7）打开"标记"复选框，表示有标记行；

（8）打开"置信度"复选框，并使其值为 $1-\alpha$；

（9）在"输出区域"框，确定单元格 E2，输出结果：SS 为平方和、MS 表示均方差、df 为自由度；

（10）通过 Coefficients 值确定回归方程系数值；

（11）F 统计量的值：$F = f$. 由于 $P\{F > f\} =$ Significance F，判定所建立的回归方程显著特性.

例 3（Excel 解一元线性回归）　今收集到某地区 1950—1975 年的工农业总产值（X）与货运周转量（Y）的历史数据如下：

X：0.50　0.87　1.20　1.60　1.90　2.20　2.50　2.80　3.60　4.00
　　4.10　3.20　3.40　4.40　4.70　5.40　5.65　5.60　5.70　5.90
　　6.30　6.65　6.70　7.05　7.06　7.30

Y：0.90　1.20　1.40　1.50　1.70　2.00　2.05　2.35　3.00　3.50
　　3.20　2.40　2.80　3.20　3.40　3.70　4.00　4.40　4.35　4.34
　　4.35　4.40　4.55　4.70　4.60　5.20

试分析 X 与 Y 间的关系.

操作步骤：

（1）如图 9-11 所示，首先在 Excel 中建立工作表，样本 X 数据存放在 A1：A27，其中 A1 存放标记 X；样本 Y 数据存放在 B1：B27，其中 B1 存放标记 Y；

（2）选取"数据"—"数据分析"；

（3）选定"回归"；

（4）选择"确定"；

（5）在"输入"—"Y 值输入区域"框选择 B1：B27；

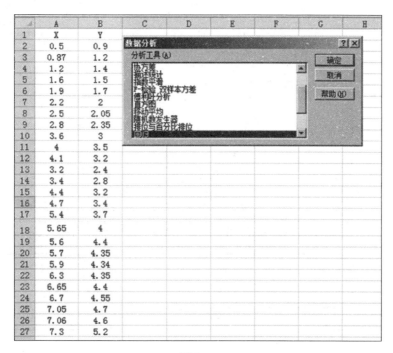

图 9-11

（6）在"输入"—"X 值输入区域"框选择 A1:A27；

（7）关闭"常数为零"复选框,表示保留截距项,使其不为 0；

（8）打开"标记"复选框,表示有标记行；

（9）打开"置信度"复选框,并使其值为 95%；

（10）在"输出区域"框,确定单元格 C3,如图 9-12 所示.

图 9-12

结果如图 9-13 所示,其中 SS 为平方和、MS 表示均方差、df 为自由度.

	X	Y									
1	X	Y									
2	0.5	0.9									
3	0.87	1.2	SUMMARY OUTPUT								
4	1.2	1.4									
5	1.6	1.5		回归统计							
6	1.9	1.7	Multiple R	0.989342							
7	2.2	2	R Square	0.9787975							
8	2.5	2.05	Adjusted R Square	0.9779141							
9	2.8	2.35	标准误差	0.1876819							
10	3.6	3	观测值	26							
11	4	3.5									
12	4.1	3.2	方差分析								
13	3.2	2.4		df	SS	MS	F	gnificance F			
14	3.4	2.8	回归分析	1	39.026708	39.026708	1107.9422	1.344E-21			
15	4.4	3.2	残差	24	0.8453879	0.0352245					
16	4.7	3.4	总计	25	39.872096						
17	5.4	3.7									
18	5.65	4		Coefficient	标准误差	t Stat	P-value	Lower 95%	Upper 95%	下限 95.0%	上限 95.0%
19	5.6	4.4	Intercept	0.6753731	0.084296	8.0119271	3.074E-08	0.5013948	0.8493514	0.5013948	0.8493514
20	5.7	4.35	X	0.5951242	0.0178792	33.285766	1.344E-21	0.5582233	0.6320252	0.5582233	0.6320252
21	5.9	4.34									
22	6.3	4.35									
23	6.65	4.4									
24	6.7	4.55									
25	7.05	4.7									
26	7.06	4.6									
27	7.3	5.2									

图 9-13

由此我们可以看出:

(1) 回归方程为 $Y = 0.675\ 373 + 0.595\ 124X$;

(2) F 统计量的值:$F = 1\ 107.942$. 由于 $P\{F > 1\ 107.942\} = 1.34 \times 10^{-21}$,故所建立的回归方程极显著.

三、相关系数

从上一段用最小二乘法配回归直线的计算方法可看出即使 Y 的期望 $\mu = \mu(x)$ 不是 x 的线性函数,甚至两个变量 Y 与 x 没有相关关系,散点图杂乱无章,也可以通过最小二乘法求出一条回归直线 $\hat{y} = \hat{a} + \hat{b}x$,然而这条回归直线没有任何用处. 实际上,只有当两个变量的线性关系较为明显,样本点大致呈一条直线分布时,所配回归直线才有实用价值. 这固然可以从散点图上观察判断,但这只是一个直观的初步判断,下面我们引进相关系数来描述两个变量的线性关系的明显程度.

定义 9.1

$$r = \frac{l_{xy}}{\sqrt{l_{xx}}\,\sqrt{l_{yy}}} = \frac{\sum_{i=1}^{n}(x_i - \bar{x})(y_i - \bar{y})}{\sqrt{\sum_{i=1}^{n}(x_i - \bar{x})^2 \sum_{i=1}^{n}(y_i - \bar{y})^2}}$$

称为经验相关系数,简称相关系数.

$-1 \leqslant r \leqslant 1, r^2$ 越大,相当于 $|r|$ 越大,说明两个变量的线性关系越明显. 而且由上式知

$$r = \frac{l_{xy}}{l_{xx}} \sqrt{\frac{l_{xx}}{l_{yy}}} = \hat{b} \sqrt{\frac{l_{xx}}{l_{yy}}},$$

可见 r 与回归系数 $\hat{b}$ 同号.

对于例 1, 有

$$\begin{cases} l_{xx} = 1.989, \\ l_{xy} = 0.674, \end{cases}$$

再算出 $l_{yy} = 0.244$, 得

$$r = \frac{l_{xy}}{l_{xx}} \sqrt{\frac{l_{xx}}{l_{yy}}} = 0.967,$$

很接近 1, 说明变量 Y 与 x 的线性关系很明显, 所配回归直线是有意义的.

下面说明当 r 取各种不同数值时, 散点 $(x_1, y_1), (x_2, y_2), \ldots, (x_n, y_n)$ 的分布情况.

（1）$r = 0$, 此时 $\hat{b} = 0$, 即根据最小二乘法配的回归直线平行于 x 轴, 说明 Y 的变化与 x 无关, Y 与 x 毫无线性关系, 在通常情况下, 散点的分布是完全不规则的.

（2）$0 < |r| < 1$, 这时 Y 与 x 之间存在一定的线性关系. $0 < r < 1, \hat{b} > 0$, y_i 有随 x_i 增加而增加的趋势, 此时称 Y 与 x 正相关; $-1 < r < 0$ 时, $\hat{b} < 0$, y_i 有随 x_i 增加而减少的趋势, 此时称 Y 与 x 负相关. 当 r 的绝对值较小时, 散点离回归直线较远; 而当 r 的绝对值较大时（即较接近 1 时）, 散点离回归直线较近.

（3）$|r| = 1$, 此时 $Q = 0$, 所有样本点 (x_i, y_i) 都在回归直线上, y_i 与 x_i 有完全的线性关系.

从上面讨论可知, 相关系数 r 确实可以描述两个变量 Y 与 x 线性关系的明显程度. $|r|$ 越接近 0, 两个变量的线性关系越不明显; $|r|$ 越接近 1, 两个变量的线性关系越显著. 必须指出, 相关系数 r 只表示两个变量线性关系的明显程度, 当 $|r|$ 很小, 甚至为 0 时, 两变量 Y 与 x 也可能存在着其他关系, 只不过不是线性关系而已.

四、回归方程的显著性检验

假定 Y 的期望 $\mu = a + bx$, 作为一元线性回归问题来处理, $b = 0$ 意味着 Y 与 x 不是线性关系, 线性回归的显著性检验可以表达为检验

$$H_0 : b = 0, \quad H_1 : b \neq 0.$$

根据样本观测值 $(x_1, y_1), (x_2, y_2), \ldots, (x_n, y_n)$ 作检验, 如果拒绝 H_0, 接受 H_1, 则判定 Y 与 x 线性关系显著; 反之接受 H_0, 说明由最小二乘法所得的回归直线无实用价值.

对上述统计假设有多种检验法, 此处给出 t 检验法.

由于 $\hat{b} - b \sim N\left(0, \dfrac{\sigma^2}{l_{xx}}\right)$, 故 $\dfrac{\hat{b} - b}{\sigma / \sqrt{l_{xx}}} \sim N(0, 1)$, $\dfrac{Q}{\sigma^2} = \dfrac{\displaystyle\sum_{i=1}^{n} (y_i - \hat{y}_i)^2}{\sigma^2} \sim \chi^2(n-2)$, $E\left(\dfrac{Q}{n-2}\right) = \sigma^2$,

令 $\hat{\sigma}^2 = \dfrac{\displaystyle\sum_{i=1}^{n} (y_i - \hat{y}_i)^2}{n-2}$, 故由 t 分布定义知

$$\frac{\hat{b}-b}{\sigma/\sqrt{l_{xx}}} \Big/ \sqrt{\frac{\hat{\sigma}^2}{\sigma^2}} \sim t(n-2),$$

即

$$\frac{\hat{b}-b}{\hat{\sigma}}\sqrt{l_{xx}} \sim t(n-2),$$

故在 H_0 成立时有

$$\frac{\hat{b}}{\hat{\sigma}}\sqrt{l_{xx}} \sim t(n-2).$$

所以,对已给显著性水平 α,H_0 的拒绝域为

$$W = \left\{ |t| = \frac{|\hat{b}|}{\hat{\sigma}}\sqrt{l_{xx}} \geq t_{\alpha/2}(n-2) \right\}.$$

当 H_0 被拒绝时,即有 $b \neq 0$,可认为回归效果显著,反之,就认为回归效果不显著.

五、预测与控制

先讨论预测问题.对于变量 x 取定某个值 x_0,由回归方程可得 $\hat{y}_0 = \hat{a} + \hat{b}x_0$,$\hat{y}_0$ 是 $x = x_0$ 时 Y 的期望 $a + bx$ 的估计值.若 Y_0 是在 $x = x_0$ 处对 Y 的观察结果,所谓预测就是对给定的置信水平 $1 - \alpha$,确定一个置信区间 $(\hat{y}_0 - \delta, \hat{y}_0 + \delta)$ 使得

$$P\{|Y_0 - \hat{y}_0| < \delta\} = 1 - \alpha.$$

在假定 $Y \sim N(a + bx, \sigma^2)$ 时,可以证明(证明略)

$$Y_0 - \hat{y}_0 \sim N\left(0, \sigma^2 \left[1 + \frac{1}{n} + \frac{(x_0 - \bar{x})^2}{\sum\limits_{i=1}^{n}(x_i - \bar{x})^2}\right]\right).$$

于是

$$\frac{Y_0 - \hat{y}_0}{\sigma\sqrt{1 + \dfrac{1}{n} + \dfrac{(x_0 - \bar{x})^2}{\sum\limits_{i=1}^{n}(x_i - \bar{x})^2}}} \sim N(0,1),$$

而且 $\dfrac{Q}{\sigma^2} = \dfrac{\sum\limits_{i=1}^{n}(y_i - \hat{y}_i)^2}{\sigma^2} \sim \chi^2(n-2)$,$Q$ 与 $Y_0 - \hat{y}_0$ 独立,从而

$$T = \frac{Y_0 - \hat{y}_0}{\sigma\sqrt{1 + \dfrac{1}{n} + \dfrac{(x_0 - \bar{x})^2}{\sum\limits_{i=1}^{n}(x_i - \bar{x})^2}}} \Big/ \sqrt{\frac{Q}{\sigma^2}\Big/(n-2)} \sim t(n-2),$$

于是

$$P\left(|T| < t_{\frac{\alpha}{2}}(n-2)\right) = 1 - \alpha.$$

即
$$P(\hat{y}_0-\delta<Y_0<\hat{y}_0+\delta) = 1-\alpha.$$

其中

$$\delta = t_{\frac{\alpha}{2}}(n-2)\sqrt{\frac{Q}{n-2}\left(1 + \frac{1}{n} + \frac{(x_0 - \bar{x})^2}{\sum\limits_{i=1}^{n}(x_i - \bar{x})^2}\right)}.$$

$(\hat{y}_0-\delta,\hat{y}_0+\delta)$ 就是 Y_0 的置信水平为 $1-\alpha$ 的置信区间,由上式知,当置信水平与样本观测值给定,δ 与 x_0 有关,x_0 越靠近 $\bar{x}$,δ 越小,预测就越精密.

例 4 合成纤维抽丝工段第一导丝盘速度对丝的质量很重要,今发现它和电流的周波有关系,由生产记录得到表 9-6 中 10 对数据.对周波 $x_0=49.6$,求第一导丝盘速度 Y 的 95% 预测区间.

解 根据回归方程 $\hat{y}=0.04+0.339x$,当 $x_0=49.6$ 时,$\hat{y}_0=16.854$.在例 1 中,计算出 $\bar{x}=49.61$,$l_{xx}=\sum(x_i-\bar{x})^2=1.989,Q=0.016$,查表知 $t_{\frac{\alpha}{2}}(n-2)=t_{0.025}(8)=2.306$,于是由预测公式知

$$\delta \approx 0.108,$$

故所求预测区间为

$$(\hat{y}_0-\delta,\hat{y}_0+\delta) = (16.75,16.96).$$

控制问题 为预测问题的反问题,若要求 Y 落在某个范围 $y_1<Y<y_2$,回应控制变量 x 在何处取值.我们只需确定两个数 x_1,x_2,使得

$$\hat{y}-\delta(x_1) \geqslant y_1, \hat{y}+\delta(x_2) \leqslant y_2,$$

则当 $x_1<x<x_2$ 时,就以至少 $1-\alpha$ 的概率保证 x 对应的 Y 满足 $y_1<Y<y_2$.

在实际应用回归方程进行预测控制时,由于 δ 的计算过于复杂,常做一些简化,当 x 离 $\bar{x}$ 不太远,而且 n 较大时,有

$$\sqrt{1 + \frac{1}{n} + \frac{(x - \bar{x})^2}{\sum\limits_{i=1}^{n}(x_i - \bar{x})^2}} \approx 1,$$

$$t_{\frac{\alpha}{2}}(n-2) \approx u_{\frac{\alpha}{2}},$$

其中 $u_{\frac{\alpha}{2}}$ 是标准正态分布 $N(0,1)$ 的上侧 $\frac{\alpha}{2}$ 分位数.记 $\hat{\sigma}=\sqrt{\frac{Q}{n-2}}$,则

$$\delta \approx u_{\frac{\alpha}{2}} \cdot \hat{\sigma}.$$

例如当置信水平为 $1-\alpha=94.45\%$ 时,$\frac{\alpha}{2}=0.027\,75$,因此 $u_{\frac{\alpha}{2}}=1.915\approx2$,由上式知 $\delta\approx2\hat{\sigma}$.

在平面上作两条平行于回归直线的直线

$$y=\hat{a}+\hat{b}x-2\hat{\sigma} \quad \text{与} \quad y=\hat{a}+\hat{b}x+2\hat{\sigma},$$

当 n 较大时,在离 $\bar{x}$ 不太远的 x 处,就能以 $1-\alpha=94.45\%$ 的概率预测 Y 的取值落在两条直线所夹的带形区域内.反过来,若要求 Y 落在范围 (y_1,y_2) 内,只需通过求解方程组

$$\begin{cases} \hat{a}+\hat{b}x_1-2\hat{\sigma}=y_1, \\ \hat{a}+\hat{b}x_2+2\hat{\sigma}=y_2 \end{cases}$$

解出 x_1,x_2,从而确定 x 取值的控制范围.

课堂练习

1. 有 10 个同类企业的生产性固定资产年平均价值和工业总产值资料如下表：

企业编号	生产性固定资产年平均价值/万元	工业总产值/万元
1	318	524
2	910	1 019
3	200	638
4	409	815
5	415	913
6	502	928
7	314	605
8	1 210	1 516
9	1 022	1 219
10	1 225	1 624
合计	6 525	9 801

（1）说明两变量之间的相关关系；

（2）建立线性回归方程；

（3）估计生产性固定资产年平均价值（自变量）为 1 100 万元时总产值（因变量）的可能值.

2. 检查 5 位同学统计学的学习时间与成绩分数如下表：

每周学习时数	学习成绩
4	40
6	60
7	50
10	70
13	90

（1）计算出学习时数与学习成绩之间的相关系数；

（2）建立线性回归方程.

习题 9-2

1. 某种产品的产量与单位成本的资料如下表:

产量 x/千件	单位成本 y/元
2	73
3	72
4	71
3	73
4	69
5	68

(1) 计算相关系数 r,判断其相关程度;

(2) 建立线性回归方程;

(3) 指出产量每增加 1 000 件,单位成本平均下降了多少元.

2. 某地高校教育经费(x)与高校学生人数(y)连续 6 年的统计资料如下表:

教育经费 x/万元	在校学生数 y/万人
316	11
343	16
373	18
393	20
418	22
455	25

要求:(1) 建立线性回归方程,估计教育经费为 500 万元的在校学生数;

(2) 计算相关系数.

3. 设某公司下属十个门市部有关资料如下表:

门市部编号	职工平均销售额/万元	费用流通率/%	销售利润率/%
1	6	2.8	12.6
2	5	3.3	10.4
3	8	1.8	18.5
4	1	7.0	3.0
5	4	3.9	8.1
6	7	2.1	16.3

门市部编号	职工平均销售额/万元	费用流通率/%	销售利润率/%
7	6	2.9	12.3
8	3	4.1	6.2
9	3	4.2	6.6
10	7	2.5	16.8

（1）确立适宜的回归模型；

（2）计算有关指标，判断这三种经济现象之间的相关程度.

附表

附表 1　泊松分布表

$$1 - F(c) = \sum_{k=c}^{\infty} \frac{\lambda^k}{k!} e^{-\lambda}$$

c	λ									
	0.001	0.002	0.003	0.004	0.005	0.006	0.007	0.008	0.009	0.010
0	1.000 000 0	1.000 000 0	1.000 000 0	1.000 000 0	1.000 000 0	1.000 000 0	1.000 000 0	1.000 000 0	1.000 000 0	1.000 000 0
1	0.000 999 5	0.001 998 0	0.002 995 5	0.003 992 0	0.004 987 5	0.005 982 0	0.006 975 6	0.007 968 1	0.008 959 6	0.009 950 2
2	000 000 5	000 002 0	000 004 5	000 008 0	000 012 5	000 017 9	000 024 4	000 031 8	000 040 3	000 049 7
3							000 000 1	000 000 1	000 000 1	000 000 2

c	λ									
	0.02	0.03	0.04	0.05	0.06	0.07	0.08	0.09	0.10	0.11
0	1.000 000 0	1.000 000 0	1.000 000 0	1.000 000 0	1.000 000 0	1.000 000 0	1.000 000 0	1.000 000 0	1.000 000 0	1.000 000 0
1	0.019 801 3	0.029 554 5	0.039 210 6	0.048 770 6	0.058 235 5	0.067 606 2	0.076 883 7	0.086 068 8	0.095 162 6	0.104 165 9
2	000 197 3	000 441 1	000 779 0	001 209 1	001 729 6	002 338 6	003 034 3	003 815 0	004 678 8	005 624 1
3	000 001 3	000 004 4	000 010 4	000 020 1	000 034 4	000 054 2	000 080 4	000 113 6	000 154 7	000 204 3
4			000 000 1	000 000 3	000 000 5	000 000 9	000 001 6	000 002 5	000 003 3	000 005 6
5										000 000 1

c	λ									
	0.12	0.13	0.14	0.15	0.16	0.17	0.18	0.19	0.20	0.21
0	1.000 000 0	1.000 000 0	1.000 000 0	1.000 000 0	1.000 000 0	1.000 000 0	1.000 000 0	1.000 000 0	1.000 000 0	1.000 000 0
1	0.113 079 6	0.121 904 6	0.130 641 8	0.139 292 0	0.147 856 2	0.156 335 2	0.164 729 8	0.173 040 9	0.181 269 2	0.18 941 58
2	006 649 1	007 752 2	008 931 6	010 185 8	011 513 2	012 912 2	014 381 2	015 918 7	017 523 1	019 193 1
3	000 263 3	000 332 3	000 411 9	000 502 9	000 605 8	000 721 2	000 849 8	000 992 0	001 148 5	001 319 7
4	000 007 9	000 010 7	000 014 3	000 018 7	000 024 0	000 030 4	000 037 9	000 046 7	000 056 3	000 068 5
5	000 000 2	000 000 3	000 000 4	000 000 6	000 000 8	000 001 0	000 001 4	000 001 8	000 002 3	000 002 9
6								000 000 1	000 000 1	000 000 1

续表

c	λ									
	0.22	0.23	0.24	0.25	0.26	0.27	0.28	0.29	0.30	0.40
0	1.000 000 0	1.000 000 0	1.000 000 0	1.000 000 0	1.000 000 0	1.000 000 0	1.000 000 0	1.000 000 0	1.000 000 0	1.000 000 0
1	0.197 481 2	0.205 466 4	0.213 372 1	0.221 199 2	0.228 948 4	0.236 620 5	0.244 216 3	0.251 736 4	0.259 181 8	0.329 680 0
2	020 927 1	022 723 7	024 581 5	026 499 0	028 475 0	030 508 0	032 596 8	034 740 0	036 936 3	061 551 9
3	001 506 0	001 708 3	001 926 6	002 161 5	002 413 5	002 682 9	002 970 1	003 275 5	003 599 5	007 926 3
4	000 081 9	000 097 1	000 114 2	000 133 4	000 154 8	000 178 6	000 204 9	000 233 9	000 265 8	000 776 3
5	000 003 6	000 004 4	000 005 4	000 006 6	000 008 0	000 009 6	000 011 3	000 013 4	000 015 8	000 061 2
6	000 000 1	000 000 2	000 000 2	000 000 3	000 000 3	000 000 4	000 000 5	000 000 6	000 000 8	000 004 0
7										000 000 2

c	λ									
	0.5	0.6	0.7	0.8	0.9	1.0	1.1	1.2	1.3	1.4
0	1.000 000	1.000 000	1.000 000	1.000 000	1.000 000	1.000 000	1.000 000	1.000 000	1.000 000	1.000 000
1	0.393 469	0.451 188	0.503 415	0.550 671	0.593 430	0.632 121	0.667 129	0.698 806	0.727 468	0.753 403
2	090 204	121 901	155 805	191 208	227 518	264 241	300 971	337 373	373 177	408 167
3	014 388	023 115	034 142	047 423	062 857	080 301	099 584	120 513	142 888	166 502
4	001 752	003 358	005 753	009 080	013 459	018 988	025 742	033 769	043 095	053 725
5	000 172	000 394	000 786	001 411	002 344	003 660	005 435	007 746	010 663	014 253
6	000 014	000 039	000 090	000 184	000 343	000 594	000 968	001 500	002 231	003 201
7	000 001	000 003	000 009	000 021	000 043	000 083	000 149	000 251	000 404	000 622
8			000 001	000 002	000 005	000 010	000 020	000 037	000 064	000 107
9						000 001	000 002	000 005	000 009	000 016
10								000 001	000 001	000 002

c	λ									
	1.5	1.6	1.7	1.8	1.9	2.0	2.1	2.2	2.3	2.4
0	1.000 000	1.000 000	1.000 000	1.000 000	1.000 000	1.000 000	1.000 000	1.000 000	1.000 000	1.000 000
1	0.776 870	0.798 103	0.817 316	0.834 701	0.850 431	0.864 665	0.877 544	889 197	899 741	0.909 282
2	442 175	475 069	506 754	537 163	566 251	593 994	620 385	645 430	669 146	691 559
3	191 153	216 642	242 777	269 379	296 280	323 324	350 369	377 286	403 961	430 291
4	065 642	078 813	093 189	108 708	125 298	142 877	161 357	180 648	200 653	221 277
5	0.018 576	0.023 682	0.029 615	0.036 407	0.044 081	0.052 653	0.062 126	0.072 496	0.083 751	0.095 869
6	004 456	006 040	007 999	010 378	013 219	016 564	020 449	024 910	029 976	035 673
7	000 926	001 336	001 875	002 569	003 446	004 534	005 862	007 461	009 362	011 594
8	000 170	000 260	000 388	000 562	000 793	001 097	001 486	001 978	002 589	003 339
9	000 028	000 045	000 072	000 110	000 163	000 237	000 337	000 470	000 642	000 862
10	000 004	000 007	000 012	000 019	000 030	000 046	000 069	000 101	000 144	000 202
11	000 001	000 001	000 002	000 003	000 005	000 008	000 013	000 020	000 029	000 043
12					000 001	000 001	000 002	000 004	000 006	000 008
13								000 001	000 001	000 002

续表

c	λ									
	2.5	2.6	2.7	2.8	2.9	3.0	3.1	3.2	3.3	3.4
0	1.000 000	1.000 000	1.000 000	1.000 000	1.000 000	1.000 000	1.000 000	1.000 000	1.000 000	1.000 000
1	0.917 915	0.925 726	0.932 794	0.939 190	0.944 977	0.950 213	0.954 951	0.959 238	0.963 117	0.966 627
2	712 703	732 615	751 340	768 922	785 409	800 852	815 298	828 799	841 402	853 158
3	456 187	481 570	506 376	530 546	554 037	576 810	598 837	620 096	640 574	660 260
4	242 424	263 998	285 908	308 063	330 377	352 768	375 160	397 480	419 662	441 643
5	108 822	122 577	137 092	152 324	168 223	184 737	201 811	219 387	237 410	255 818
6	042 021	049 037	056 732	065 110	074 174	083 918	094 334	105 408	117 123	129 458
7	014 187	017 170	020 569	024 411	028 717	033 509	038 804	044 619	050 966	057 853
8	004 247	005 334	006 621	008 131	009 885	011 905	014 213	016 830	019 777	023 074
9	001 140	001 487	001 914	002 433	003 058	003 803	004 683	005 714	006 912	008 293
10	000 277	000 376	000 501	000 660	000 858	001 102	001 401	001 762	002 195	002 709
11	000 062	000 087	000 120	000 164	000 220	000 292	000 383	000 497	000 638	000 810
12	000 013	000 018	000 026	000 037	000 052	000 071	000 097	000 129	000 171	000 223
13	000 002	000 004	000 005	000 008	000 011	000 016	000 023	000 031	000 042	000 057
14		000 001	000 001	000 002	000 002	000 003	000 005	000 007	000 010	000 014
15						000 001	000 001	000 001	000 002	000 003
16										000 001

c	λ									
	3.5	3.6	3.7	3.8	3.9	4.0	4.1	4.2	4.3	4.4
0	1.000 000	1.000 000	1.000 000	1.000 000	1.000 000	1.000 000	1.000 000	1.000 000	1.000 000	1.000 000
1	0.969 803	0.972 676	0.975 276	0.977 629	0.979 758	0.981 684	0.983 427	0.985 004	0.986 431	0.987 723
2	864 112	874 311	883 799	892 620	900 815	908 422	915 479	922 023	928 087	933 702
3	679 153	697 253	714 567	731 103	746 875	761 897	776 186	789 762	802 645	814 858
4	463 367	484 784	505 847	526 515	546 753	566 530	585 818	604 597	622 846	640 552
5	274 555	293 562	313 781	332 156	351 635	371 163	390 692	410 173	429 562	448 816
6	142 386	155 881	169 912	184 444	199 442	214 870	230 688	246 857	263 338	280 088
7	065 288	073 273	081 809	090 892	100 517	110 674	121 352	132 536	144 210	156 355
8	026 739	030 789	035 241	040 107	045 402	051 134	057 312	063 943	071 032	078 579
9	009 874	011 671	013 703	015 984	018 533	021 363	024 492	027 932	031 698	035 803
10	003 315	004 024	004 848	005 799	006 890	008 132	009 540	011 127	012 906	014 890
11	001 019	001 271	001 572	001 929	002 349	002 840	003 410	004 069	004 825	005 688
12	002 289	000 370	000 470	000 592	000 739	000 915	001 125	001 374	001 666	002 008
13	000 076	000 100	000 130	000 168	000 216	000 274	000 345	000 431	000 534	000 658
14	000 019	000 025	000 034	000 045	000 059	000 076	000 098	000 126	000 160	000 201
15	000 004	000 006	000 008	000 011	000 015	000 020	000 026	000 034	000 045	000 058
16	000 001	000 001	000 002	000 003	000 004	000 005	000 007	000 009	000 012	000 016
17				000 001	000 001	000 001	000 002	000 002	000 003	000 004
18									000 001	000 001

附表 2　标准正态分布表

$$\Phi(x) = \frac{1}{\sqrt{2\pi}} \int_{-\infty}^{x} e^{-\frac{t^2}{2}} \mathrm{d}t \quad (x \geqslant 0)$$

x	0.00	0.01	0.02	0.03	0.04	0.05	0.06	0.07	0.08	0.09
0.0	0.500 0	0.504 0	0.508 0	0.512 0	0.516 0	0.519 9	0.523 9	0.527 9	0.531 9	0.535 9
0.1	0.539 8	0.543 8	0.547 8	0.551 7	0.555 7	0.559 6	0.563 6	0.567 5	0.571 4	0.575 3
0.2	0.579 3	0.583 2	0.587 1	0.591 0	0.594 8	0.598 7	0.602 6	0.606 4	0.610 3	0.614 1
0.3	0.617 9	0.621 7	0.625 5	0.629 3	0.633 1	0.636 8	0.640 4	0.644 3	0.648 0	0.651 7
0.4	0.655 4	0.659 1	0.662 8	0.666 4	0.670 0	0.673 6	0.677 2	0.680 8	0.684 4	0.687 9
0.5	0.691 5	0.695 0	0.698 5	0.701 9	0.705 4	0.708 8	0.712 3	0.715 7	0.719 0	0.722 4
0.6	0.725 7	0.729 1	0.732 4	0.735 7	0.738 9	0.742 2	0.745 4	0.748 6	0.751 7	0.754 9
0.7	0.758 0	0.761 1	0.764 2	0.767 3	0.770 3	0.773 4	0.776 4	0.779 4	0.782 3	0.785 2
0.8	0.788 1	0.791 0	0.793 9	0.796 7	0.799 5	0.802 3	0.805 1	0.807 8	0.810 6	0.813 3
0.9	0.815 9	0.818 6	0.821 2	0.823 8	0.826 4	0.828 9	0.831 5	0.834 0	0.836 5	0.838 9
1.0	0.841 3	0.843 8	0.846 1	0.848 5	0.850 8	0.853 1	0.855 4	0.857 7	0.859 9	0.862 1
1.1	0.864 3	0.866 5	0.868 6	0.870 8	0.872 9	0.874 9	0.877 0	0.879 0	0.881 0	0.883 0
1.2	0.884 9	0.886 9	0.888 8	0.890 7	0.892 5	0.894 4	0.896 2	0.898 0	0.899 7	0.901 5
1.3	0.903 2	0.904 9	0.906 6	0.908 2	0.909 9	0.911 5	0.913 1	0.914 7	0.916 2	0.917 7
1.4	0.919 2	0.920 7	0.922 2	0.923 6	0.925 1	0.926 5	0.927 9	0.929 2	0.930 6	0.931 9
1.5	0.933 2	0.934 5	0.935 7	0.937 0	0.938 2	0.939 4	0.940 6	0.941 8	0.943 0	0.944 1
1.6	0.945 2	0.946 3	0.947 4	0.948 4	0.949 5	0.950 5	0.951 5	0.952 5	0.953 5	0.953 5
1.7	0.955 4	0.956 4	0.957 3	0.958 2	0.959 1	0.959 9	0.960 8	0.961 6	0.962 5	0.963 3
1.8	0.964 1	0.964 8	0.965 6	0.966 4	0.967 2	0.967 8	0.968 6	0.969 3	0.970 0	0.970 6
1.9	0.971 3	0.971 9	0.972 6	0.973 2	0.973 8	0.974 4	0.975 0	0.975 6	0.976 2	0.976 7
2.0	0.977 2	0.977 8	0.978 3	0.978 8	0.979 3	0.979 8	0.980 3	0.980 8	0.981 2	0.981 7
2.1	0.982 1	0.982 6	0.983 0	0.983 4	0.983 8	0.984 2	0.984 6	0.985 0	0.985 4	0.985 7
2.2	0.986 1	0.986 4	0.986 8	0.987 1	0.987 4	0.987 8	0.988 1	0.988 4	0.988 7	0.989 0
2.3	0.989 3	0.989 6	0.989 8	0.990 1	0.990 4	0.990 6	0.990 9	0.991 1	0.991 3	0.991 6
2.4	0.991 8	0.992 0	0.992 2	0.992 5	0.992 7	0.992 9	0.993 1	0.993 2	0.993 4	0.993 6
2.5	0.993 8	0.994 0	0.994 1	0.994 3	0.994 5	0.994 6	0.994 8	0.994 9	0.995 1	0.995 2
2.6	0.995 3	0.995 5	0.995 6	0.995 7	0.995 9	0.996 0	0.996 1	0.996 2	0.996 3	0.996 4
2.7	0.996 5	0.996 6	0.996 7	0.996 8	0.996 9	0.997 0	0.997 1	0.997 2	0.997 3	0.997 4
2.8	0.997 4	0.997 5	0.997 6	0.997 7	0.997 7	0.997 8	0.997 9	0.997 9	0.998 0	0.998 1
2.9	0.998 1	0.998 2	0.998 2	0.998 3	0.998 4	0.998 4	0.998 5	0.998 5	0.998 6	0.998 6
3.0	0.998 7	0.999 0	0.999 3	0.999 5	0.999 7	0.999 8	0.999 8	0.999 9	0.999 9	1.000 0

附表 3 χ^2分布分位数表

$$P\{\chi^2(n) > \chi_\alpha^2(n)\} = \alpha$$

n	α					
	0.995	0.99	0.975	0.95	0.90	0.75
1	—	—	0.001	0.004	0.016	0.102
2	0.011	0.020	0.051	0.103	0.211	0.575
3	0.072	0.115	0.216	0.352	0.584	1.213
4	0.207	0.297	0.484	0.711	1.064	1.923
5	0.412	0.554	0.831	1.145	1.610	2.675
6	0.676	0.872	1.237	1.635	2.204	3.455
7	0.989	1.239	1.690	2.167	2.833	4.255
8	1.344	1.646	2.180	2.733	3.490	5.071
9	1.735	2.088	2.700	3.325	4.168	5.899
10	2.156	2.558	3.247	3.940	4.865	6.737
11	2.603	3.053	3.816	4.575	5.578	7.584
12	3.074	3.571	4.404	5.226	6.304	8.438
13	3.565	4.107	5.009	5.892	7.042	9.299
14	4.075	4.660	5.629	6.571	7.790	10.165
15	4.601	5.229	6.262	7.261	8.547	11.037
16	5.142	5.812	6.908	7.962	9.312	11.912
17	5.697	6.408	7.564	8.672	10.085	12.792
18	6.265	7.015	8.231	9.390	10.865	13.675
19	6.844	7.633	8.907	10.117	11.651	14.562
20	7.434	8.260	9.591	10.851	12.443	15.452
21	8.034	8.897	10.283	11.591	13.240	16.344
22	8.643	9.542	10.982	12.338	14.042	17.240
23	9.260	10.196	11.689	13.091	14.848	18.137
24	9.886	10.856	12.401	13.848	15.659	19.037
25	10.520	11.524	13.120	14.611	16.473	19.939
26	11.160	12.198	13.844	15.379	17.292	20.843
27	11.808	12.879	14.573	16.151	18.114	21.749
28	12.461	13.565	15.308	16.928	18.939	22.657

续表

n	α					
	0.995	0.99	0.975	0.95	0.90	0.75
29	13.121	14.257	16.047	17.708	19.768	23.567
30	13.787	14.954	16.791	18.493	20.599	24.478
31	14.458	15.655	17.539	19.281	21.434	25.390
32	15.134	16.362	18.291	20.072	22.271	26.304
33	15.815	17.074	19.047	20.867	22.110	27.219
34	16.501	17.789	19.806	21.664	23.952	28.136
35	17.192	18.509	20.569	22.465	24.797	29.054
36	17.887	19.233	21.336	23.269	25.643	29.973
37	18.586	19.960	22.106	24.075	26.492	30.893
38	19.289	20.691	22.878	24.884	27.343	31.815
39	19.996	21.426	23.654	25.695	28.196	32.737
40	20.707	22.164	24.433	26.509	29.051	33.660
41	21.421	22.906	25.215	27.326	29.907	34.585
42	22.138	23.650	25.999	28.144	30.765	35.510
43	22.859	24.398	26.785	28.965	31.625	36.436
44	23.584	25.148	27.575	29.787	32.487	37.363
45	24.311	25.901	28.366	30.621	33.350	38.291

n	α					
	0.25	0.10	0.05	0.025	0.01	0.005
1	1.323	2.706	3.841	5.024	6.635	7.879
2	2.773	4.605	5.991	7.378	9.210	10.597
3	4.108	6.251	7.815	9.348	11.345	12.838
4	5.385	7.779	9.488	11.143	13.277	14.806
5	6.626	9.236	11.071	12.833	15.086	16.750
6	7.841	10.645	12.592	14.449	16.812	18.548
7	9.037	12.017	14.067	16.013	18.475	20.278
8	10.219	13.362	15.507	17.535	20.090	21.955
9	11.389	14.684	16.919	19.023	21.666	23.589
10	12.549	15.987	18.307	20.483	23.209	25.188
11	13.701	17.275	19.675	21.920	24.725	26.757
12	14.845	18.549	21.026	23.337	26.217	28.299
13	15.984	19.812	22.362	24.736	27.688	29.819

续表

n	α					
	0.25	0.10	0.05	0.025	0.01	0.005
14	17.117	21.064	23.685	26.119	29.141	31.319
15	18.245	22.307	24.996	27.488	30.578	32.801
16	19.369	23.542	26.296	28.845	32.000	34.267
17	20.489	24.769	27.587	30.191	33.409	35.718
18	21.605	25.989	28.869	31.526	34.805	37.156
19	22.718	27.204	30.144	32.852	36.191	38.582
20	23.828	28.412	31.410	34.170	37.566	39.997
21	24.935	29.615	32.671	35.479	38.932	41.401
22	26.039	30.813	33.924	36.781	40.289	42.796
23	27.141	32.007	35.172	38.076	41.638	44.181
24	28.241	33.196	36.415	39.364	42.980	45.559
25	29.339	34.382	37.652	40.646	44.314	46.928
26	30.435	35.563	38.885	41.923	45.642	48.290
27	31.528	36.741	40.113	43.194	46.963	49.645
28	32.620	37.916	41.337	44.461	48.278	50.993
29	33.711	39.087	42.557	45.722	49.588	52.336
30	34.800	40.256	43.773	46.979	50.892	53.672
31	35.887	41.422	44.985	48.232	52.191	55.003
32	36.973	42.585	46.194	49.480	53.486	56.328
33	38.058	43.745	47.400	50.725	54.776	57.648
34	39.141	44.903	48.602	51.966	56.061	58.964
35	40.223	46.059	49.802	53.203	57.342	60.275
36	41.304	47.212	50.998	54.437	58.619	61.581
37	42.383	48.363	52.192	55.668	59.892	62.883
38	43.462	49.513	53.384	56.896	61.162	64.181
39	44.539	50.660	54.572	58.120	62.428	65.476
40	45.616	51.805	55.758	59.342	63.691	66.766
41	46.692	52.949	56.942	60.561	64.950	68.053
42	47.766	54.090	58.124	61.777	66.206	69.336
43	48.840	55.230	59.354	62.990	67.459	70.616
44	49.913	56.369	60.481	64.201	68.710	71.893
45	40.985	57.505	61.656	65.410	69.957	73.166

附表 4 t 分布分位数表

$$P\{t(n) > t_\alpha(n)\} = \alpha$$

n	α					
	0.25	0.10	0.05	0.025	0.01	0.005
1	1.000 0	3.077 7	6.313 8	12.706 2	31.820 7	63.657 4
2	0.816 5	1.885 6	2.920 0	4.302 7	6.964 6	9.924 8
3	0.764 9	1.637 7	2.353 4	3.182 4	4.540 7	5.840 9
4	0.740 7	1.533 2	2.131 8	2.776 4	3.746 9	4.604 1
5	0.726 7	1.475 9	2.015 0	2.570 6	3.364 9	4.032 4
6	0.717 6	1.439 8	1.943 2	2.446 9	3.142 7	3.707 4
7	0.711 1	1.414 9	1.894 6	2.364 6	2.998 0	3.499 5
8	0.706 4	1.396 8	1.859 5	2.306 0	2.896 5	3.355 4
9	0.702 7	1.383 0	1.833 1	2.262 2	2.821 4	3.249 8
10	0.699 8	1.372 2	1.812 5	2.228 1	2.763 8	2.169 3
11	0.697 4	1.363 4	1.795 9	2.201 0	2.718 1	3.105 8
12	0.695 5	1.356 2	1.782 3	2.178 8	2.681 0	3.054 5
13	0.693 8	1.350 2	1.770 9	2.160 4	2.650 3	3.012 3
14	0.692 4	1.345 0	1.761 3	2.144 8	2.624 5	2.976 8
15	0.691 2	1.340 6	1.753 1	2.131 5	2.602 5	2.946 7
16	0.690 1	1.336 8	1.745 9	2.119 9	2.583 5	2.920 8
17	0.689 2	1.333 4	1.739 6	2.109 8	2.566 9	2.898 2
18	0.688 4	1.330 4	1.734 1	2.100 9	2.552 4	2.878 4
19	0.687 6	1.327 7	1.729 1	2.093 0	2.539 5	2.860 9
20	0.687 0	1.325 3	1.724 7	2.086 0	2.528 0	2.845 3
21	0.686 4	1.323 2	1.720 7	2.079 6	2.517 7	2.831 4
22	0.685 8	1.321 2	1.717 1	2.073 9	2.508 3	2.818 8
23	0.685 3	1.319 5	1.713 9	2.068 7	2.499 9	2.807 3
24	0.684 8	1.317 8	1.710 9	2.063 9	2.492 2	2.796 9
25	0.684 4	1.316 3	1.708 1	2.059 5	2.485 1	2.787 4
26	0.684 0	1.315 0	1.705 6	2.055 5	2.478 6	2.778 7
27	0.683 7	1.313 7	1.703 3	2.051 8	2.472 7	2.770 7
28	0.683 4	1.312 5	1.701 1	2.048 4	2.467 1	2.763 3
29	0.683 0	1.311 4	1.699 1	2.045 2	2.462 0	2.756 4

续表

n	α					
	0.25	0.10	0.05	0.025	0.01	0.005
30	0.682 8	1.310 4	1.697 3	2.042 3	2.457 3	2.750 0
31	0.682 5	1.309 5	1.695 5	2.039 5	2.452 8	2.744 0
32	0.682 2	1.308 6	1.693 9	2.036 9	2.448 7	2.738 5
33	0.682 0	1.307 7	1.692 4	2.034 5	2.444 8	2.733 3
34	0.681 8	1.307 0	1.690 9	2.032 2	2.441 1	2.728 4
35	0.681 6	1.306 2	1.689 6	2.030 1	2.437 7	2.723 8
36	0.681 4	1.305 5	1.688 3	2.028 1	2.434 5	2.719 5
37	0.681 2	1.304 9	1.687 1	2.026 2	2.431 4	2.715 4
38	0.681 0	1.304 2	1.686 0	2.024 4	2.428 6	2.711 6
39	0.680 8	1.303 6	1.684 9	2.022 7	2.425 8	2.707 9
40	0.680 7	1.303 1	1.683 9	2.021 1	2.423 3	2.704 5
41	0.680 5	1.302 5	1.682 9	2.019 5	2.420 8	2.701 2
42	0.680 4	1.302 0	1.682 0	2.018 1	2.418 5	2.698 1
43	0.680 2	1.301 6	1.681 1	2.016 7	2.416 3	2.695 1
44	0.680 1	1.301 1	1.680 2	2.015 4	2.414 1	2.692 3
45	0.680 0	1.300 6	1.679 4	2.014 1	2.412 1	2.689 6

附表 5 F 分布分位数表

$$P\{F(n_1,n_2) > F_\alpha(n_1,n_2)\} = \alpha$$

$\alpha = 0.10$

n_2	n_1								
	1	2	3	4	5	6	7	8	9
1	39.86	49.50	53.59	55.83	57.24	58.20	58.91	59.44	59.86
2	8.53	9.00	9.16	9.24	9.29	9.33	9.35	9.37	9.38
3	5.54	5.46	5.39	5.34	5.31	5.28	5.27	5.25	5.24
4	4.54	4.32	4.19	4.11	4.05	4.01	3.98	3.95	3.94
5	4.06	3.78	3.62	3.52	3.45	3.40	3.37	3.34	3.32
6	3.78	3.46	3.29	3.18	3.11	3.05	3.01	2.98	2.96
7	3.59	3.26	3.07	2.96	2.88	2.83	2.78	2.75	2.72
8	3.46	3.11	2.92	2.81	2.73	2.67	2.62	2.59	2.56
9	3.36	3.01	2.81	2.69	2.61	2.55	2.51	2.47	2.44
10	3.29	2.92	2.73	2.61	2.52	2.46	2.41	2.38	2.35
11	3.23	2.86	2.66	2.54	2.45	2.39	2.34	2.30	2.27
12	3.18	2.81	2.61	2.48	2.39	2.33	2.28	2.24	2.21
13	3.14	2.76	2.56	2.43	2.35	2.28	2.23	2.20	2.16
14	3.10	2.73	2.52	2.39	2.31	2.24	2.19	2.15	2.12
15	3.07	2.70	2.49	2.36	2.27	2.21	2.16	2.12	2.09
16	3.05	2.67	2.46	2.33	2.24	2.18	2.13	2.09	2.06
17	3.03	2.64	2.44	2.31	2.22	2.15	2.10	2.06	2.03
18	3.01	2.62	2.42	2.29	2.20	2.13	2.08	2.04	2.00
19	2.99	2.61	2.40	2.27	2.18	2.11	2.06	2.02	1.98
20	2.97	2.59	2.38	2.25	2.16	2.09	2.04	2.00	1.96
21	2.96	2.57	2.36	2.23	2.14	2.08	2.02	1.98	1.95
22	2.95	2.56	2.35	2.22	2.13	2.06	2.01	1.97	1.93
23	2.94	2.55	2.34	2.21	2.11	2.05	1.99	1.95	1.92
24	2.93	2.54	2.33	2.19	2.10	2.04	1.98	1.94	1.91
25	2.92	2.53	2.32	2.18	2.09	2.02	1.97	1.93	1.89
26	2.91	2.52	2.31	2.17	2.08	2.01	1.96	1.92	1.88
27	2.90	2.51	2.30	2.17	2.07	2.00	1.95	1.91	1.87
28	2.89	2.50	2.29	2.16	2.06	2.00	1.94	1.90	1.87
29	2.89	2.50	2.28	2.15	2.06	1.99	1.93	1.89	1.86
30	2.88	2.49	2.28	2.14	2.05	1.98	1.93	1.88	1.85
40	2.84	2.44	2.23	2.09	2.00	1.93	1.87	1.83	1.79
60	2.79	2.39	2.18	2.04	1.95	1.87	1.82	1.77	1.74
120	2.75	2.35	2.13	1.99	1.90	1.82	1.77	1.72	1.68
∞	2.71	2.30	2.08	1.94	1.85	1.77	1.72	1.67	1.63

$\alpha = 0.10$

n_2	n_1									
	10	12	15	20	24	30	40	60	120	∞
1	60.19	60.71	61.22	61.74	62.00	62.26	62.53	62.79	63.06	63.33
2	9.39	9.41	9.42	9.44	9.45	9.46	9.47	9.47	9.48	9.49
3	5.23	5.22	5.20	5.18	5.18	5.17	5.16	5.15	5.14	5.13
4	3.92	3.90	3.87	3.84	3.83	3.82	3.80	3.79	3.78	3.76
5	3.30	3.27	3.24	3.21	3.19	3.17	3.16	3.14	3.12	3.10
6	2.94	2.90	2.87	2.84	2.82	2.80	2.78	2.76	2.74	2.72
7	2.70	2.67	2.63	2.59	2.58	2.56	2.54	2.51	2.49	2.47
8	2.54	2.50	2.46	2.42	2.40	2.38	2.36	2.34	2.32	2.29
9	2.42	2.38	2.34	2.30	2.28	2.25	2.23	2.21	2.18	2.16
10	2.32	2.28	2.24	2.20	2.18	2.16	2.13	2.11	2.08	2.06
11	2.25	2.21	2.17	2.12	2.10	2.08	2.05	2.03	2.00	1.97
12	2.19	2.15	2.10	2.06	2.04	2.01	1.99	1.96	1.93	1.90
13	2.14	2.10	2.05	2.01	1.98	1.96	1.93	1.90	1.88	1.85
14	2.10	2.05	2.01	1.96	1.94	1.91	1.89	1.86	1.83	1.80
15	2.06	2.02	1.97	1.92	1.90	1.87	1.85	1.82	1.79	1.76
16	2.03	1.99	1.94	1.89	1.87	1.84	1.81	1.78	1.75	1.72
17	2.00	1.96	1.91	1.86	1.84	1.81	1.78	1.75	1.72	1.69
18	1.98	1.93	1.89	1.84	1.81	1.78	1.75	1.72	1.69	1.66
19	1.96	1.91	1.86	1.81	1.79	1.76	1.73	1.70	1.67	1.63
20	1.94	1.89	1.84	1.79	1.77	1.74	1.71	1.68	1.64	1.61
21	1.92	1.87	1.83	1.78	1.75	1.72	1.69	1.66	1.62	1.59
22	1.90	1.86	1.81	1.76	1.73	1.70	1.67	1.64	1.60	1.57
23	1.89	1.84	1.80	1.74	1.72	1.69	1.66	1.62	1.59	1.55
24	1.88	1.83	1.78	1.73	1.70	1.67	1.64	1.61	1.57	1.53
25	1.87	1.82	1.77	1.72	1.69	1.66	1.63	1.59	1.56	1.52
26	1.86	1.81	1.76	1.71	1.68	1.65	1.61	1.58	1.54	1.50
27	1.85	1.80	1.75	1.70	1.67	1.64	1.60	1.57	1.53	1.49
28	1.84	1.79	1.74	1.69	1.66	1.63	1.59	1.56	1.52	1.48
29	1.83	1.78	1.73	1.68	1.65	1.62	1.58	1.55	1.51	1.47
30	1.82	1.77	1.72	1.67	1.64	1.61	1.57	1.54	1.50	1.46
40	1.76	1.71	1.66	1.61	1.57	1.54	1.51	1.47	1.42	1.38
60	1.71	1.66	1.60	1.54	1.51	1.48	1.44	1.40	1.35	1.29
120	1.65	1.60	1.55	1.48	1.45	1.41	1.37	1.32	1.26	1.19
∞	1.60	1.55	1.49	1.42	1.38	1.34	1.30	1.24	1.17	1.00

续表

$\alpha = 0.05$

n_2	n_1								
	1	2	3	4	5	6	7	8	9
1	161.4	199.5	215.7	224.6	230.2	234.0	236.8	238.9	240.5
2	18.51	19.00	19.16	19.25	19.30	19.33	19.35	19.37	19.38
3	10.13	9.55	9.28	9.12	9.01	8.94	8.89	8.85	8.81
4	7.71	6.94	6.59	6.39	6.26	6.16	6.09	6.04	6.00
5	6.61	5.79	5.41	5.19	5.05	4.95	4.88	4.82	4.77
6	5.99	5.14	4.76	4.53	4.39	4.28	4.21	4.15	4.10
7	5.59	4.74	4.35	4.12	3.97	3.87	3.79	3.73	3.68
8	5.32	4.46	4.07	3.84	3.69	3.58	3.50	3.44	3.39
9	5.12	4.26	3.86	3.63	3.48	3.37	3.29	3.23	3.18
10	4.96	4.10	3.71	3.48	3.33	3.22	3.14	3.07	3.02
11	4.84	3.98	3.59	3.36	3.20	3.09	3.01	2.95	2.90
12	4.75	3.89	3.49	3.26	3.11	3.00	2.91	2.85	2.80
13	4.67	3.81	3.41	3.18	3.03	2.92	2.83	2.77	2.71
14	4.60	3.74	3.34	3.11	2.96	2.85	2.76	2.70	2.65
15	4.54	3.68	3.29	3.06	2.90	2.79	2.71	2.64	2.59
16	4.49	3.63	3.24	3.01	2.85	2.74	2.66	2.59	2.54
17	4.45	3.59	3.20	2.96	2.81	2.70	2.61	2.55	2.49
18	4.41	3.55	3.16	2.93	2.77	2.66	2.58	2.51	2.46
19	4.38	3.52	3.13	2.90	2.74	2.63	2.54	2.48	2.42
20	4.35	3.49	3.10	2.87	2.71	2.60	2.51	2.45	2.39
21	4.32	3.47	3.07	2.84	2.68	2.57	2.49	2.42	2.37
22	4.30	3.44	3.05	2.82	2.66	2.55	2.46	2.40	2.34
23	4.28	3.42	3.03	2.80	2.64	2.53	2.44	2.37	2.32
24	4.26	3.40	3.01	2.78	2.62	2.51	2.42	2.36	2.30
25	4.24	3.39	2.99	2.76	2.60	2.49	2.40	2.34	2.28
26	4.23	3.37	2.98	2.74	2.59	2.47	2.39	2.32	2.27
27	4.21	3.35	2.96	2.73	2.57	2.46	2.37	2.31	2.25
28	4.20	3.34	2.95	2.71	2.56	2.45	2.36	2.29	2.24
29	4.18	3.33	2.93	2.70	2.55	2.43	2.35	2.28	2.22
30	4.17	3.32	2.92	2.69	2.53	2.42	2.33	2.27	2.21
40	4.08	3.23	2.84	2.61	2.45	2.34	2.25	2.18	2.12
60	4.06	3.15	2.76	2.53	2.37	2.25	2.17	2.10	2.04
120	3.92	3.07	2.68	2.45	2.29	2.17	2.09	2.02	1.96
∞	3.84	3.00	2.60	2.37	2.21	2.10	2.01	1.94	1.88

续表

$\alpha = 0.05$

n_2	n_1									
	10	12	15	20	24	30	40	60	120	∞
1	241.9	243.9	245.9	248.0	249.1	250.1	251.1	252.2	253.3	254.4
2	19.40	19.41	19.43	19.45	19.45	19.46	19.47	19.48	19.49	19.50
3	8.79	8.74	8.70	8.66	8.64	8.62	8.59	8.57	8.55	8.53
4	5.96	5.91	5.86	5.80	5.77	5.75	5.72	5.69	5.66	5.63
5	4.74	4.68	4.62	4.56	4.53	4.50	4.46	4.43	4.40	4.36
6	4.06	4.00	3.94	3.87	3.84	3.81	3.77	3.74	3.70	3.67
7	3.64	3.57	3.51	3.44	3.41	3.38	3.34	3.30	3.27	3.23
8	3.35	3.28	3.22	3.15	3.12	3.08	3.04	3.01	2.97	2.93
9	3.14	3.07	3.01	2.94	2.90	2.86	2.83	2.79	2.75	2.71
10	2.98	2.91	2.85	2.77	2.74	2.70	2.66	2.62	2.58	2.54
11	2.85	2.79	2.72	2.65	2.61	2.57	2.53	2.49	2.45	2.40
12	2.75	2.69	2.62	2.54	2.51	2.47	2.43	2.38	2.34	2.30
13	2.67	2.60	2.53	2.46	2.42	2.38	2.34	2.30	2.25	2.21
14	2.60	2.53	2.46	2.39	2.35	2.31	2.27	2.22	2.18	2.13
15	2.54	2.48	2.40	2.33	2.29	2.25	2.20	2.16	2.11	2.07
16	2.49	2.42	2.35	2.28	2.24	2.19	2.15	2.11	2.06	2.01
17	2.45	2.38	2.31	2.23	2.19	2.15	2.10	2.06	2.01	1.96
18	2.41	2.34	2.27	2.19	2.15	2.11	2.06	2.02	1.97	1.92
19	2.38	2.31	2.23	2.16	2.11	2.07	2.03	1.98	1.93	1.88
20	2.35	2.28	2.20	2.12	2.08	2.04	1.99	1.95	1.90	1.84
21	2.32	2.25	2.18	2.10	2.05	2.01	1.96	1.92	1.87	1.81
22	2.30	2.23	2.15	2.07	2.03	1.98	1.94	1.89	1.84	1.78
23	2.27	2.20	2.13	2.05	2.01	1.96	1.91	1.86	1.81	1.76
24	2.25	2.18	2.11	2.03	1.98	1.94	1.89	1.84	1.79	1.73
25	2.24	2.16	2.09	2.01	1.96	1.92	1.87	1.82	1.77	1.71
26	2.22	2.15	2.07	1.99	1.95	1.90	1.85	1.80	1.75	1.69
27	2.20	2.13	2.06	1.97	1.93	1.88	1.84	1.79	1.73	1.67
28	2.19	2.12	2.04	1.96	1.91	1.87	1.82	1.77	1.71	1.65
29	2.18	2.10	2.03	1.94	1.90	1.85	1.81	1.75	1.70	1.64
30	2.16	2.09	2.01	1.93	1.89	1.84	1.79	1.74	1.68	1.62
40	2.08	2.00	1.92	1.84	1.79	1.74	1.69	1.64	1.58	1.51
60	1.99	1.92	1.84	1.75	1.70	1.65	1.59	1.53	1.47	1.39
120	1.91	1.83	1.75	1.66	1.61	1.55	1.50	1.43	1.35	1.25
∞	1.83	1.75	1.67	1.57	1.52	1.46	1.39	1.32	1.22	1.00

续表

$\alpha = 0.025$

n_2	n_1								
	1	2	3	4	5	6	7	8	9
1	647.8	799.5	864.2	899.6	921.8	937.1	948.2	956.7	963.3
2	38.51	39.00	39.17	39.25	39.30	39.33	39.36	39.37	39.39
3	17.44	16.04	15.44	15.10	14.88	14.73	14.62	14.54	14.47
4	12.22	10.65	8.98	9.60	9.36	9.20	9.07	8.98	8.90
5	10.01	8.43	7.76	7.39	7.15	6.98	6.85	6.76	6.68
6	8.81	7.26	6.60	6.23	5.99	5.82	5.70	5.60	5.52
7	8.07	6.54	5.89	5.52	5.29	5.12	4.99	4.90	4.82
8	7.57	6.06	5.42	5.05	4.82	4.65	4.53	4.43	4.36
9	7.21	5.71	5.03	4.72	4.48	4.32	4.20	4.10	4.03
10	6.94	5.46	4.83	4.47	4.24	4.07	3.95	3.85	3.78
11	6.72	5.26	4.63	4.28	4.04	3.88	3.76	3.66	3.59
12	6.55	5.10	4.42	4.12	3.89	3.73	3.61	3.51	3.44
13	6.41	4.97	4.35	4.00	3.77	3.60	3.48	3.39	3.31
14	6.30	4.86	4.24	3.89	3.66	3.50	3.38	3.29	3.21
15	6.20	4.77	4.15	3.80	3.58	3.41	3.29	3.20	3.12
16	6.12	4.69	4.08	3.73	3.50	3.34	3.22	3.12	3.05
17	6.01	4.62	4.01	3.66	3.44	3.28	3.16	3.06	2.98
18	5.98	4.56	3.95	3.61	3.38	3.22	3.10	3.01	2.93
19	5.92	4.51	3.90	3.56	3.33	3.17	3.05	2.96	2.88
20	5.87	4.46	3.86	3.51	3.29	3.13	3.01	2.91	2.84
21	5.83	4.42	3.82	3.48	3.25	3.09	2.97	2.87	2.80
22	5.79	4.38	3.78	3.44	3.22	3.05	2.93	2.84	2.76
23	5.75	4.35	3.75	3.41	3.18	3.02	2.90	2.81	2.73
24	5.72	4.32	3.72	3.38	3.15	2.99	2.87	2.78	2.70
25	5.69	4.29	3.69	3.35	3.13	2.97	2.85	2.75	2.68
26	5.66	4.27	3.67	3.33	3.10	2.94	2.82	2.73	2.65
27	5.63	4.24	3.65	3.31	3.08	2.92	2.80	2.71	2.63
28	5.61	4.22	3.63	3.29	3.06	2.90	2.78	2.69	2.61
29	5.59	4.20	3.61	3.27	3.04	2.88	2.76	2.67	2.59
30	5.57	4.18	3.59	3.25	3.03	2.87	2.75	2.65	2.57
40	5.42	4.05	3.46	3.13	2.90	2.74	2.62	2.53	2.45
60	5.29	3.93	3.34	3.01	2.79	2.63	2.51	2.41	2.33
120	5.15	3.80	3.23	2.89	2.67	2.52	2.39	2.30	2.22
∞	5.02	3.69	3.12	2.79	2.57	2.41	2.29	2.19	2.11

续表

$\alpha = 0.025$

n_2	n_1									
	10	12	15	20	24	30	40	60	120	∞
1	968.6	976.7	984.9	993.1	997.2	1 001	1 006	1 010	1 014	1 018
2	39.40	39.41	39.43	39.45	39.46	39.46	39.47	39.48	39.49	39.50
3	14.42	14.34	14.25	14.17	14.12	14.08	14.04	13.99	13.95	13.90
4	8.84	8.75	8.66	8.56	8.51	8.46	8.41	8.36	8.31	8.26
5	6.62	6.52	6.43	6.33	6.28	6.23	6.18	6.12	6.07	6.02
6	5.46	5.37	5.27	5.17	5.12	5.07	5.01	4.96	4.90	4.85
7	4.76	4.67	4.57	4.47	4.42	4.36	4.31	4.25	4.20	4.14
8	4.30	4.20	4.10	4.00	3.95	3.89	3.84	3.78	3.73	3.67
9	3.96	3.87	3.77	3.67	3.61	3.56	3.51	3.45	3.39	3.33
10	3.72	3.62	3.52	3.42	3.37	3.31	3.26	3.20	3.14	3.08
11	3.53	3.43	3.33	3.23	3.17	3.12	3.06	3.00	2.94	2.88
12	3.37	3.28	3.18	3.07	3.02	2.96	2.91	2.85	2.79	2.72
13	3.25	3.15	3.05	2.95	2.89	2.84	2.78	2.72	2.66	2.60
14	3.15	3.05	2.95	2.84	2.79	2.73	2.67	2.61	2.55	2.49
15	3.06	2.96	2.86	2.76	2.70	2.64	2.59	2.52	2.46	2.40
16	2.99	2.89	2.79	2.68	2.63	2.57	2.51	2.45	2.38	2.32
17	2.92	2.82	2.72	2.62	2.56	2.50	2.44	2.38	2.32	2.25
18	2.87	2.77	2.67	2.56	2.50	2.44	2.38	2.32	2.26	2.19
19	2.82	2.72	2.62	2.51	2.45	2.39	2.33	2.27	2.20	2.13
20	2.77	2.68	2.57	2.46	2.41	2.35	2.29	2.22	2.16	2.09
21	2.73	2.64	2.53	2.42	2.37	2.31	2.25	2.18	2.11	2.04
22	2.70	2.60	2.50	2.39	2.33	2.27	2.21	2.14	2.08	2.00
23	2.67	2.57	2.47	2.36	2.30	2.24	2.18	2.11	2.04	1.97
24	2.64	2.54	2.44	2.33	2.27	2.21	2.15	2.08	2.01	1.94
25	2.61	2.51	2.41	2.30	2.24	2.18	2.12	2.05	1.98	1.91
26	2.59	2.49	2.39	2.28	2.22	2.16	2.09	2.03	1.95	1.88
27	2.57	2.47	2.36	2.25	2.19	2.13	2.07	2.00	1.93	1.85
28	2.55	2.45	2.34	2.23	2.17	2.11	2.05	1.98	1.91	1.83
29	2.53	2.43	2.32	2.21	2.15	2.09	2.03	1.96	1.89	1.81
30	2.51	2.41	2.31	2.20	2.14	2.07	2.01	1.94	1.87	1.79
40	2.39	2.29	2.18	2.07	2.01	1.94	1.88	1.80	1.72	1.64
60	2.27	2.17	2.06	1.94	1.88	1.82	1.74	1.67	1.58	1.48
120	2.16	2.05	1.94	1.82	1.76	1.69	1.61	1.53	1.43	1.31
∞	2.05	1.94	1.83	1.71	1.64	1.57	1.48	1.39	1.27	1.00

续表

$\alpha = 0.01$

n_2	n_1								
	1	2	3	4	5	6	7	8	9
1	4 652	4 999.5	5 403	5 625	5 764	5 859	5 928	5 982	6 022
2	98.50	90.00	99.17	99.25	99.30	99.33	99.36	99.37	99.39
3	34.12	30.82	29.46	28.71	28.24	27.91	27.67	27.49	27.35
4	21.20	18.00	16.69	15.98	15.53	15.21	14.98	14.80	14.66
5	16.26	13.27	12.06	11.39	10.97	10.67	10.46	10.29	10.16
6	13.75	10.92	9.78	9.15	8.75	8.47	8.26	8.10	7.98
7	12.25	9.55	8.45	7.85	7.45	7.19	6.99	6.84	6.72
8	11.26	8.65	7.59	7.01	6.63	6.37	6.18	6.03	5.91
9	10.56	8.02	6.99	6.42	6.06	5.80	5.61	5.47	5.35
10	10.04	7.56	6.55	5.99	5.64	5.39	5.20	5.06	4.94
11	9.65	7.21	6.22	5.67	5.32	5.07	4.89	4.74	4.63
12	6.33	6.93	5.95	5.41	5.06	4.82	4.64	4.50	4.39
13	9.07	6.70	5.74	5.21	4.86	4.62	4.44	4.30	4.19
14	8.86	6.51	5.56	5.04	4.69	4.46	4.28	4.14	4.03
15	8.68	6.36	5.42	4.89	4.56	4.32	4.14	4.00	3.89
16	8.53	6.23	5.29	4.77	4.44	4.20	4.03	3.89	3.78
17	8.40	6.11	5.18	4.67	4.34	4.10	3.93	3.79	3.68
18	8.29	6.01	5.09	4.58	4.25	4.01	3.84	3.71	3.60
19	8.18	5.93	5.01	4.50	4.17	3.94	3.77	3.63	3.52
20	8.10	5.85	4.94	4.43	4.10	3.87	3.70	3.56	3.46
21	8.02	5.78	4.87	4.37	4.04	3.81	3.64	3.51	3.40
22	7.95	5.72	4.83	4.31	3.99	3.76	3.59	3.45	3.35
23	7.88	5.66	4.76	4.26	3.94	3.71	3.54	3.41	3.30
24	7.82	5.61	4.72	4.22	3.90	3.67	3.50	3.30	3.26
25	7.77	5.57	4.68	4.18	3.85	3.63	3.46	3.32	3.22
26	7.72	5.52	4.64	4.14	3.82	3.59	3.42	3.29	3.18
27	7.68	5.49	4.60	4.11	3.78	3.56	3.39	3.26	3.15
28	7.64	5.45	4.57	4.07	3.75	3.53	3.36	3.23	3.12
29	7.60	5.42	4.54	4.04	3.73	3.50	3.33	3.20	3.09
30	7.56	5.39	4.51	4.02	3.70	3.47	3.30	3.17	3.07
40	7.31	5.18	4.31	3.83	3.51	3.29	3.12	2.99	2.89
60	7.08	4.98	4.13	3.65	3.34	3.12	2.95	2.82	2.72
120	6.85	4.79	3.95	3.48	3.17	2.96	2.79	2.66	2.56
∞	6.63	4.61	3.78	3.32	3.02	2.80	2.64	2.61	2.41

续表

$\alpha = 0.01$

n_2	n_1									
	10	12	15	20	24	30	40	60	120	∞
1	6 056	6 106	6 157	6 200	6 235	6 261	6 287	6 313	6 339	6 336
2	99.40	99.42	99.43	99.45	99.46	99.47	99.47	99.48	99.49	99.50
3	27.23	27.05	26.87	26.69	26.60	26.50	26.41	26.32	26.22	26.13
4	14.55	14.37	14.20	14.02	13.93	13.84	13.75	13.65	13.56	13.46
5	10.05	9.89	9.72	9.55	9.47	9.38	9.29	9.20	9.11	9.02
6	7.87	7.72	7.56	7.40	7.31	7.23	7.14	7.06	6.97	6.88
7	6.62	6.47	6.31	6.16	6.07	5.99	5.91	5.82	5.74	5.65
8	5.81	5.67	5.52	5.36	5.28	5.20	5.12	5.03	4.95	4.86
9	5.26	5.11	4.96	4.81	4.73	4.65	4.57	4.48	4.40	4.31
10	4.85	4.71	4.56	4.41	4.33	4.25	4.17	4.08	4.00	3.91
11	4.54	4.40	4.25	4.10	4.02	3.94	3.86	3.78	3.69	3.60
12	4.30	4.16	4.01	3.86	3.78	3.70	3.62	3.54	3.45	3.36
13	4.10	3.96	3.82	3.66	3.59	3.51	3.43	3.34	3.25	3.17
14	3.94	3.80	3.66	3.51	3.43	3.35	3.27	3.18	3.09	3.00
15	3.80	3.67	3.52	3.37	3.29	3.21	3.13	3.05	2.96	2.87
16	3.69	3.55	3.41	3.26	3.18	3.10	3.02	2.93	2.84	2.75
17	3.59	3.46	3.31	3.16	3.08	3.00	2.92	2.83	2.75	2.65
18	3.51	3.37	3.23	3.08	3.00	2.92	2.84	2.75	2.66	2.57
19	3.43	3.30	3.15	3.00	2.92	2.84	2.76	2.67	2.58	2.49
20	3.37	3.23	3.09	2.94	2.86	2.78	2.69	2.61	2.52	2.42
21	3.31	3.17	3.03	2.88	2.80	2.72	2.64	2.55	2.46	2.36
22	3.26	3.12	2.98	2.83	2.75	2.67	2.53	2.50	2.40	2.31
23	3.21	3.07	2.93	2.78	2.70	2.62	2.54	2.45	2.35	2.26
24	3.17	3.03	2.89	2.74	2.66	2.58	2.49	2.40	2.31	2.21
25	3.13	2.99	2.85	2.70	2.62	2.54	2.45	2.36	2.27	2.17
26	3.09	2.96	2.81	2.66	2.58	2.50	2.42	2.33	2.23	2.13
27	3.06	2.93	2.78	2.63	2.55	2.47	2.38	2.29	2.20	2.10
28	3.03	2.90	2.75	2.60	2.52	2.44	2.35	2.26	2.17	2.06
29	3.00	2.87	2.73	2.57	2.49	2.41	2.33	2.23	2.14	2.03
30	2.98	2.84	2.70	2.55	2.47	2.39	2.30	2.21	2.11	2.01
40	2.80	2.66	2.52	2.37	2.29	2.20	2.11	2.02	1.92	1.80
60	2.63	2.50	2.35	2.20	2.12	2.03	1.94	1.84	1.73	1.60
120	2.47	2.34	2.19	2.03	1.95	1.86	1.76	1.66	1.53	1.38
∞	2.32	2.18	2.04	1.88	1.79	1.70	1.59	1.47	1.32	1.00

续表

$\alpha = 0.005$

n_2	n_1								
	1	2	3	4	5	6	7	8	9
1	16 211	20 000	21 615	22 500	23 056	23 437	23 715	23 925	24 091
2	198.5	199.0	199.2	199.2	199.3	199.3	199.4	199.4	199.4
3	55.55	49.80	47.47	46.19	45.39	44.84	44.43	44.13	43.88
4	31.33	26.28	24.26	23.15	22.46	21.97	21.62	21.35	21.14
5	22.78	18.31	16.53	15.56	14.94	14.51	14.20	13.96	13.77
6	18.63	14.54	12.92	12.03	11.46	11.07	10.79	10.57	10.39
7	16.24	12.40	10.88	10.05	9.52	9.16	8.89	8.68	8.51
8	14.69	11.04	9.60	8.81	8.30	7.95	7.69	7.50	7.34
9	13.61	10.11	8.72	7.96	7.47	7.13	6.88	6.69	6.54
10	12.83	9.43	8.08	7.34	6.87	6.54	6.30	6.12	5.97
11	12.23	8.91	7.60	6.88	6.42	6.10	5.86	5.68	5.54
12	11.75	8.51	7.23	6.52	6.07	5.76	5.52	5.35	5.20
13	11.37	8.19	6.93	6.23	5.79	5.48	5.25	5.03	4.94
14	11.06	7.92	6.68	6.00	5.56	5.26	5.03	4.86	4.72
15	10.80	7.70	6.48	5.80	5.37	5.07	4.85	4.67	4.54
16	10.58	7.51	6.30	5.64	5.21	4.91	4.69	4.52	4.38
17	10.38	7.35	6.16	5.50	5.07	4.78	4.56	4.39	4.25
18	10.22	7.21	6.03	5.37	4.96	4.66	4.44	4.28	4.14
19	10.07	7.09	5.92	5.27	4.85	4.56	4.34	4.18	4.04
20	9.94	6.99	5.82	5.17	4.76	4.47	4.26	4.09	3.96
21	9.83	6.89	5.73	5.09	4.68	4.39	4.18	4.01	3.88
22	9.73	6.81	5.65	5.02	4.61	4.32	4.11	3.94	3.81
23	9.63	6.73	5.58	4.95	4.54	4.26	4.05	3.88	3.75
24	9.55	6.66	5.52	4.89	4.49	4.20	3.99	3.83	3.69
25	9.48	6.60	5.46	4.84	4.43	4.15	3.94	3.78	3.64
26	9.41	6.54	5.41	4.79	4.38	4.10	3.89	3.73	3.60
27	9.34	6.49	5.36	4.74	4.34	4.06	3.85	3.68	3.56
28	9.28	6.44	5.32	4.70	4.30	4.02	3.81	3.65	3.52
29	9.23	6.40	5.28	4.66	4.26	3.98	3.77	3.61	3.48
30	9.18	6.35	5.24	4.62	4.23	3.95	3.74	3.58	3.45
40	8.83	6.07	4.98	4.37	3.99	3.71	3.51	3.35	3.22
60	8.49	5.79	4.73	4.14	3.76	3.49	3.29	3.13	3.01
120	8.18	5.54	4.50	3.92	3.55	3.28	3.00	2.93	2.81
∞	7.88	5.30	4.28	3.72	3.35	3.09	2.90	2.74	2.62

续表

$\alpha = 0.005$

n_2	n_1									
	10	12	15	20	24	30	40	60	120	∞
1	24 224	24 426	24 630	24 836	24 940	25 044	25 148	25 253	25 359	25 465
2	199.4	199.4	199.4	199.4	199.5	199.5	199.5	199.5	199.5	199.5
3	43.69	43.39	43.08	42.78	42.62	42.47	42.31	42.15	41.99	41.83
4	20.97	20.70	20.44	20.17	20.03	19.89	19.75	19.61	19.47	19.32
5	13.62	13.38	13.15	12.90	12.78	12.60	12.53	12.40	12.27	12.14
6	10.25	10.03	9.81	9.59	9.47	9.36	9.24	9.12	9.00	8.88
7	8.38	8.18	7.97	7.75	7.65	7.53	7.42	7.31	7.19	7.08
8	7.21	7.01	6.81	6.61	6.50	6.40	6.29	6.18	6.06	5.95
9	6.42	6.23	6.03	5.83	5.73	5.62	5.52	5.41	5.30	5.19
10	5.85	5.66	5.47	5.27	5.17	5.67	4.97	4.86	4.75	4.64
11	5.42	5.24	5.05	4.86	4.76	4.65	4.55	4.44	4.34	4.23
12	5.09	4.91	4.72	4.53	4.43	4.33	4.23	4.12	4.01	3.90
13	4.82	4.64	4.46	4.27	4.17	4.07	3.97	3.87	3.76	3.65
14	4.60	4.43	4.25	4.06	3.96	3.86	3.76	3.66	3.55	3.44
15	4.42	4.25	4.07	3.88	3.79	3.69	3.58	3.48	3.37	3.26
16	4.27	4.10	3.92	3.73	3.64	3.54	3.44	3.33	3.22	3.11
17	4.14	3.97	3.79	3.61	3.51	3.41	3.31	3.21	3.10	2.98
18	4.03	3.86	3.68	3.50	3.40	3.30	3.20	3.10	2.99	2.87
19	3.93	3.76	3.59	3.40	3.31	3.21	3.11	3.00	2.89	2.78
20	3.85	3.68	3.50	3.32	3.22	3.12	3.02	2.92	2.81	2.69
21	3.77	3.60	3.43	3.24	3.15	3.05	2.95	2.84	2.73	2.61
22	3.70	3.54	3.36	3.18	3.08	2.98	2.88	2.77	2.66	2.55
23	3.64	3.47	3.30	3.12	3.02	2.92	2.82	2.71	2.60	2.48
24	3.59	3.42	3.25	3.06	2.97	2.87	2.77	2.66	2.55	2.43
25	3.54	3.37	3.20	3.01	2.92	2.82	2.72	2.61	2.50	2.38
26	3.49	3.33	3.15	2.97	2.87	2.77	2.67	2.56	2.45	2.33
27	3.45	3.28	3.11	2.93	2.83	2.73	2.63	2.52	2.41	2.29
28	3.41	3.25	3.07	2.89	2.79	2.69	2.59	2.48	2.37	2.25
29	3.38	3.21	3.04	2.86	2.76	2.66	2.56	2.45	2.33	2.21
30	3.34	3.18	3.01	2.82	2.73	2.63	2.52	2.42	2.30	2.18
40	3.12	2.95	2.78	2.60	2.50	2.40	2.30	2.18	2.06	1.93
60	2.90	2.74	2.57	2.39	2.29	2.19	2.08	1.96	1.83	1.69
120	2.71	2.54	2.37	2.19	2.09	1.98	1.87	1.75	1.61	1.43
∞	2.52	2.36	2.19	2.00	1.90	1.79	1.67	1.53	1.36	1.00

参 考 书 目

［1］刘浩瀚.概率论与数理统计［M］.北京:高等教育出版社,2015.

［2］同济大学数学系.概率论与数理统计［M］.上海:同济大学出版社,2011.

［3］金炳陶.概率论与数理统计.3 版［M］.北京:高等教育出版社,2011.

［4］常柏林,李效羽,卢静芳,等.概率论与数理统计.2 版［M］.北京:高等教育出版社,2001.

［5］何蕴理,贺亚平,陈中和,等.经济数学基础——概率论与数理统计.2 版［M］.北京:高等教育出版社,2003.

郑重声明

高等教育出版社依法对本书享有专有出版权。任何未经许可的复制、销售行为均违反《中华人民共和国著作权法》,其行为人将承担相应的民事责任和行政责任;构成犯罪的,将被依法追究刑事责任。为了维护市场秩序,保护读者的合法权益,避免读者误用盗版书造成不良后果,我社将配合行政执法部门和司法机关对违法犯罪的单位和个人进行严厉打击。社会各界人士如发现上述侵权行为,希望及时举报,我社将奖励举报有功人员。

反盗版举报电话　(010)58581999　58582371
反盗版举报邮箱　dd@hep.com.cn
通信地址　北京市西城区德外大街 4 号
　　　　　高等教育出版社法律事务部
邮政编码　100120

读者意见反馈

为收集对教材的意见建议,进一步完善教材编写并做好服务工作,读者可将对本教材的意见建议通过如下渠道反馈至我社。

咨询电话　400-810-0598
反馈邮箱　gjdzfwb@pub.hep.cn
通信地址　北京市朝阳区惠新东街 4 号富盛大厦 1 座
　　　　　高等教育出版社总编辑办公室
邮政编码　100029

资源服务提示

授课教师如需获得本书配套教学资源,请登录"高等教育出版社产品信息检索系统"(http://xuanshu.hep.com.cn/)搜索本书并下载资源,首次使用本系统的用户,请先注册并进行教师资格认证。也可发送电邮至编辑邮箱:cuimp@hep.com.cn,申请获得相关资源。